辽河油田稀油高凝油油藏提高采收率技术

主编◎温　静　王国栋

副主编◎司　勇　姚　睿　梁　飞

石油工业出版社

内容提要

本书以阐明辽河油田稀油高凝油油藏提高采收率为核心,以稀油高凝油油藏精细描述技术、复杂断块油藏精细注水开发技术、双高期砂岩油藏化学驱提高采收率技术、变质岩潜山油藏天然气驱与储气库联动技术、特低—超低渗透致密油藏有效开发技术为重点,介绍了辽河油田稀油高凝油不同类型油藏不同开发方式提高采收率技术探索及矿场实践。

本书可供从事油田开发和提高采收率研究的地质开发技术人员、工程技术人员、油田开发管理人员及高等院校相关专业师生参考。

图书在版编目（CIP）数据

辽河油田稀油高凝油油藏提高采收率技术 / 温静,
王国栋主编 . —北京：石油工业出版社，2022.12
（辽河油田 50 年勘探开发科技丛书）
ISBN 978-7-5183-5805-2

Ⅰ.① 辽… Ⅱ.① 温… ② 王… Ⅲ.① 高凝原油 – 提
高采收率 – 研究 – 盘锦 Ⅳ.① TE35

中国版本图书馆 CIP 数据核字（2022）第 236680 号

出版发行：石油工业出版社
　　　　　（北京安定门外安华里 2 区 1 号　　100011）
　　　　　网　　址：www.petropub.com
　　　　　编辑部：（010）64523760　　图书营销中心：（010）64523633
经　　销：全国新华书店
印　　刷：北京中石油彩色印刷有限责任公司

2022 年 12 月第 1 版　2022 年 12 月第 1 次印刷
787×1092 毫米　开本：1/16　印张：18
字数：450 千字

定价：110.00 元

《辽河油田 50 年勘探开发科技丛书》

编 委 会

主　　编：任文军

副 主 编：卢时林　于天忠

编写人员：李晓光　周大胜　胡英杰　武　毅　户昶昊

　　　　　赵洪岩　孙大树　郭　平　孙洪军　刘兴周

　　　　　张　斌　王国栋　谷　团　刘宝鸿　郭彦民

　　　　　陈永成　李铁军　刘其成　温　静

《辽河油田稀油高凝油油藏提高采收率技术》

编 写 组

主　　编：温　静　王国栋

副 主 编：司　勇　姚　睿　梁　飞

编写人员：李　蔓　王奎斌　罗鹏飞　樊佐春　唐海龙

　　　　　肖传敏　李渔刚　高　丽　蔡　超　易文博

　　　　　吕媛媛　夏　波　姜　越　王　楠　张向宇

　　　　　张舒琴　李　朗　徐大光　曹积万　崔　洁

　　　　　张　宏　赵凡溪　潘延东　程　巍　韩　冬

　　　　　李　龙　李凌伟　黄娟娟　张明波　闫鑫洋

　　　　　唐春燕　吕宏伟　李敏齐　郭　斐　张艳娟

　　　　　刘成君　韩　竹　李春艳

辽河油田从 1967 年开始大规模油气勘探，1970 年开展开发建设，至今已经走过了五十多年的发展历程。五十多年来，辽河科研工作者面对极为复杂的勘探开发对象，始终坚守初心使命，坚持科技创新，在辽河这样一个陆相断陷攻克了一个又一个世界级难题，创造了一个又一个勘探开发奇迹，成功实现了国内稠油、高凝油和非均质基岩内幕油藏的高效勘探开发，保持了连续三十五年千万吨以上高产稳产。五十年已累计探明油气当量储量 25.5 亿吨，生产原油 4.9 亿多吨，天然气 890 多亿立方米，实现利税 2800 多亿元，为保障国家能源安全和推动社会经济发展作出了突出贡献。

辽河油田地质条件复杂多样，老一辈地质家曾经把辽河断陷的复杂性形象比喻成"将一个盘子掉到地上摔碎后再踢上一脚"，素有"地质大观园"之称。特殊的地质条件造就形成了多种油气藏类型、多种油品性质，对勘探开发技术提出了更为"苛刻"的要求。在油田开发早期，为了实现勘探快速突破、开发快速上产，辽河科技工作者大胆实践、不断创新，实现了西斜坡 10 亿吨储量超大油田勘探发现和开发建产、实现了大民屯高凝油 300 万吨效益上产。进入 21 世纪以来，随着工作程度的日益提高，勘探开发对象发生了根本的变化，油田增储上产对科技的依赖更加强烈，广大科研工作者面对困难挑战，不畏惧、不退让，坚持技术攻关不动摇，取得了"两宽两高"地震处理解释、数字成像测井、SAGD、蒸汽驱、火驱、聚 / 表复合驱等一系列技术突破，形成基岩内幕油气成藏理论，中深层稠油、超稠油开发技术处于世界领先水平，包括火山岩在内的地层岩性油气藏勘探、老油田大幅提高采收率、稠油污水深度处理、带压作业等技术相继达到国内领先、国际先进水平，这些科技成果和认识是辽河千万吨稳产的基石，作用不可替代。

值此油田开发建设 50 年之际，油田公司出版《辽河油田 50 年勘探开发科技丛书》，意义非凡。该丛书从不同侧面对勘探理论与应用、开发实践与认识进行了全面分析总结，是对 50 年来辽河油田勘探开发成果认识的最高凝练。进入新时代，保障国家能源安全，把能源的饭碗牢牢端在自己手里，科技的作用更加重要。我相信这套丛书的出版将会对勘探开发理论认识发展、技术进步、工作实践，实现高效勘探、效益开发上发挥重要作用。

查卫之

辽河油田经过 50 余年的勘探开发建设，经历了稀油上产、稠油高凝油上产稳产和不断调整减缓递减三个阶段。此期间，针对复杂的地质条件和多种油品性质的特点，辽河开发战线科技工作者群策群力，大胆探索，不断更新研究手段，持续开拓研究思路，攻克了一系列技术难题，形成了一整套适合辽河油气区复杂精细注水、双高期油藏化学驱及特低—超低渗透油藏有效开发等配套技术，实现了辽河油田的稀油高凝油油藏高效开发。

在辽河油田勘探开发建设 50 周年之际，编写《辽河油田稀油高凝油油藏提高采收率技术》一书，将"十二五"以来 10 年间在稀油高凝油开发领域取得的突出技术成果呈现给读者，既集中体现了广大科技工作者的辛劳与智慧，又突出反映了 10 多年来辽河油田在稀油高凝油开发方面的成绩。全书共分七章，重点介绍了稀油高凝油油藏地质特征、稀油高凝油油藏精细描述技术、复杂断块油藏精细注水开发技术、双高期砂岩油藏化学驱提高采收率技术、变质岩潜山油藏天然气驱与储气库联动技术、特低—超低渗透致密油藏有效开发技术，通过以上核心技术的形成，辽河油田稀油高凝油产量呈现持续上升趋势，为油田产量结构调整、实现高质量效益发展奠定坚实基础。

全书由辽河油田勘探开发研究院开发一路的科技精英共同执笔编写完成，第一章由温静、王国栋、司勇、梁飞、罗鹏飞、唐海龙、吕宏伟编写；第二章由李蔓、樊佐春、夏波、姜越、曹积万、蔡超编写；第三章由姚睿、姜越、樊佐春、蔡超、曹积万、崔洁编写；第四章由司勇、罗鹏飞、易文博、王楠、张向宇、吕媛媛、赵凡溪、黄娟娟、张宏、潘延东、李凌伟、张明波、韩冬、程巍、闫鑫洋、李敏齐编写；第五章由王奎斌、肖传敏、唐海龙、易文博、张舒琴、郭斐、张艳娟编写；第六章由梁飞、吕宏伟、高丽、李朗、韩竹、刘成君、李春艳编写；第七章由梁飞、李渔刚、高丽、李朗、李龙、徐大光、唐春燕编写。全书由温静、王国栋、司勇进行统一审核、修改并定稿。在编写过程中，辽河油田分公司主管领导及科技部、开发事业部等单位给予了具体指导，各采油单位及相关项目部提供了大量资料，温静、孙洪军、司勇、姚睿、梁飞、李蔓、王奎斌、肖传敏、李渔刚等专家对初稿进行了反复仔细的审核、修改，提出了许多具体宝贵的建议，在此一并表示衷心的感谢。并谨以此书作为向辽河油田勘探开发建设50周年的献礼。

由于水平有限，不妥之处，恳请专家和读者批评指正。

第一章 概 述

辽河油田勘探开发范围包括辽河坳陷、外围盆地、鄂尔多斯矿权区和南海海域四部分，其中辽河坳陷为勘探开发主体。注水开发油田包括稀油、高凝油、常规稠油，地质条件复杂、油品类型多样，开发难度大。经过近50年的开发，辽河人刻苦攻关、求实创新，不断推进稀油开发技术进步与创新，突破了一系列技术瓶颈。地质研究上，实现了复杂断块油藏低级序小断层精细解析，形成中高渗透砂岩油藏储层内部构型表征技术；低渗透砂岩油藏和变质岩潜山油藏储层评价技术取得长足进步。在开发技术上，稀油、高凝油的常规单一注水开发逐步发展到精细多元注水，形成了层系井网优化重组、细分层精细注水等关键技术；双高期（高采出程度、高含水）砂岩油藏化学驱从无到有发生质的飞跃，聚合物—表面活性剂复合驱优化设计达到同行业先进水平，形成不同类型油藏化学提高采收率技术；变质岩潜山油藏得到有效开发，形成了变质岩潜山天然气驱协同建库机理研究、巨厚潜山气库联动开发设计等系列关键技术；特低—超低渗透致密油藏建立了效益甜点识别与优化部署、开发井型井网优化配套设计，探索了合理开发方式，形成独具特色的特低—超低渗透致密油藏开发技术。

第一节 精细注水开发概要

经过近50年的注水开发，攻克了一系列技术难题，形成了一整套适合辽河油田断块油藏的注水开发配套技术。回顾辽河油田注水开发建设历程，是一个不断实践、不断认识、不断发展的深化过程，也是一个依靠科技进步，突破一项项开采技术，促使产量上台阶，不断开创新局面的过程。

一、注水发展历程

辽河油田1970年投入大规模勘探开发建设，1974年开始大力发展注水技术，支撑原油产量1980年跨越500×10^4t，1986年突破1000×10^4t，成为全国"油老三"。注水开发主要经历了整装砂岩油藏细分层系注水、高凝油伴热采油注水、注水综合治理减缓递减、复杂断块油藏多元化注水等四个阶段，高峰年产油646×10^4t（图1-1-1）。

（一）整装砂岩油藏细分层系注水开发阶段（1971—1984年）

1971年东部凹陷的黄金带和热河台油田采用300m井距、三角形井网、一套层系投入试采，揭开了辽河油田开发的序幕。1974年8月，马20块马24井试验注水，辽河油区由天然能量开发进入注水开发，10 月编制了《兴隆台油田注水开发综合方案》，采用点状不规则面积注水方式。1976 年 3 月主力断块全部实现注水开发。到 1983 年年底共投入开发 10 个稀油油田，动用石油地质储量 $3.21 \times 10^8 t$，新增可采储量 $1.06 \times 10^8 t$。阶段末油井数为 981 口，水井数为 330 口，年产油达到 $558 \times 10^4 t$，综合含水率 48.2%，采油速度 0.72%，累计注采比 0.79。该阶段的主要特点是：勘探一块、开发一块、因块制宜、适时注水。对含油井段长、油层厚度大、油品差异大的断块实施细分层系开发，取得了较好的开发效果，原油产量持续上升，地层压力保持在饱和压力 85% 以上。马 20 块、兴 42 块、锦 16 块等区块均被评为行业开发示范块。

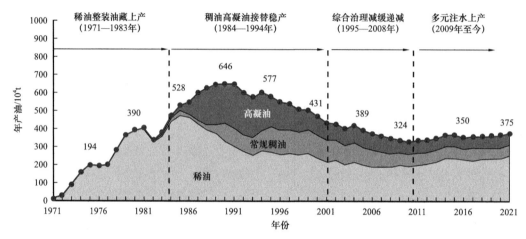

图 1-1-1　辽河油区注水开发历程划分图

（二）高凝油伴热采油注水接替稳产阶段（1984—1994 年）

该阶段初期双南、大洼、荣兴屯、科尔沁和交力格等 15 个油田投入开发，新增动用石油地质储量 $5.39 \times 10^8 t$，使辽河油区稀油年产油持续上升，到 1985 年稀油年产上升到 $712.36 \times 10^4 t$，创历史以来高峰。进入"七五"以后，没有品位较高和较整装的稀油储量接替，油区产量开始递减。沈阳油田高凝油的开发为油区进一步发展起到了很关键的作用。1986 年 11 月沈阳油田 $300 \times 10^4 t$ 高凝油产能建设工程正式启动，采用 300m 正方形井网、两套层系伴热采油注水开发，当年生产原油 $69.36 \times 10^4 t$，1991 年全面投入开发，年产油达到 $301 \times 10^4 t$，不仅弥补了稀油产量的递减，而且为辽河油区"七五""八五"期间原油上产作出了贡献。

到 1994 年年底，累计动用探明含油面积 570.14km²，累计动用石油地质储量 $8.60 \times 10^8 t$，采油井总井数达到 3478 口，水井总井数达到 1108 口，年产油 $724 \times 10^4 t$，综合含水率 68.86%，采油速度 0.84%，累计注采比 0.88。该阶段的主要特点是：欢喜岭、曙光、兴隆台、双台子油田等主力砂岩油藏开始进入高采出程度、高含水的双高开发阶段；沈阳高凝油油田特殊岩性油藏细分单元、层内底部注水开发，砂岩油藏细分四套层系、反九点面积注水开发，采油井伴热采油，建成我国最大的高凝油生产基地。

（三）注水综合治理减缓递减阶段（1995—2008 年）

针对辽河油田地质构造复杂、油藏类型多、开发时间长、注水油田主力块大多已进入中高含水期的状况，积极开展注水油田以注水为中心，以完善注采对应关系提高水驱油效率为目的的综合治理工作，取得了可喜的成果。年优选占油田总动用地质储量的四分之一和产量占全油田产量的 30%～40% 的区块作为工作目标，通过扎实工作，日产油比治理前提高 1.0%～6.3%，含水上升率年下降 2.0%，油田综合递减和自然递减有了一定的下降。

稀油通过多年的控水稳油和综合治理，老区开发效果得到改善，产量递减速度明显减缓，年产油由 1997 年的 446.65×10^4t 降至 2005 年的 346.86×10^4t，年递减幅度由 1985—1997 年的 22×10^4t 降至 12×10^4t 左右。由于高凝油油田注水结构调整工作量大、难度大，主力区块油层出砂，增产措施效果逐年变差，东胜堡等四个潜山油藏内幕非均质严重，油藏压力水平低，注水后，恢复地层压力与控制含水上升的矛盾突出，产油量明显下降，1997 年年产油 203.25×10^4t，到 2005 年年产油只有 126.62×10^4t。

（四）多元化注水开发阶段（2009 年至今）

该阶段开发上积极探索"二次评价、二次开发、深度开发、多元开发、高效开发"新理念。2009 年以来，以"注好水、注够水、精细注水、有效注水"为核心，以夯实稳产基础为目标，设立专项资金，强化注水治理工作。突破传统思维定式，积极探索注水新技术，逐步形成了复杂油藏以"多类注水方式、多元注入介质、多重调控方法、多样注采关系、多期注水时机"为主要内容的多元化注水技术体系。

截至 2021 年年底，辽河注水开发油田动用石油地质储量 11.40×10^8t，占总动用储量的 53.5%，可采储量 2.96×10^8t，标定采收率 26.0%。按照油品性质分为稀油、高凝油和常规稠油，其中稀油动用地质储量 7.82×10^8t，占水驱总储量的 69.0%，可采储量 2.14×10^8t，标定采收率 26.8%；高凝油动用地质储量 2.17×10^8t，占水驱总储量的 19.0%，可采储量 0.524×10^8t，标定采收率 24.0%；常规稠油动用地质储量 1.41×10^8t，占水驱总储量的 12.3%，可采储量 0.35×10^8t，标定采收率 24.7%。

注水开发油田共有油井 8686 口，开井 5801 口，开井率 66.8%，日产液 70986t，日产油 10222t，综合含水率 85.6%，年产油 375.40×10^4t，累计产油 2.43×10^4t，采油速度 0.33%，采出程度 21.27%，可采储量采出程度 84.0%；共有注水井 2570 口，开井 1986 口，开井率 77.3%，日注水 82989m^3，平均单井日注水 49.60m^3，年注水 2991×10^4m^3，累计注水 9.93×10^4m^3，年注采比 1.06，累计注采比 0.92，综合递减率 4.59%，自然递减率 12.44%，含水上升率 0.3%。

二、"十三五"期间注水开发主要技术系列

辽河注水开发油田主力油藏已进入"双高"开发阶段，剩余油分布零散，存在多层砂岩油藏开发层系粗放、纵向动用不均衡、低效无效水循环严重[1]、低渗透油藏注入困难、难以建立有效驱替、特殊岩性油藏裂缝发育基质动用程度低等问题，近年来通过不断细化

开发评价、深化油藏认识、创新开发理念，突破了双高期砂岩油藏剩余油高度分散的认识，探索形成双高期砂岩油藏剩余油定量描述、中高渗透油藏精细注水调整、低渗透油藏有效注水、特殊岩性油藏多元注水等复杂断块注水配套技术，规模实施取得显著效果，成为辽河油田千万吨持续稳产重要产量支撑点。

（一）双高期剩余油定量评价技术

针对高含水期油藏剩余油表征精度低、分布模式认识不系统等问题，不断推进剩余油描述方法及认识升级。从宏观到微观，利用常规岩心分析、动态评价，结合 CT 扫描技术、数字岩心分析，形成由宏观结合构造、沉积、油层分布特点精细尺度至描述小断层、微构造、薄储层及单砂体内部构型等小尺度剩余油研究技术。实现剩余油描述的精准化、定量化及可视化。系统总结双高期水驱砂岩油藏剩余油分布模式，建立潜力层识别标准，为剩余油挖潜奠定基础。

（二）中高渗透油藏精细注水调整技术

中高渗透油藏经过几十年的注水开发，已进入开发的中后期，地下流体分布日益复杂，开发调整难度越来越大。为进一步挖掘老区潜力，"十三五"期间在对油藏进行精细描述和剩余油分布研究基础上，提出了层系井网优化重组、细分层精细注水[2-3]、低效无效水循环识别等调整对策，形成了中高渗透油藏精细注水的系列技术。

（三）低渗透油藏有效注水开发技术

低渗透油藏是辽河油田注水开发油田重要组成，特别是近年来低渗透油藏已成为辽河油田分公司增储稳产的主要领域。经过多年攻关探索、开发实践，针对辽河油田不同类型低渗透油藏开发特点，形成了低渗透油藏储层分类评价、水驱配伍性评价、细分层精细注水、缝网改造有效补能等关键技术，保证了辽河油田低渗透油藏经济有效开发[4-5]。

（四）特殊岩性油藏多元注水开发技术

辽河油田特殊岩性油藏开发始于 20 世纪 80 年代，储量达到千万吨规模，开发方式以常规注水开发为主。近年通过在双重介质储层水驱渗流机理、注水方式优化设计、不稳定注采调控等方面的攻关，探索形成了特殊岩性油藏注采井网优化设计、多元注采调控等多元注水关键技术，为辽河油田特殊岩性油藏持续有效开发提供技术保障。

第二节　化学驱提高采收率综述

一、国内外化学驱技术进展

目前化学驱提高采收率技术主要有聚合物驱、聚合物—表面活性剂复合驱、三元复合驱，其中又以聚合物驱最为成熟[6-8]。聚合物驱是在注入水中加入高分子聚合物，增加驱替相黏度，调整油层的吸水剖面，扩大驱替相波及体积，从而提高采收率。聚合物驱技术由于其机理较清楚、技术相对简单，世界各国开展研究比较早。美国于20世纪50年代末、60年代初开展了室内研究，1964年进行了矿场试验。1970年以来，苏联、加拿大、英国、法国、罗马尼亚和德国等国家都开展了聚合物驱矿场试验。从20世纪60年代至今，全世界共有200多个油田或区块进行了聚合物驱试验。

中国油田主要分布在陆相沉积盆地，以河流三角洲沉积体系为主，储油层砂体纵横向分布和物性变化均比海相沉积复杂，油藏非均质性严重、原油黏度较高，较适合聚合物驱。对中国25个主力油田的资料研究表明，平均水驱波及系数0.693，驱油效率0.531，预计水驱采收率仅为34.2%，剩余石油储量达百亿吨以上。已经投入开发的老油田大部分已经进入高采出程度、高含水阶段，开发新的采油技术十分必要。自1972年在大庆油田开展小井距聚合物驱矿场试验以来，先后在大庆、胜利、大港、河南、吉林、辽河和新疆等油田开展了先导试验及工业化扩大试验。经过"七五""八五"和"九五"期间的努力，这一技术在中国取得了长足发展，其驱油效果和驱替动态可以较准确地应用数值模拟技术进行预测，聚合物已经形成系列产品，矿场试验已经取得明显效果，形成了系列配套技术。目前中国已成为世界上应用聚合物驱技术规模最大、大面积增产效果最好的国家，聚合物驱技术成为石油持续高产稳产的重要技术措施。

从1996年起，聚合物驱油技术陆续步入工业化生产，在大庆油田得到了大面积的推广，为大庆油田的稳油保产作出了重要贡献，开创了中国聚合物驱三次采油的崭新局面，成为21世纪大庆油田乃至中国石油可持续发展的重要技术支柱。

碱—表面活性剂—聚合物三元复合驱是20世纪80年代初国外提出的化学驱方法。美国Sertek公司在West Kiehl Unit油田进行了三元复合驱矿场试验，壳牌石油公司也进行了同类矿场试验，三元复合驱技术的研究和矿场试验取得了重要进展。

1993年，Barrett resources公司的子公司Plains石油经营公司在位于怀俄明州Crok县（53°N，68°W）镇区的Cambridge Minnelusa油田开展了碱—表面活性剂—聚合物三元复合驱矿场试验。该试验区于1993年2月开始注入碱—表面活性剂—聚合物三元复合体系溶液，1996年10月开始注入聚合物溶液，1999年7月开始后续水驱。Cambridge油田碱—表面活性剂—聚合物三元复合驱最终采收率为60.9%（OOIP），数值模拟预测水驱采收率只有34.1%（OOIP），碱—表面活性剂—聚合物三元复合驱较水驱提高采收率26.8%（OOIP）。

中国三元复合驱的研究和矿场试验始于大庆油田，1988年开始进行三元复合驱的室内研究，当时主要是进行配方的筛选、驱油效率评价和驱油机理的研究。1993年开始进口表面活性剂进行三复合驱的矿场试验，1996年开始进行三元复合驱的扩大试验，得出大庆油田适合进行三元复合驱，提高采收率可以达到20%左右，但存在三元复合驱成本较高的问题，分析其原因主要是进口表面活性剂的成本较高；此外在三元复合驱中还需要进一步研究举升技术、清防垢技术及采出液破乳技术等。针对进口表面活性剂矿场试验中存在的问题，从2001年开始进行国产表面活性剂三元复合驱的研究，明确国产表面活性剂三元复合驱的效果，完善了三元复合驱的配套技术。2004年开始国产表面活性剂三元复合驱的先导试验，2005 年开始工业化试验，现已经进入工业化推广应用阶段。大庆油田在室内研究和矿场试验的基础上，形成了室内配方优化技术、现场注入方案优化技术、矿场实施及动态检测技术、采油工程技术、地面工程技术五项技术，现场试验提高采收率20%～25%。

聚合物—表面活性剂二元复合驱技术是近年来发展起来的三次采油技术，聚合物—表面活性剂二元复合驱既具有聚合物驱提高波及体积的功能，又具有三元复合驱提高驱油效率的作用，预计可提高采收率18% 以上，接近三元复合驱提采收率幅度，是一种对油藏伤害小、投入产出前景好、具有发展潜力的三次采油方法，应用前景良好。近年来聚合物—表面活性剂二元复合驱的快速发展得益于表面活性剂产品性能的改进及新型表面活性剂产品的出现。20 世纪 80 年代，由于受表面活性剂与原油界面张力不能达到超低的限制，在复合驱的研究及矿场试验中为了提高体系的驱油效率，在体系中加入碱，形成了目前应用的碱—表面活性剂—聚合物三元复合驱技术，近年来表面活性剂性能不断改进，在不加入碱的条件下二元体系与原油的界面张力仍然能够达到超低，为化学驱的发展开辟了一条新的思路，即聚合物—表面活性剂二元复合驱。

美国 Oryx 公司在 Ranger 油田进行无碱二元复合驱先导试验，采出的油量占水驱后残余油总量的四分之一，取得了显著的驱油效果。以三元复合驱作为基础，2003 年，中国石化胜利油田在孤东油田进行了无碱二元复合驱油技术的先导试验，油藏平均渗透率1320mD，渗透率变异系数 0.58，孔隙度 34%，原始含油饱和度 72.0%，剩余油饱和度45.5%，地下原油黏度 45mPa·s；它是目前国内较为成功的聚合物—表面活性剂二元复合驱试验，日产油量最高上升 166t，含水率下降 12.5%，试验区提高采收率达 12% 以上。与孤东油田聚合物驱效果最好的单元相比，二元复合驱先导试验区的含水下降幅度均高于单一聚合物驱单元，二元复合驱先导试验区的增油幅度也高于单一聚合物驱。

自 2008 年开始，中国石油加快了聚合物—表面活性剂二元复合驱重大开发试验的步伐，部署了五个区块的聚合物—表面活性剂二元复合驱重大开发试验，即辽河油田锦 16 块、新疆油田七中区、吉林油田红岗红 113 区、长庆油田马岭北三区、大港油田港西三区，这些试验区先后开展了井网层系、配方优化、注采方案、钻采工程、地面工程等有关工作，各区块已经进入聚合物—表面活性剂二元复合驱主段塞的注入阶段，取得了明显的效果。

二、辽河油田化学驱潜力及技术进展

辽河油田适合化学驱资源丰富。据第三次化学驱潜力评价，水驱砂岩油藏中约$3.03 \times 10^8 t$ 储量适合化学驱开发，现有技术条件下可动用储量 $1.55 \times 10^8 t$，按照油品性质及温度特征划分，可分为四个群组。其中，以锦 16 为代表的中温中黏群（地层温度40～65℃，地下原油黏度 10～50mPa·s）可动用储量 $0.54 \times 10^8 t$；以马 20 等区块代表的高温低黏群（地层温度大于 65℃，地下原油黏度小于 10mPa·s）可动用储量 $0.3 \times 10^8 t$；以海 1 为代表的普通稠油群（地层温度大于 65℃，地下原油黏度大于 50mPa·s）可动用储量 $0.26 \times 10^8 t$。以沈 84－安 12 为代表的高凝油群（地层温度大于 65℃，原油含蜡量大于 35%）可动用储量 $0.45 \times 10^8 t$。预计整体可增加可采储量 $2098 \times 10^4 t$，提高采收率 13%以上。

辽河油田化学驱技术研究起步较早，在 20 世纪 70 年代至 80 年代中期就开始三次采油室内驱油机理研究；"七五"期间开展了辽河油区三次采油第一次潜力评价，同时进一步深入三次采油室内驱油机理研究；"八五"期间，开展了国家重点科技攻关项目——锦16（东）聚合物驱、兴 28 块碱—聚合物二元驱先导试验研究，各实施 3 个井组，把化学驱作为辽河油田主攻方向；"九五"期间，开展碱—聚合物二元驱工业化矿场试验研究，但未进行矿场实施，同期开展分子膜驱现场试验；"十五"到"十一五"期间，重点开展化学驱驱油机理及部分主力注水区块化学驱配方体系优选等技术储备，未进行现场实施。

"十二五"以来，辽河油田重启了化学驱研究与试验，2009 年开展了锦 16 块聚合物—表面活性剂复合驱工业化试验，取得较好效果，试验区日产油由 61t 增至高峰期的 353t，综合含水率由 96.7% 降至 81.7%，目前阶段采出程度 72%，采油速度 1.1%，采收率预计由 51% 增至 73%。同时攻关形成六项关键配套技术，一是提高了三角洲前缘河口沙坝巨厚叠置沉积砂体研究精度，地震、VSP 测试、测井和地质结合，建立三种井间砂体叠置地震响应模式，单元刻画精细到单砂体或韵律段（2～3m），实现分期分段动态建模，建立起七种剩余油控制模式。二是建立了一套二元驱油藏工程设计与调控技术，一套井网分段接替节省投资，新井网小井距保证控制程度 92% 以上、注入有效率 90% 以上，个性化注采参数设计保证注采均衡有效；物模、数模、矿场组合研究，明晰不同阶段注采调控技术方法，初步探索出一套适合二元驱的油藏工程设计与调控技术。三是首次成功设计出高黏弹性、高界面活性的无碱二元配方体系，在黏度达到 120mPa·s 时二元体系界面张力仍能达到超低（10^{-3}mN/m 数量级），持续保持与地层和原油的高配伍性，并建立起系统的研制与评价方法。四是建立了"二三"结合（二次开发与三次采油）挖潜新模式，依托化学驱新井网，深化了油藏认识，形成了老油田单井、井组、区块三种"二三"结合挖潜调整模式。五是二元驱注采工艺优化技术，研制出适合二元驱的偏心和同心分注工艺，注入管柱氮化处理降低黏损，改进采油工艺提高其对二元驱的适应性，并进一步完善了二元驱的调剖与示踪剂监测技术。六是地面工艺设计及降黏损技术，建立了调节聚合物浓度、表面活性剂浓度保持恒定的注入工艺，并且从母液配制、熟化、静混、过滤、外输、井口等地面全系统进行优化，创新改进七项工艺技术，将地面黏损率从 56.4% 降到 22%。

锦 16 工业化试验的成功坚定了化学驱提高采收率的信心，各类油藏的化学驱研究与试验陆续展开。2020 年锦 16 块聚合物—表面活性剂复合驱整体扩大实施 108 井组；高凝油复合驱体系研究取得突破，沈 84—安 12 块 5 井组弱碱三元复合驱试验及沈 67 块 6 井组聚合物—表面活性剂复合驱试验已于 2019 年年底进入现场实注阶段；曙三区杜 18 块 6 井组聚合物驱试验也见到较好效果，扩大实施 5 井组也初步见效。目前正在攻关完善易出砂储层、强非均质储层等不同类型油藏化学驱配套技术，按照"十四五"规划，稀油高凝油产量要由 $405 \times 10^4 t$ 上升至 $503 \times 10^4 t$，其中化学驱产量规模达到 $50 \times 10^4 t$，强力支撑稀油高凝油上产。

第三节　变质岩潜山油藏提高采收率综述

辽河油田潜山油藏勘探开发始于1972年，历经近40年技术攻关，实现由高中潜山向低潜山、由风化壳向基岩内幕及基底负向构造的迈进，支撑辽河潜山勘探开发呈现出中高潜山、基岩内幕两个增储建产高峰。辽河潜山开发也经历了由初期先勘探后开发到勘探开发并行一体化推进，打破常规，创新认识、创新设计，建立了潜山全生命周期高效勘探开发技术体系，辽河特殊岩性油藏累计动用石油地质储量 3.27×10^8t，高峰年产油达 166×10^4t，强力支撑辽河油田稀油高凝油稳产上产。

辽河油田潜山油藏在整个油区均有分布，在大民屯凹陷、西部凹陷、中央凸起及东部凹陷均有探明潜山区块，潜山油藏类型多样，包括层状、块状以及兴古潜山这种厚度达2300m的巨厚潜山油藏，开发方式包括多元注水、气驱等，通过多年的理论实践认识，形成了辽河油田潜山开发技术体系，有效指导潜山油藏高效开发。

潜山油藏的储层结构和驱替机理与砂岩油藏相比，差别很大。为了搞好这类油藏的开发，必须加强储层研究和驱替机理的试验研究，必须从储集和渗流条件的结合上开展深入的研究工作[9]。通常来说，我国目前开发的裂缝性潜山油藏多属于裂缝非常发育、连通状况很好的底水块状裂缝性潜山油藏。

裂缝性潜山油藏孔隙结构分布的不同特点，导致在各类孔隙网络中的渗流条件差异很大，使这类油藏的储层具有多重孔隙结构特征。为了便于研究和评价，根据潜山油藏的孔隙结构特征和流体在其中的流动特点，可以简化为双重孔隙网络，即将多重孔隙结构简化为双重孔隙介质，包括裂缝系统和基质系统。裂缝系统的原始含油饱和度很高，流体在其中的流动条件符合达西定律，毛细管力的作用可以忽略，流体相对渗透率的变化呈近似的对角直线关系，水驱油过程接近活塞式推进，水驱效率可达95%以上。流体之间的驱替过程，主要依靠驱动压差的作用进行。在流体相互驱替过程中，驱替速度对于增大波及系数和发挥重力作用都有显著的影响，因此，即使对裂缝系统也必须合理控制采油速度及与其相应的注入（水、气）速度。

裂缝系统对于基质系统的显著优势，说明它不只是液流通道，而且是重要的有效的储集—渗流空间。我国已开发的裂缝型潜山油藏，其地质储量与总储量的比例一般低于30%，而可采储量通常占总可采储量的70%以上，原油产量大部分也来自裂缝系统。因此可以说，裂缝系统是常规方法开采的主要对象，也将是提高采收率试验的重要对象，它在这类油藏开发的整个过程中，始终是一个主导因素。

正确地认识和划分裂缝型潜山油藏的开发阶段，是一个十分重要的问题。通过它可以认识影响开发效果的各种因素在不同开发阶段发生的作用；可以预测各个开发阶段的产量和含水变化，估算水驱最终采收率；可以根据不同开发阶段的动态特点和主要矛盾，采取相应的综合调整措施以改善开发效果。

从不同角度出发，有不同的开发阶段划分方法。例如，按照驱动类型、开发方式、主要开发对象、产油量和含水率等因素划分，可以得出不同的开发阶段划分结果，对于认识油藏开发动态和搞好开发调整有重要的作用。但是，根据单一（即使是主要的）影响因素划分开发阶段往往是不够的。

根据我国裂缝型潜山油藏的开发实践，采用综合考虑产油量（或采油速度）和含水变化的方法进行开发阶段的划分是比较合理的。因为这类油藏的产油量（或采油速度）和含水是影响开发过程和开发效果的两个相互制约的重要因素。综合考虑这两个因素的影响，能够比较好地反映在不同开发阶段地下流体的分布状况及其饱和度的变化。有利于明确相应阶段的油田开发工作方向。

综合考虑产油量（或采油速度）和含水变化，可以把裂缝型潜山油藏的开发过程划分为产量上升（投产）、高产稳产、产量迅速下降和低速缓慢递减四个阶段。在以上四个阶段中，第一阶段、第二阶段相当于无水和低含水采油期，是油田开发的早期阶段和主要开发阶段；第三阶段、第四阶段相当于中、高含水采油期，是通常所说的中后期开发阶段。

辽河油田通过近 40 年的潜山油藏开发，在基岩内部成藏理论、多元注水精细调控、注气大幅提高采收率等诸多方面的技术攻关成果达到国际先进水平。

面对"块状油藏、高点控油、统一油水界面、风化壳成藏"传统认识制约辽河低潜山、潜山深层进一步勘探的困境，敢于突破传统认知，创新形成基岩内幕油气成藏理论，拓展了潜山勘探领域和找油空间，平面上，由占凹陷 15% 的潜山拓展到富油气凹陷基底；纵向上，从风化壳拓展到基岩内幕、从大于烃源岩埋深延伸至烃源岩之下基底负向构造。攻关形成了以优势岩性识别、储层测井识别及裂缝型储层地震预测为主导的潜山内幕油气藏精细勘探技术。与国内外成熟潜山油藏理论相比，填补了基岩内部成藏理论的空白，达到国际先进水平。

针对潜山油藏裂缝发育储层非均质性强，注水沿裂缝水窜严重的问题，辽河油田在实践中不断探索—试验—总结，首创潜山油藏注水预警指标机制，首次细分油藏类型构建周期注水、关联交互式、异步注采、轮替调配、直平组合立体调配等"不稳定注采"的多元化注水精细调控技术体系，配套形成化学隔板堵水等钻采工艺技术，建立潜山油藏多元注水精细调控技术体系，全面实现潜山油藏稳油控水。与国内外潜山注水开发项目相比，目前其他潜山油藏注水调控仍以周期注水为主，未形成更具针对性的多元化注水调控体系，辽河油田通过有效调控，注水开发潜山油藏表现为自然递减率更低、基质动用率更高，基本达到国际先进水平。

面对辽河油田兴隆台潜山储层巨厚（世界史无前例）、岩性复杂、高角度裂缝发育非均质性强的困难局面，基于流体三维运移渗流机理，打破常规开发理念，创新设计"四段七层""纵叠平错"水平井立体开发井网，实现少井高产。随着开发深入，创新开发理念，攻关形成巨厚潜山天然气驱协同储气库建设技术，大幅提高采收率同步建成战略储气库，社会与经济效益双赢，配套形成潜山油藏大位移水平井钻井工艺等钻采工程技术。双碳目标下，濒临废弃潜山油藏，应时转变开发思路，攻关形成碳埋存协同驱油优化设计技术，重点解决辽河稠油热采碳减排问题。逐步完善建立了潜山油藏全生命周期有效开发技术体系，真正实现潜山油藏效益开发。

与国内外潜山油藏注气开发相对比，辽河油田形成了天然气驱协同建库优化设计技术、濒临废弃潜山油藏效益开发技术及注气开发有效调控技术等技术系列，技术类型较国外更加完善，开发效果达到国际先进水平。

第四节　特低—超低渗透致密油藏提高采收率综述

特低—超低渗透致密油藏具有储量品质差、储层致密、单井产量低、压力传导慢、地层能量不易补充等特点，开发难度较大。但随着油田勘探开发的不断深入，低渗透石油资源的开发比重日益增长，成为油田当前和未来原油增储上产的重要支柱。辽河油田特低—超低渗透致密油藏具有埋藏深、储层易水敏等特点，在开发上有效动用难度大，建产投资高，其有效开发技术亟待攻关。同时辽河油区特低—超低渗透致密油藏油品主要以稀油、高凝油为主，与稠油相比具有售价高、操作成本低的特点，因此效益开发该类油藏对辽河油田分公司效益发展具有重大意义。

国内外在近几十年来都加大了特低—超低渗透致密油藏的开发力度，不断探索和攻关其有效的开发关键技术。在压裂技术、井网优化技术、水平井开采技术及 CO_2 混相驱技术等方面，均取得了不同程度上的发展和突破。近年来，辽河油田在特低—超低渗透致密油藏新区进行了基础研究和技术攻关，开展了水平井体积压裂、注气补充能量等新技术探索试验，初步见到一定效果，具备了一定的技术基础。

美国在致密油藏开发方面，走在世界前列。特别是对致密砂岩油气田、页岩油气资源的开发上均取得了实质性的突破和发展。美国低渗透油藏开发有上百年的历史，从20世纪70年代开始进行规模开发，大规模开发是近20年，特别是后10年，非常规油气资源的开发，改变了美国与世界能源的格局和走向。

自20世纪80年代末期开始，经过几十年的攻关研究与实践，我国在低渗透油气资源开发领域已经走在了世界前列。尤其是在长庆、大庆及吉林油田三个油区，都进行了大规模的矿场实践，在井网布置上，从未考虑裂缝方向的正方形井网到井排与裂缝方向呈一定角度的正方形井网，再到菱形、矩形井网，最后到目前的水平井井网；在压裂工艺上，从常规压裂到整体常规压裂，再到整体大规模压裂，最后到目前的水平井体积压裂、直井缝网压裂；在开发方式上，从早期注水到同步注水，再到超前、同步注水，最后到目前的超前温和注水及注气开发等，各方面均取得了长足的发展，但仍存在有效注采系统建立难、有效补充地层能量难等问题。

压裂工艺的技术升级是特低—超低渗透致密油藏有效开发的关键，在低渗透油藏开发方面，水力压裂是最早使用也是目前最常使用的技术，但是对于水敏、强水锁等低渗透储层不适合采用水力压裂。近些年国内外发展起来了 CO_2 压裂技术、水平井压裂改造技术等，实现了特低—超低渗透致密油藏的有效开发，实现单井产量的上升，实践证明，特低—超低渗透致密油藏经体积压裂后，形成复杂缝网、增大改造体积，不仅初期产量高，而且更有利于长期稳产，取得较好的效果。

体积压裂是指在水力压裂过程中，使天然裂缝不断扩张和脆性岩石产生剪切滑移，形成天然裂缝与人工裂缝相互交错的裂缝网络，从而增加改造体积，提高初始产量和最终采收率。体积压裂的作用机理是通过水力压裂对储层实施改造，在形成一条或者多条主裂缝的同时，使天然裂缝不断扩张和脆性岩石产生剪切滑移，实现对天然裂缝、岩石层理的沟通以及在主裂缝的侧向强制形成次生裂缝，并在次生裂缝上继续分支形成二级次生裂缝，依次类推，形成天然裂缝与人工裂缝相互交错的裂缝网格。从而将可以进行渗流的有效储层打碎，实现长、宽、高三维方向的全面改造，增大渗流面积及导流能力，提高初始产量和最终采收率。

辽河油田在特低—超低渗透致密油藏进行水平井体积压裂技术攻关，并在多个区块开展现场试验，根据不同油藏特征及开发阶段进行对应的先导试验及攻关试验，形成地质体评价、效益甜点识别与优化部署、合理开发方式探索等多个特低—超低渗透致密油藏开发领域先进技术，在大民屯油田、后河油田开展体积压裂水平井新区产能建设，在锦150块、交2块等开展老区体积压裂水平井二次开发，均取得较好的开发效果。

参 考 文 献

[1]朱焱，侯连华，李士奎，等.利用地球化学资料评价水淹层方法研究：以大庆杏南油田为例[J].地球化学，2007，36（5）：507-515.

[2]《精细分层注水技术》编写组.精细分层注水技术[M].北京：石油工业出版社，2019.

[3]周锡生，张海霞，张福玲，等.三低油藏水驱精细挖潜技术[J].大庆石油地质与开发，2018，37（4）：45-49.

[4]李南，田冀，任仲瑛.低渗透油藏CO_2混相区域波及规律研究[J].油气井测试，2014，23（4）：1-8.

[5]孙致学，姚军，唐永亮，等.低渗透油藏水平井联合井网型式研究[J].油气地质与采收率，2011，18（5）：74-77.

[6]廖广志，王强，王红庄，等.化学驱开发现状与前景展望[J].石油学报，2017，38（2）：196-207.

[7]孙龙德，伍晓林，周万富，等.大庆油田化学驱提高采收率技术[J].石油勘探与开发，2018，45（4）：636-645.

[8]曹绪龙，季岩峰，祝仰文，等.聚合物驱研究进展及技术展望[J].油气藏评价与开发，2020，10（6）：8-16.

[9]柏松章，唐飞.裂缝性潜山基岩油藏开发模式[M].北京：石油工业出版社，1997.

第二章 稀油高凝油油藏地质特征

辽河坳陷稀油高凝油油藏是一个受断裂活动控制并且被断裂复杂化的多层系的复合含油气区，油藏地质条件十分复杂，具有"五多"的特点，断层多、构造破碎；含油层系多、油藏类型复杂多样；沉积体系类型多、相变快；储层岩性、储集类型多样、泥质含量高、非均质性严重；油品类型多，油水黏度比大，通过多年来的反复实践，深入认识，逐渐掌握了油藏特点及其展布规律[1]。

第一节 地 层 层 序

辽河坳陷位于华北地台东北部，渤海湾盆地的东北角，是盆地的一级构造单元[2]。辽河坳陷包括三个正向构造和三个负向构造，正向构造分别为西部凸起、中央凸起和东部凸起，负向构造分别为西部凹陷、东部凹陷和大民屯凹陷。辽河坳陷发育太古宇—古元古界、中上元古界—古生界、中生界和新生界4套构造层。新生代断陷基底由太古宇—古生界褶皱基底和中生界组成（图2-1-1），地层结构复杂，分布不均。坳陷盖层为古近系和新近系。

一、古生代及以前地层特征

（一）太古宇（Ar）

太古宇属于华北地台变质岩系结晶基底，在辽河坳陷内广泛分布。从西部凹陷的鸳鸯沟、欢喜岭、齐家、曙光潜山、兴隆台、高升、牛心坨，到东部凹陷的茨榆坨、彰驿站、大湾、董家岗，大民屯凹陷的前当堡、大民屯、东胜堡、曹台、边台、法哈牛、韩三家子等地区，以及中央凸起都有探井钻遇，是潜山油藏的主力含油层系之一。岩性复杂，变质程度深，多为混合花岗岩、混合岩、变粒岩、斜长角闪岩、片岩、片麻岩等。锆石测年法测得全岩年龄值25亿年左右。按岩性及层位应属新太古界辽东型鞍山群或辽西型建平群，与周边年龄值相近（周边为24亿年左右——铀铅法）。

（二）元古宇（Pt）

元古宇包括古元古界、中元古界和新元古界。古元古界为辽河坳陷变质岩结晶基底之一，分布有限，在辽东地区大石桥至宽甸一带大面积出露大石桥组、盖县组，岩性为大理岩、片岩、千枚岩、变粒岩、片麻岩和板岩，坳陷内尚未钻遇。中—新元古界为华北地台第一套沉积盖层，坳陷处于华北克拉通中—新元古界石家庄—沈阳裂陷槽（燕辽裂陷带），

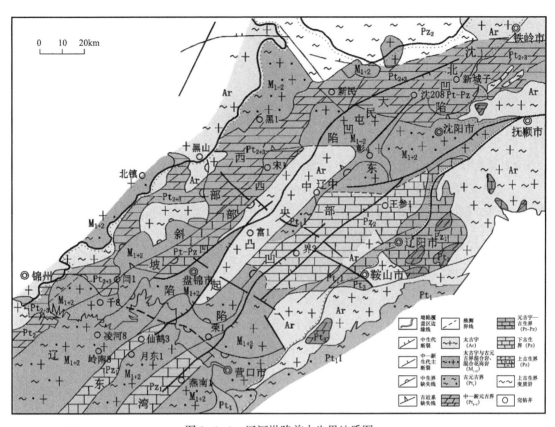

图 2-1-1　辽河坳陷前中生界地质图

辽西坳陷东北角，在西部凹陷的曙光潜山、杜家台潜山、胜利塘潜山，大民屯凹陷的静安堡潜山有探井钻遇，钾氩法测得海绿石全岩年龄值 655～895.7Ma。

1. 中元古界（Pt_2）

1）长城系大红峪组（Chd）

岩性为灰、灰白色偶见紫色、深灰色石英岩、变余石英岩，夹少量深灰色板岩，灰绿色、褐灰色泥岩，底部以石英岩与下伏团山子组白云岩分界，呈整合接触。

2）长城系高于庄组（Chg）

由灰白、深灰色白云质灰岩、石灰岩和白云岩组成。中下部见较多的灰白色变余石英岩、灰黑色板岩夹层，底部为深灰色板岩。与下伏大红峪组为平行不整合接触，与上覆杨庄组整合接触。

3）蓟县系杨庄—雾迷山组（$Jxy—Jxw$）

杨庄组尚未钻遇，雾迷山组在曙光潜山钻遇，岩性为灰、灰白、褐灰色厚层状白云质灰岩、灰质白云岩、含隧石条带白云岩，夹紫红色泥灰岩。与下伏杨庄组整合接触，和上覆洪水庄组平行不整合接触。

4）蓟县系洪水庄组—铁岭组（$Jxh—Jxt$）

洪水庄组岩性以灰黑色砂质页岩为主，下部为灰黑色砂质白云岩夹页岩。与下伏地层平行不整合接触。铁岭组岩性为灰、灰黄、深灰色白云岩、灰质白云岩，夹灰岩、灰白色石英细砂岩。与下伏洪水庄组整合接触。

2. 新元古界（Pt₃）

1）青白口系下马岭组（Qnx）

岩性为深灰、灰黑色页岩、硅质页岩，局部夹粉砂岩及细砂岩，底部见石英岩块砾石。与下伏铁岭组和上覆龙山组均为平行不整合接触。

2）青白口系龙山组—景儿峪组（Qnl—Qnj）

上部为紫灰、蛋青色石灰岩、泥灰岩夹灰绿色页岩，下部为灰白色海绿石砂岩，底部灰、灰白色或紫红色石英岩、变余石英砂岩。与下伏和上覆地层均为平行不整合接触。

（三）古生界（Pz）

1. 下古生界（Pz₁）

1）下—中寒武统馒头组（$\epsilon_{1-2}m$）

下部以紫、紫红色泥质粉砂岩、页岩夹薄层石灰岩组成；上部为紫红色粉砂岩、页岩夹薄层石灰岩。

2）中寒武统张夏组（$\epsilon_2 z$）

厚层状结晶灰岩、鲕状灰岩。

3）上寒武统崮山组—炒米店组（$\epsilon_3 g$—$\epsilon_3 ch$）

下部暗紫红色泥质粉砂岩、页岩夹亮晶灰岩；中部紫褐色泥质粉砂岩、页岩与微晶灰岩互层；上部灰色结晶灰岩。中下部与崮山组岩性相似，上部与炒米店组岩性相似。

4）下奥陶统冶里组（$O_1 y$）

岩性为厚层块状结晶灰岩、白云质灰岩夹钙质页岩。

5）下奥陶统亮甲山组（$O_1 l$）

以薄层石灰岩为主，底部含较多的牙形石化石，单锥型为主。

6）中奥陶统马家沟组（$O_2 m$）

厚层状石灰岩。

2. 上古生界（Pz₂）

1）上石炭统本溪组（$C_2 b$）

下部紫红、杂色泥岩与灰色粉砂岩、泥质粉砂岩薄互层；中部黑色泥岩夹灰色粉砂岩、中细砂岩及厚层状泥质灰岩；上部深灰色巨厚层状生屑灰岩，灰色粗砂岩、黑色泥岩夹煤线。底部以风化壳紫色铁铝质岩和石灰岩砾石为特征，平行不整合覆于中奥陶统马家沟组石灰岩之上。顶界以含海相石灰岩的砂岩页岩层组合为特征，与上覆太原组整合接触。

2）上石炭—下二叠统太原组（C_2—$P_1 t$）

下部灰白色厚层状石英粗砂岩、灰色细砂岩，夹黑色、棕色泥岩和煤层；上部棕色泥岩、黑色碳质泥岩，夹灰色粉砂岩、细砂岩及煤层。与上、下组地层均整合接触。

3）下—中二叠统山西组（$P_{1-2}s$）

灰、灰白色巨厚层状细砂岩、粉砂岩、石英中细砂岩，夹黑色碳质泥岩、棕红色泥岩和煤层。与上、下组地层均整合接触。

4）中—上二叠统石盒子组（$P_{2-3}s$）

下段：下部灰白色大套巨厚层石英中砂岩，上部灰绿、杂色泥岩、粉砂质泥岩，与灰白色石英中细砂岩、细砂岩、粉砂岩互层。上段：下部灰白色巨厚层石英粗砂岩、灰色粗砂岩、细砂岩，夹棕、紫红色泥岩、粉砂质泥岩、灰白色泥质粉砂岩；上部灰色粉砂岩、泥质粉砂岩、粉砂质泥岩与薄层紫红色泥岩不等厚互层。

5）上二叠统蛤蟆山组（P_3h）

岩性主要为浅红色块状砂质砾岩夹灰紫、紫红色薄层含灰泥岩，顶部为灰色厚层泥灰岩。

二、中生代地层特征

中生界属于坳陷内残留凹陷填平补齐式沉积，主要岩性为中性、中酸性火山岩和粗碎屑沉积，揭示地层有三叠系、上侏罗统土城子组和下白垩统。其中侏罗系主要分布在东部凹陷三界泡潜山和东部凸起，下白垩统主要分布在西部凸起中生界凹陷内，自下而上有：义县组、九佛堂组、沙海组、阜新组和孙家湾组共5套地层。义县组和孙家湾组在全区广泛分布，有多口探井及浅孔钻遇（图2-1-2）。

根据典型剖面自下而上分述如下。

（一）三叠系（T）

三叠系在兴隆台潜山太古宇东西走向逆冲断层之下钻遇，岩性为灰紫色安山岩、紫红色角砾岩与大套凝灰质泥岩互层，夹薄层黑色碳质泥岩。锆石法测角砾岩绝对年龄为230Ma，相当于上三叠统下部。钻遇井为兴古7-5井、兴古7-24-16井等。

（二）上侏罗系统土城子组（J_3t）

分布在辽河坳陷西部和东部地区，岩性变化较大。西部凹陷兴隆台潜山、大小洼潜山义县组之下钻遇，洼7井岩性为大套的紫红色砂岩、砂砾岩为主，中间有灰色的砂砾岩，夹有紫红色、灰色、灰绿色泥岩。东部凹陷相当于界3井2762～3458m井段，视厚度为696.0m，岩性主要为紫红色泥岩、灰黑色玄武岩、灰白色凝灰岩、凝灰质角砾岩夹黑色泥岩，局部夹灰色石灰岩、深灰色泥灰岩组合。相当于辽东的小东沟组或辽西土城子组。与上覆义县组不整合接触。

（三）下白垩统义县组（K_1y）

由大段中酸性、中性火山岩组成。以灰、浅灰、紫、暗紫红色英安岩、英安质凝灰岩、晶屑凝灰岩、安山岩、蚀变安山岩、安山角砾熔岩、集块岩、安山质凝灰岩、黑云母

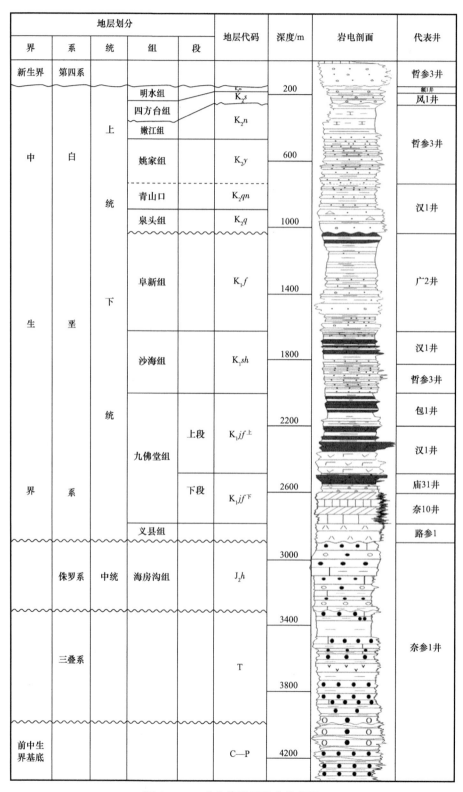

地层划分					地层代码	深度/m	岩电剖面	代表井
界	系	统	组	段				
新生界	第四系					200		哲参3井
中	白	上 统	明水组		K_2m			
			四方台组		K_2s			颓1井
					K_2n			风1井
			嫩江组					哲参3井
			姚家组		K_2y	600		
			青山口		K_2qn			汉1井
			泉头组		K_2q	1000		
生	垩	下 统	阜新组		K_1f	1400		广2井
			沙海组		K_1sh	1800		汉1井
								哲参3井
						2200		包1井
界	系	统	九佛堂组	上段	$K_1jf^上$			汉1井
				下段	$K_1jf^下$	2600		庙31井
								奈10井
			义县组					路参1
						3000		
	侏罗系	中统	海房沟组		J_2h			
						3400		奈参1井
	三叠系				T	3800		
前中生 界基底					$C-P$	4200		

图 2-1-2 中生代地层综合柱状图

安山岩、流纹岩、玄武岩、霏细斑岩等组成。欢6井、齐古2井等井钾氩法测得全岩年龄值为102.7～119.6Ma。以界3井、宋1井、齐古2井、齐1井等井为代表剖面，钻穿最大厚度达1298.5m。该组火山岩在辽河坳陷西部凹陷、东部凹陷和中央凸起均有探井钻遇，岩性相似，层位相当，均能对比。相当于辽东小岭组或辽西义县组。与上覆九佛堂组平行不整合或者整合接触。

（四）下白垩统含煤碎屑岩系（K₁）

自下而上可分为九佛堂组（辽东称梨树沟组）、沙海组、阜新组，代表剖面有界3井、宋1井、宋2井、柳参1井、房1井、营1井、千1井、佟2井、沈208井、安92井等井。

界3井剖面可分三个岩性段，下部为灰黑色泥岩、页岩、油页岩，夹薄层泥灰岩、石灰岩和鲕灰岩；中部为深灰、灰色泥岩与灰白色钙质砂岩互层；上部深灰、灰色泥岩为主，夹黑色钙质页岩与灰白色钙质砂岩。房1井揭露厚度591m未穿。佟二堡地区凝灰岩、凝灰质砂岩、凝灰质泥岩发育。西八千地区下部以砂砾岩为主，夹煤层，上部以灰黑色泥岩为主，碳质泥岩发育。

上述地层孢粉化石丰富，裸子植物占绝对优势，以克拉梭粉属—无突肋纹孢属—光面单粉孢属分子组合为典型代表。

地层厚度、岩性变化较大，主要分布在东部凹陷的三界泡、青龙台、房身泡、佟二堡、营口和西部凹陷的宋家洼陷、西八千地区。千1井剖面与辽西的九佛堂组、沙海组、阜新组相当；界3井、房1井剖面与泥河子组和部分沙海组相当，与辽东的梨树沟组可以对比。划归下白垩统。该套地层在西部凹陷北缘宋家洼陷发育齐全，向牛心坨地区减薄，并且上部地层遭受隆升剥蚀。本层系与下伏义县组呈假整合接触，与上覆地层呈角度不整合接触。

（五）上白垩统孙家湾组（K₂s）

全区分布广泛，以曙14井、曙32井、高2井、杜61井为代表剖面，岩性以紫红、砖红色砂砾岩、砾岩、砂岩为主，夹泥岩，砾石成分复杂。主要分布在西部凹陷高升至西八千（西斜坡）的西部边缘地区，东侧的大洼地区，东部凹陷的董家岗地区及大民屯凹陷的网户屯地区，层位与辽西的孙家湾组、辽北的泉头组、辽东的大峪组相似，区内定名为孙家湾组。与下伏老地层和上覆新生界均呈不整合接触。

三、新生代地层特征

辽河坳陷沉积了巨厚的新生界，各凹陷综合最大厚度达9285m。具有沉降沉积速度快、沉积旋回多、岩相和厚度变化大等特点，属陆相断陷湖盆环境的河流相、三角洲相、扇三角洲相、湖相沉积体系。对遍布全坳陷的2700多口探井所揭露的地层，用岩石地层学、生物地层学、地震地层学及矿场地球物理测井方法进行综合研究，把古近系和新近系划分为古新世至早始新世玄武岩喷发沉积旋回、中晚始新世至渐新世沉积旋回、中新世至上新世3个沉积旋回。建立了扎实的介形类、腹足类、藻类、孢粉、鱼类等古生物化石组合、亚组合及化石带，并与渤海湾盆地其他坳陷建立了对比关系，准确地建立了辽河坳陷古近系和新近系的地层层序，自下而上划分为古近系房身泡组、沙河街组、东营组（图 2-1-3），新近系馆陶组和明化镇组。辽河坳陷新生代伴随断陷运动发生多期岩浆活动，发育古新世房身泡组、始新世沙四段、始新世沙三段、始新世沙一段、渐新世东营组、中新世馆陶组 6 期岩浆活动，为石油地质综合研究奠定了可靠的基础。

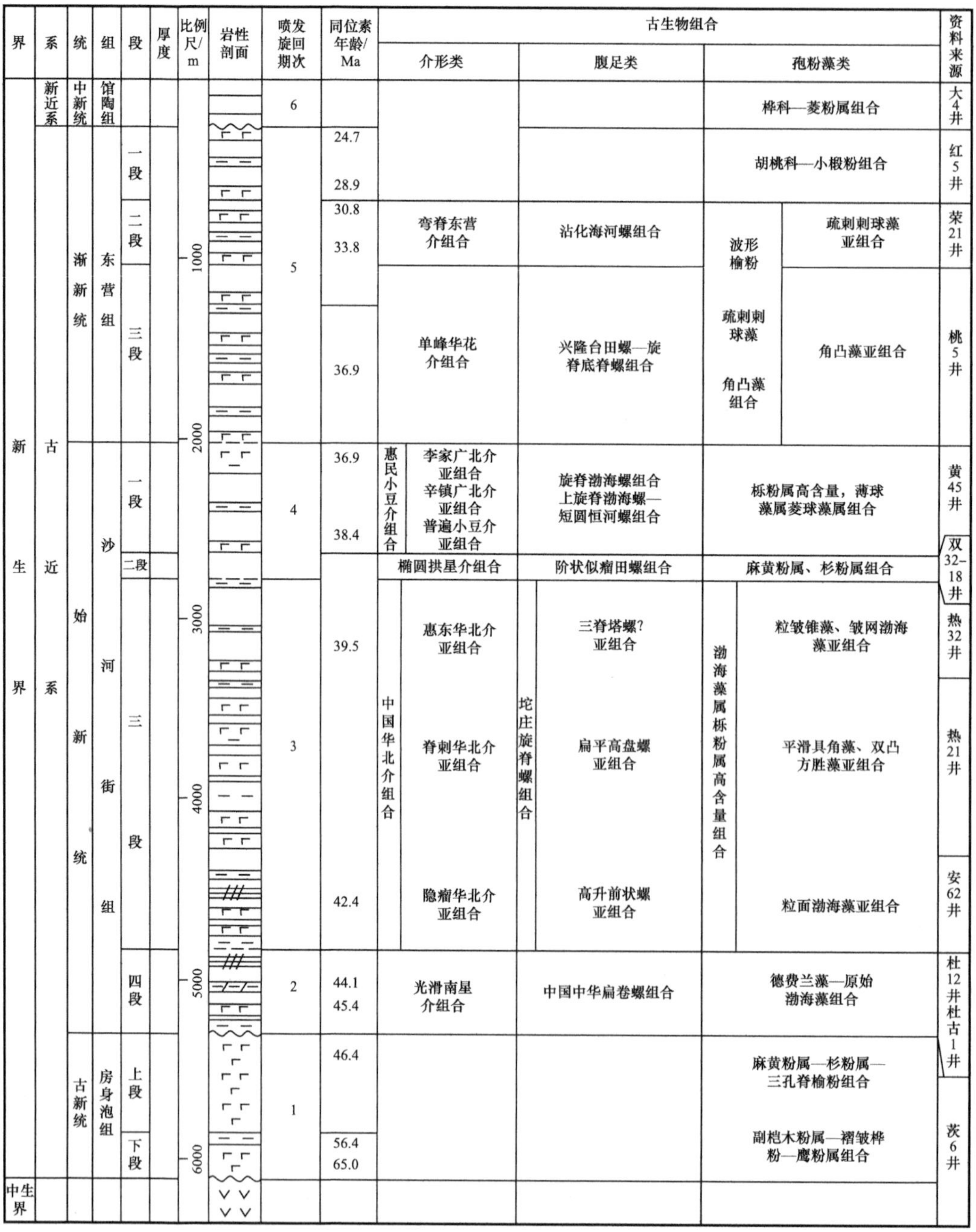

界	系	统	组	段	厚度 比例尺/m	岩性剖面	喷发旋回期次	同位素年龄/Ma	古生物组合			资料来源
									介形类	腹足类	孢粉藻类	
新近系		中新统	馆陶组				6				桦科—菱粉属组合	大4井
新生界	古近系	渐新统	东营组	一段	1000		5	24.7 28.9			胡桃科—小椴粉组合	红5井
				二段				30.8 33.8	弯脊东营介组合	沾化海河螺组合	波形榆粉 / 疏刺刺球藻亚组合	荣21井
				三段	2000			36.9	单峰华花介组合	兴隆台田螺—旋脊底脊螺组合	疏刺刺球藻 / 角凸藻组合 / 角凸藻亚组合	桃5井
		始新统	沙河街组	一段			4	36.9 38.4	惠民小豆介亚组合 辛镇广北介亚组合 普遍小豆介组合	旋脊渤海螺组合 上旋脊渤海螺—短圆恒河螺组合	枥粉属高含量，薄球藻属菱球藻属组合	黄45井
				二段	3000				椭圆拱星介组合	阶状似瘤田螺组合	麻黄粉属、杉粉属组合	双32-18井
				三段	4000		3	39.5	惠东华北介亚组合	三脊塔螺？亚组合	粒纹锥藻、纹网渤海藻亚组合	热32井
									中国华北介组合 脊刺华北介亚组合	坨庄旋脊螺组合 扁平高盘螺亚组合	渤海藻属栎粉属高含量组合 平滑具角藻、双凸方胜藻亚组合	热21井
					5000			42.4	隐瘤华北介亚组合	高升前状螺亚组合	粒面渤海藻亚组合	安62井
				四段			2	44.1 45.4	光滑南星介组合	中国中华扁卷螺组合	德费兰藻—原始渤海藻组合	杜12井 杜古1井
		古新统	房身泡组	上段	6000		1	46.4			麻黄粉属—杉粉属—三孔脊榆粉组合	
				下段				56.4 65.0			副槲木粉属—褶皱桦粉—鹰粉属组合	茨6井
中生界												

图 2-1-3　古近系地层综合柱状剖面图

（一）古近系（E）

古近系自下而上划分为房身泡组、沙河街组及东营组。

1. 房身泡组（E_1f）

房身泡组可分两段，视厚度 $0\sim1204m$。

1）玄武岩段（E_1f_1）

岩性为黑色玄武岩、绿灰、褐灰色辉石玄武岩，灰紫、灰黑色橄榄玄武岩，暗紫色蚀变玄武岩夹深灰、暗棕红色泥岩。东部凹陷北部的青龙台、房身泡、台安、高升地区，大民屯凹陷，沈北凹陷及抚顺盆地夹黑色泥岩、碳质泥岩、煤线或薄煤层。东部凹陷在欧利坨子以北地区，大段玄武岩中、上部见较多的暗紫红色蚀变玄武岩，与玄武岩之上的同色泥岩不易区分。

岩石化学分析结果表明，坳陷内本段玄武岩均属碱性玄武岩。西部凹陷属钾质系列碱性玄武岩，大民屯凹陷和东部凹陷属钠质系列碱性玄武岩。用高 8 井、沈 111 井、龙 23 井等 10 口井样品钾氩法测得三个凹陷的玄武岩全岩同位素年龄范围为 44.8—68.0Ma。

2）暗紫红色泥岩段（E_1f_2）

以暗紫红色泥岩为主，局部变为玄武质、凝灰质泥岩，质纯粒细、造浆性强，与暗紫红色蚀变玄武岩不易区分。在西部凹陷的兴南、鸳鸯沟、胜利塘至大有地区，东部凹陷的茨榆坨，大民屯凹陷的静安堡地区均有分布。茨榆坨与静安堡地区为玄武质、凝灰质泥岩，位于大段玄武岩之上。与济阳坳陷的昌参 1 井、莱 24 井、东风 4 井和黄骅坳陷的港 4 井、港 106 井划归沙河街组四段下部的红色泥岩十分相似。与下伏地层为不整合关系。

2. 沙河街组（E_2s）

沙河街组属古近系始新统，自下而上可分为四段、三段、二段、一段。

1）沙河街组四段（$E_2s_4{}^\perp$）

始新世早期，辽河坳陷处于隆升状态，孔店组及沙河街组四段中下部全区缺失。到始新世晚期缓慢下降，大民屯凹陷和西部凹陷沉积了沙河街组四段上部地层，东部凹陷仍无沉积，沉积中心在大民屯凹陷的静安堡和西部凹陷牛心坨地区，岩性为砂砾岩和厚层湖相泥岩，仅曙光至高升之间有薄层玄武岩分布，形成沙河街组与房身泡组之间的不整合关系。

沙河街组四段上部地层视厚度为 $0\sim813.5m$，各凹陷沉积差异十分明显，以西部凹陷为代表，可细分成三个岩性段，自下而上分别为牛心坨油层段、高升油层段和杜家台油层段。

2）沙河街组三段（E_2s_3）

视厚度 $0\sim1861m$（未穿）。凹陷边缘底部多为粗碎屑冲积扇或扇三角洲砂砾岩，凹陷中心部位底部为灰黑色泥岩夹油页岩、钙质页岩。中、下部在三个凹陷均以深灰、灰黑色大段泥岩为主，含透镜状浊积砂砾岩层，高升、曙光、欢喜岭地区为浊积砂砾岩的主要分布区。在于楼、热河台、静安堡地区见较厚的玄武岩，反映当时火山活动较强烈。上部为砂岩、泥岩、碳质泥岩互层段，顶部为碳质泥岩集中段。本段是主要含油层系之一，按沉积旋回自下而上细分为莲花、大凌河、热河台三个油层段。

3）沙河街组二段（E_2s_2）

视厚度 0～380m。岩性以浅灰白、肉红色砂砾岩、长石砂岩、钙质砂岩为主，局部地区见长石砂岩夹灰绿、棕红、灰色泥岩。欢喜岭部分地区相变成生物灰岩、鲕灰岩、鲕粒砂岩。双北地区变成钙质页岩和深灰色泥岩。西部凹陷除西斜坡高部位高升至大有地区缺失外，其他地区均有分布。东部凹陷在热河台、于楼东西两条主断层下降盘均有分布。牛居、大湾地区局部存在沙河街组二段，其余地区和大民屯凹陷缺失。与沙河街组三段为不整合—假整合关系。

4）沙河街组一段（E_2s_1）

视厚度 0～945m。岩性以灰、深灰色泥岩为主，与灰白色砂岩、砂砾岩不等厚互层，下部褐灰、浅灰色钙质页岩发育，局部地区见泥灰岩、白云质灰岩夹层；中部夹褐色油页岩或生物灰岩、鲕灰岩薄层。东部凹陷的黄金带、牛居、茨榆坨地区和西部凹陷的大有及大民屯凹陷的三台子地区见黑色玄武岩，属于辽河坳陷新生代第四期岩浆活动。测得黄105A井、红5G井等玄武岩全岩钾氩绝对年龄范围为 38.6—36.0Ma，地质年代为始新世晚期。

沙二段和沙一段是辽河坳陷的主力含油层系，按沉积旋回细分为三个含油层段，自下而上分别为兴隆台油层段、于楼油层段和黄金带油层段。

3. 东营组（E_3d）

视厚度 0～1828m。岩性以灰绿、绿灰、褐灰、棕红色泥岩、砂质泥岩，与浅灰、灰白色砂岩、长石砂岩、砂砾岩、含砾砂岩间互为特征。按沉积旋回和岩性组合细分为三段，自下而上为东三段、东二段和东一段，是辽河坳陷的主要含油层系之一，称为马圈子油层。双南、鸳鸯沟、马圈子以南和东部凹陷东部断阶带的剖面有代表性。东部凹陷黄金带以南地区玄武岩层数多，厚度大，分布稳定，火山活动强烈。牛居、茨榆坨和大民屯凹陷的东北部地区也有两层厚度较薄的黑色玄武岩。测得玄武岩全岩钾氩年龄范围为 24.7～36.0Ma，地质年代为渐新世。

东营组沉积时期，湖盆收缩，沉积中心南移，形成典型的退覆式沉积并伴随强烈的火山活动，仅双南及鸳鸯沟地区仍保持湖相沉积。东部凹陷南部分布了多层巨厚的玄武岩，牛居及大民屯凹陷北部地区亦见薄层玄武岩。东营组沉积晚期坳陷抬升，东营组上部普遍遭受剥蚀，断陷阶段结束。东营组与沙河街组之间为整合至局部假整合关系。

（二）新近系（N）

新近系分为馆陶组和明化镇组，下部为厚层状含砾砂岩、砂砾岩、含砂砾岩，中部为砂岩、泥岩间互，上部为砂砾岩、砾岩，共同组成一个完整的沉积旋回。

1. 馆陶组（N_1g）

视厚度 0～304m。岩性为灰白色厚层砂砾岩、含砂砾岩、砾岩为主，夹少量灰绿、黄绿色砂质泥岩。底部砾岩富含燧石颗粒，砾石成分复杂，地层厚度自北向南增厚，为辽河坳陷主要含油气层系之一，称饶阳河油层。大平房地区有黑色玄武岩呈层状分布，为中新世馆陶组第六期岩浆活动。该时期火山活动弱，火山岩体主要分布于馆陶组中下部，主要发育于东部凹陷大平房—荣兴屯，在红星、黄金带地区也有零星分布，岩性为薄层状玄武岩，厚度10～80m。牛居、大民屯凹陷和沈北凹陷本组缺失，沉积间断明显，与下伏层不整合接触，其底界相当于T_2地震反射界面。

2. 明化镇组（N_2m）

视厚度107～823m，分上下两段：下部黄绿、灰绿、浅棕红色泥岩、杂色泥岩与浅灰、灰白、黄绿色粉砂岩、砂岩、含砾砂岩间互层，上部浅灰白色粗粒含砂砾岩、砂岩为主，夹黄绿色砂质泥岩。颗粒下细上粗，分选性差，成分复杂，以石英为主，含较多的长石及花岗岩、石英岩、火山岩岩块，砂泥质胶结，胶结松散，化石甚少。本组与下伏馆陶组整合接触。

新近纪渤海沿岸诸盆地进入拗陷发展时期。古近纪末期，全区经历一次准平原化过程，在此基础上沉积了新近系，形成古近系与新近系之间的不整合关系。

（三）第四系（Q）

第四系平原组（Qp）视厚度0～417m，可分为上下两套岩性组合。下部为褐黄色砂层、含砾粗砂层，上部为浅灰色粉砂层夹土黄色黏土、砂质钙质黏土层、泥砾层与浅灰、黄灰色砂层、砂砾层间互。在坳陷南部地区见丰富的现代海相生物，见有小笔螺、牡蛎、介形虫。在东部凹陷于楼地区见未完全炭化的树木枝干，于1井在井深18m处曾获蒲州胡桃核果，地层时代属更新世中期。

第二节　构造特征

辽河坳陷是在华北地台基础上形成的中生代、新生代坳陷，位于华北地台的东北隅，是辽冀台向斜的一部分，属于三级大地构造单元——辽河坳陷区[3]。东部是辽东台背斜，西接燕山台褶带，北靠内蒙古地轴东缘，南临渤海，是渤海湾含油气区的一部分（图2-2-1）。

一、古生代及以前构造特征

根据坳陷内钻井揭露及周边露头，辽河坳陷前新生界由太古宇、中—上元古宇、古生界及中生界组成。

太古宇鞍山群组成本区古老的结晶基底，

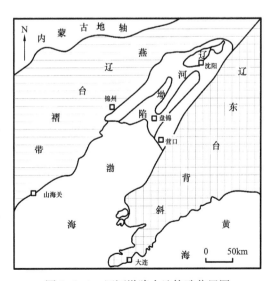

图 2-2-1　辽河坳陷大地构造位置图

在漫长的地质历史中，经历了强烈的褶皱变形、区域变质作用、普遍花岗岩化和混合岩化。坳陷内钻遇的结晶基底主要为黑云母斜长片岩、角闪变粒岩和花岗片麻岩，钾氩法同位素年龄为20亿～21亿年。该年龄值比坳陷周边太古宇的年龄值偏小，其原因是中—上元古代中期和末期在地壳演化过程中曾先后发生过两次主要的地热事件，广泛的热液作用引起区域性的变质作用，并以放射性年龄的信息群明确地反映出来。因此，坳陷内测得的结晶基底年龄值偏低，很可能是这两次地热事件的反映。

吕梁运动以后，发生了一次持续时间很长的海侵，使西部凹陷、大民屯凹陷的局部地区沉积了一套以碳酸盐岩为主并伴有碎屑岩的中—上元古界浅海相沉积。蓟县运动使本区上升遭受剥蚀而被夷平。

早古生代（早寒武世），沿太子河向斜海水侵漫到东部凹陷，沉积了一套浅海相寒武系和中—下奥陶统。中奥陶世之后，加里东运动使华北地台上升成陆，造成该区缺失上古生界，仅在东部凹陷东侧斜坡见到石炭系、二叠系海陆交互相沉积。

前中生界构造层，按构造运动的旋回性，存在太古宇、元古宇、古生界三大构造层。但是由于它们受同一个构造运动体制的控制，在地质发育史上有明显的继承性，故可以归纳成一个构造层即下构造层，其特点是构造轴线以呈近东西向为主。茨东断裂—二界沟断裂以东，太古宇、元古宇和下古生界南北凹隆相间排列，自北而南继承性发育有铁岭—靖宇隆起、太子河—浑河坳陷、营口—宽甸隆起，其中太子河—浑河坳陷伸向三界泡地区，已被钻井证实。在同一纬度的西锦州—喀左一带也有古生界分布，反映了古生界构造层的基本构造轮廓。盆地西侧，元古宇沿着北东方向以半背斜的形态伸向西部凹陷和大民屯凹陷。它们属于燕山台褶带向盆地延伸部分，其轴向主体部位是东西方向，延至本区转为北东方向，缺失古生界。位于盆地中部即中央凸起部位的太古宇呈波状起伏，沿北东方向展布。

二、中生代构造特征

中生代是地质历史上的一个重大变革时期。印支运动使前中生界同时褶皱，形成一系列北东和北北东向展布的开阔平缓的构造。辽宁地区上述构造变动主要发育在凌源—锦西、太子河流域及大连—复州等地，并波及辽河坳陷的东西两侧。燕山运动使华北地台进一步解体，产生一组北东方向或北北东方向的主断裂，切割了前中生代古构造线，造成东西分带、南北分块的古构造格局。强烈的断裂活动引起基底差异陷落，并不同程度地控制和影响新生代盆地的发育及演化，造成坳陷内前古近—新近系基底地质结构比较复杂，宏观上表现为凹凸相间，北东方向伸展，且每个凹陷的基底都有多洼多隆和东陡西缓、北高南低的特点；斜坡部位既有孤立的山头，又有成排成带的坡上山（欢喜岭和曙光地区）。而凹陷中央湖心岛式的古山头或古隆起（兴隆台、东胜堡等）又把整个凹陷分隔成多个沉降中心。

总之，辽河坳陷前古近—新近系基底结构比较复杂。前中生界以东西向构造为主，南北差异明显，中生界以北东、北北东向构造为主，东西向差异显著，它们影响和控制着新生代盆地的发育和演化，并由此奠定了坳陷盖层南北分区、东西分带的基本骨架。

辽河坳陷外围开鲁盆地大地构造位置处于华北板块北缘和黑龙江板块南缘之间碰撞、对接的缝合部位，它是在加里东—海西期褶皱带上基底上，发育起来的晚中生代断坳型盆地，面积 $3.32 \times 10^4 km^2$。西部以大兴安岭与二连盆地相隔，东部以茂林—库伦断裂与彰武盆地分界，南部以赤峰—开原断裂与华北陆块内蒙古隆起相邻。

辽河坳陷外围开鲁盆地的形成经历了长期、复杂的演化过程，根据沉积建造、岩浆活动、构造运动等资料分析，可将开鲁盆地地质构造演化分为基底和盖层两大阶段并叙述于后[4]。

（一）基底结构

根据周边露头地层分布推测，开鲁盆地的基底为晚古生代浅变质岩系、不同时期侵入的花岗岩组成。晚古生代浅变质岩系沿西拉木伦河深断裂呈对称性分布，并以此为界，向北、向南地层由新变老。北带呈北东向展布，南带呈东西向展布。基底岩性为结晶灰岩、板岩、杂砂岩、安山岩、凝灰岩、火山熔岩、火山碎屑岩。侵入岩为华力西晚期花岗岩、钾长花岗岩和印支期二长花岗岩、燕山期花岗岩。盆地基底东西向、南北向、北东—北北东向断裂发育，如西拉木伦河断裂、赤峰—开原断裂、嫩江—开鲁断裂。多组断裂相互切割，导致盆地基底结构破碎。常规剩余重力和剩余磁力出现的北东向正负异常，以及局部呈现的东西向正负异常，反映了前中生代基底顶面的起伏和盆地凸、凹相间的北东向构造格局。

（二）盖层构造

根据前期的重、磁、电资料，以及二维、三维地震和钻井资料，基本确定了盆地凸凹相间的构造格局。开鲁盆地盖层由陆家堡、奈曼、东胜、八仙筒、茫汉、龙湾筒、钱家店、新庙等8个凹陷和5个凸起（舍伯吐、东明、东苏日吐、木里图、哲东南凸起）组成，这些长而窄、小而深、形状各异、分散、孤立有序的断陷呈北东、北北东、近南北向展布，构成了地下复杂、多姿的构造图案。辽河油田所辖探矿权的地区为陆家堡凹陷、奈曼凹陷、龙湾筒凹陷、钱家店凹陷。

三、新生代构造特征

辽河坳陷的新生界自下而上由古近系的房身泡组（E_1f）、沙河街组（E_2s）、东营组（E_3d）、新近系的馆陶组（Ng）、明化镇组（Nm）及第四系平原组（Qp）组成，总厚度超过6000m，可分为古近系、新近系及第四系三个构造层[5]。

新生界厚度受基岩隆起影响很大，特别是落差大的基岩断裂控制着沉积的范围和厚度，复杂的基底块断活动使沉积盖层的岩相及厚度变化增大，并造成沉积盖层与基岩之间广泛的超覆不整合和断层接触关系。

按照基岩地貌及新生界沉积厚度，可将辽河坳陷划分为西部、东部及大民屯（包括沈北凹陷）三个凹陷以及东部、西部和中央三个凸起。凸起上主要是新近系与第四系的超覆沉积，凹陷中有巨厚的古近系沉积。

三个凹陷与周边的接触关系及古近系沉积最大厚度和分布的现今表现如下：西部凹陷西侧下超上剥；东侧兴隆台以南为断层接触，中段冷东地区为断阶接触，北段为超覆接触。最大沉积厚度在清水洼陷达 5500m（图 2-2-2）。大民屯凹陷东、西、南三面都为断层接触，最大沉积厚度在荣胜堡洼陷达 5000m。东部凹陷西侧为超覆接触，在东侧南北接触关系不同，有断层接触，也有超覆接触，最大沉积厚度在驾掌寺洼陷达 4500～5000m。

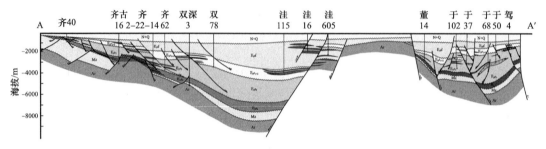

图 2-2-2　辽河坳陷过东、西部凹陷构造地质剖面

（一）中生代、新生代断裂

断裂活动是辽河坳陷新生界裂谷盆地的主要特征，具有断层数量多，规模大，以张性正断层为主，多期多组，在平面上纵横交错，在剖面上互相切割的特点。断裂活动贯穿于裂谷盆地发育的始终，控制着构造的基本格局。

截至 2021 年 12 月，共发现三级以上的断裂有 300 多条，其中一级断裂 8 条，二级断裂 21 条。

根据这些断裂发生的时间，基本上可以分成两大类，即中生代断裂和新生代断裂，分别描述如下。

1. 中生代断裂

辽河坳陷在晚侏罗世拉张应力的作用下，产生了北东与北西方向两组断裂，以北东方向为主干断裂，对中生界断陷的边界起主要控制作用。北东向断裂分东西两支，西支以西八千—高升—坨西—大民屯断裂为主，向北延伸，经过沈北凹陷与依兰—伊通断裂带相连；东支以二界沟西—驾掌寺西—茨榆坨东断裂为主，向北经浑河断裂与敦化—密山断裂相接，在这些断裂的下降盘形成一系列中生代洼陷，呈串珠状分布。

2. 新生代断裂

新生代断裂在中生代断裂的基础上表现了"继承、发展、新生"三个特点。"继承"是指中生代、新生代断裂的位置和性质相同，前者的规模大于后者，多数终止于始新世末—渐新世初。"发展"是指控制新生代凹陷边界的断裂在中生代末期处于初发状态，在新生代开始活动逐渐强烈，造成新生代活动规模远远大于中生代，属于长期活动的断裂。"新生"是在中生代产生的断裂之外，古近—新近纪的新生断裂，一般产生于新生代的中晚期，活动时间比较短，常与早期断裂斜交，并对早期断裂有切割作用。局部地区出现了逆冲断裂（图2-2-3）。

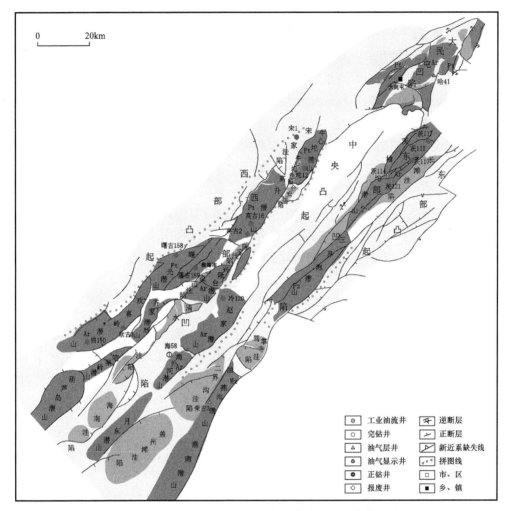

图2-2-3　辽河坳陷主干断层与沉降中心的分布关系图

（二）断裂活动特征

裂谷型盆地的形成是地壳上拱拉张作用的结果。坳陷内的断裂系统除西部凹陷的冷东、牛心坨地区和大民屯凹陷的曹台、边台地区有逆冲断层外，其余主要为正断层组成的断裂系统。这些断裂比较复杂，不仅大小、性质、走向、倾向不同，就是同一走向的断裂，由于发生的时间、产生的原因和活动时间长短的不同，其所起的作用也各有差异[6]。

按照断层的走向大体可分为北东、北西和近东西向三组。

1. 北东向断层

是辽河坳陷的主要断层。这些断层虽然走向一致，但在裂谷发育的过程中，各条断层活动的时间、产状、性质、规模和作用互不相同。因此，又可以进一步划分为三种类型。

1）中生代西倾和东倾正断层

这些断层主要分布在西部凹陷、大民屯凹陷的西侧和东部凹陷二界沟西、驾掌寺西、茨榆坨东。中生代盆地是受这些断裂控制发育而成的，它们均断入基岩，并控制中生界的分布范围，断距一般在500～600m，延伸较长，最长达28km，倾向北西和南东，倾角50°～70°，在西部凹陷由东向西将基底阶阶错开并形成一系列单面山，剖面上基底形状呈搓板状，平面上成一道道山脊，沿着上述断裂带常有火山喷发。

2）古近纪西倾正断层

这些断层分布在凹陷的东侧，是辽河坳陷的主干断裂。如坨东—台安—大洼、营口—佟二堡，大民屯东界断裂等。这些断裂规模很大，倾角较陡，达45°～70°，多断入地壳深部，沿断裂带常发生火山喷发。延伸20～100km，断距可达数千米，常形成断阶带。

3）沙河街组三段至东营组沉积时期正断层

这些断层属于表层断层，开始于沙河街组三段沉积时期，终止于东营组沉积末期。延伸长8～33km，断距一般在100～500m，最小为50m，倾向南东和北西均有，以南东方向为主，倾角45°～75°，断层倾向均与地层倾向一致，基本上是边沉积边断裂的同生断层，很少断入基岩。

2. 北西向正断层

一部分与中生代断裂同时发生，主要对新生代盆地起分割作用，延伸较短，一般在5～15km。但多数为古近纪北东向正断层的派生断层，一般长1～5km，断距小于100m，最大400m，与北东方向断层相交，构成网格状。

3. 近东西向正断层

形成时期较晚，主要发育在东营组沉积时期。多将早期北东向的断层切割，是坳陷内比较发育的一组边沉积边断落的同生断层。数量多，常成组出现，延伸长度一般在7～25km，断距100～400m。南倾为主，北倾少量，下降盘由于牵引作用，能形成滚动背斜。这组断裂很少断到基岩。

第三节　沉　积　特　征

辽河坳陷为狭长的古近纪断陷，轴向北北东，西侧为由断阶带构成的缓坡，东侧则为由边界断裂的陡断面构成的陡坡带。断陷发育期间，其西为古医巫闾山山脉，其东为古千山山脉，其北为法库—康平山地，这些古隆起剥蚀区成为环绕断陷的主要盆外物源区；坳陷内部存在西部凸起、中央凸起和东部凸起，成为盆内物源区。由于当时气候温暖潮湿（属暖温带—北亚热带），雨量充沛，在不同沉积阶段，断陷的缓坡、陡坡和长轴方向均有碎屑物质充填，加之湖盆窄长、坡降大，碎屑物质常被搬运到湖盆中部，形成多种类型的沉积体系组合类型[7]。

辽河外围盆地沉积体系的发育受凹陷构造演化、控盆断裂及物源的控制。由于断陷活动强烈，沉积发育总体上具有多物源、近物源、多相带、窄相带和储集砂体类型多样的特点，沉积体系以近距离搬运、快速沉积为特征。主要发育的沉积体系有：冲积扇—扇三角洲、冲积扇—深水湖相、河流—泛滥平原相、辫状河流—三角洲、堆积—近岸水下扇（水下扇）以及浊流沉积体系。

一、中生代沉积特征

（一）区域沉积环境

辽河外围盆地凹陷众多，平面上凹间分割强烈，大小规模不一，具有沉积复杂多变的特点。但是，沉积储层在发育过程中，由于各凹陷具有同一区域构造背景下的古气候、古地形、水介质、物源、古地温等条件，因此其沉积环境和沉积体系也应有成因上的联系，所以各凹陷发育的沉积体系、相带分布、储集条件、岩性等都具有相似的规律性。早白垩世，开鲁盆地为温暖潮湿的热带—亚热带气候，湖盆水介质以淡水—微咸水为主，纵向上经历了淡水氧化相（义县组）—微咸水还原相（九佛堂组、沙海组）—淡水弱氧化相（阜新组），与断陷的发生—发展—衰亡相吻合。

（二）沉积演化特征

基底结构上的差异，造成各凹陷形成机制和储层沉积演化序列各具不同的特点。不同类型的凹陷沉积体系的发育是不同的。其储层沉积环境、沉积演化特征和沉积体系与沉积相的发育也具有不同的特点。开鲁盆地除龙湾筒凹陷为双断地堑断陷外，其余凹陷均为单断型箕状断陷。

1. 单断箕状型凹陷沉积特点

以一侧断裂活动控制成盆，构造活动以断陷为主，凹陷内部的洼陷和相对隆起带在发展过程中具有继承性，沉积中心和沉降中心基本一致，两侧均有物源，但以控盆断裂一侧为主，具有近物源、多物源、快速沉降、快速沉积的特点。

义县组沉积时期为盆地的初始张裂阶段，以堆积大量火山岩为特征。九佛堂组沉积时期为强烈伸展期，构造运动转换沿断裂面滑动，以垂直运动为主，盆地急剧下沉，与周边山区形成大的高差，凹陷两侧山区受到强烈的风化剥蚀，大量物质堆积在山前地带。在断裂陡坡带，由于水深坡陡的古地貌条件，使碎屑物质直接进入湖盆中，形成了一系列近岸水下扇、或以冲积扇快速进入湖盆形成扇三角洲，或形成凹陷缓坡带或斜坡带，由于没有边界断层的控制，碎屑物质主要由多条山区辫状河流携带入湖，形成辫状河三角洲。在凹陷中央深水区局部发育有滑塌浊积扇或槽形浊积岩。不同期次的近岸水下扇和扇三角洲垂向叠置，横向连片，围绕凹陷中心成裙边状展布。沙海组沉积时期为稳定沉积阶段，断裂活动减弱，盆地由剧烈下陷转变为缓慢的稳定下沉，由于物源区与沉积区高差缩小，风化剥蚀作用减弱，入湖水系减少，碎屑物质供给不足，整个盆地表现为广阔的半深湖环境，仅洪水期凹陷才有小型的扇三角洲和辫状河三角洲发育。在凹陷中央局部发育有浊积岩。阜新组沉积时期为衰减萎缩阶段，断裂活动进一步减弱，沉积速率大于沉降速率，整个盆地表现为充填式沉积。由于物源区的进一步后退。碎屑物质的供给仍然匮乏，凹陷大部分地区为开阔的滨浅湖环境，发育有滨湖砂砾滩沉积，进而转变为滨湖沼泽和河流相。阜新组沉积末期，湖盆萎缩抬升，普遍遭受剥蚀。晚白垩世进入坳陷发育阶段，各凹陷上白垩统发育程度不一，一般厚度为 400～800m，陆家堡地区不足 300m，钱家店地区 800～1000m。

2. 双断地堑型凹陷的沉积特点

双断地堑盆地在充填演化过程中受到两侧控盆断裂的控制，盆地的两侧均为沉积物堆积提供了物源，物源体系的类型具有相似性。但由于断层活动强度、时间上的差异性，其沉积体系规模、影响范围、各沉积环境的体积分配、亚相组成等与单断型凹陷均有区别。沿凹陷短轴方向两侧均发育主要物源体系，早期以冲积扇—扇三角洲体系为主（图 2-3-1），表现为近物源、快速堆积、厚度大、粒度粗，沉积体伸入较深水湖区与湖相沉积交互的特征。晚期均接受了一定程度的晚白垩世坳陷阶段的沉积，沉积厚度为 800～1200m。

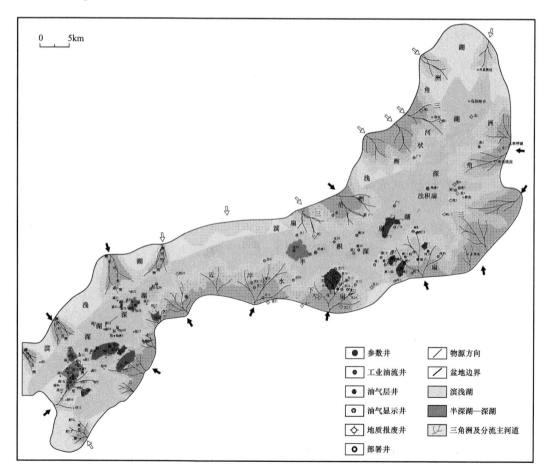

图 2-3-1　陆家堡凹陷九佛堂组上段沉积相平面图

二、新生代沉积特征

辽河坳陷新生代为陆相环境，发育河流、湖泊作用形成的典型沉积相类型，主要包括冲积扇相、扇三角洲相、河流相、湖相、湖底扇相等。坳陷的不同凹陷以及在各凹陷的不同发展阶段，具有不同的沉积相类型和分布特征[8]。

（一）沉积相特征

1. 冲积扇相

冲积扇是由山间河流所携带的粗粒碎屑物质，在坡度变缓处的山前地带堆积而成，具有季节性、时变性和多发性的特征。辽河坳陷古近纪各期均有冲积扇相发育，位于凹陷边缘，由于后期抬升剥蚀，保存不完整。在形态上多具有上凹下凸形态。

2. 扇三角洲相

扇三角洲体系是从附近高地推进到稳定水体（海、湖）中的冲积扇。由山区河流携带的碎屑物，近源堆积在水陆交互带的水上及水下浅水地带，主要由陆上冲积扇（或辫状河）和水下前缘带组成。前缘带前方的湖相泥岩可视为前扇三角洲。辽河坳陷发育的各期扇三角洲，因构造活动强烈而频繁，水上部分的冲积扇大都受到不同程度的剥蚀，前扇三角洲与湖相沉积不易区分。

3. 辫状河三角洲

辫状河三角洲是辫状河进积到湖盆中形成的富含砂、砾质碎屑的三角洲，发育于湖盆短轴方向或长轴方向斜坡较窄部位。辽河坳陷西部凹陷沙四段、沙一+二段，大民屯凹陷沙三段，东部凹陷沙三段、东营组均发育辫状河三角洲沉积。

4. 泛滥平原相

泛滥平原为河流冲积作用形成。在沉积剖面中，砂岩与泥岩呈频繁交替出现，砂岩单层厚度一般为2～10m，很少大于20m；泛滥盆地中发育暗色泥岩，厚度变化较大，单层厚度从数米到数十米，甚至上百米。

5. 湖底扇相

湖底扇体系是指湖泊中沉积物重力流作用形成的浊积岩集合体。辽河坳陷古近纪以西部凹陷沙河街组三段沉积时期的湖底扇体系最为典型。该时期强烈沉陷，形成了持续时间较长的深水湖盆环境，为湖底扇体系的沉积提供了必要条件。岩性为杂基支撑中粗砂岩或含砾砂岩、细砾岩。顶底与上覆、下伏较深水湖相泥岩突变接触，单层厚度可达数十米。

（二）沉积相平面分布

辽河坳陷三个凹陷的发育受构造运动控制。不同强度和不同作用时间的断裂运动，古地貌特征差异大，导致不同凹陷沉积环境存在巨大的差异，造成辽河坳陷发育多种沉积相类型。

1. 房身泡组沉积时期沉积环境特征

据古生物资料，房身泡组发现的植物孢粉化石属于温暖、潮湿的亚热带气候环境，降水量丰富。但该期坳陷处于萌发、孕育阶段，尚未形成具有足够面积的蓄水湖盆，没有稳定的湖泊环境（全区未发现水生生物），碎屑沉积物少，仅在厚层—块状玄武岩中见有薄层褐灰、暗紫色泥岩和碳质泥岩。属河流沉积环境。

2. 沙河街组沉积环境与沉积体系分布

影响沙河街组沉积的构造运动在坳陷内发育强度和时间极不均衡，直接造成三个凹陷环境上的区别，因而导致沉积体系不同。

1）沙四上段的沉积环境与沉积体系

沙四上段沉积层包括牛心坨、高升、杜家台油层，其中牛心坨油层只在西部凹陷北部地区揭露。大民屯凹陷也发育该段地层，层位相当于高升、杜家台油层，东部凹陷缺失本段地层。该时期为辽河坳陷裂陷初期，沉积凹陷范围有限，未能形成开阔的湖盆，水体的进退均较迅速，以浅水环境为主，主要发育冲积扇—扇三角洲—辫状河三角洲沉积体系。受后期构造变动而遭受严重剥蚀，凹陷边部沉积相带保存不全，现今范围为残留的部分（图 2-3-2）。

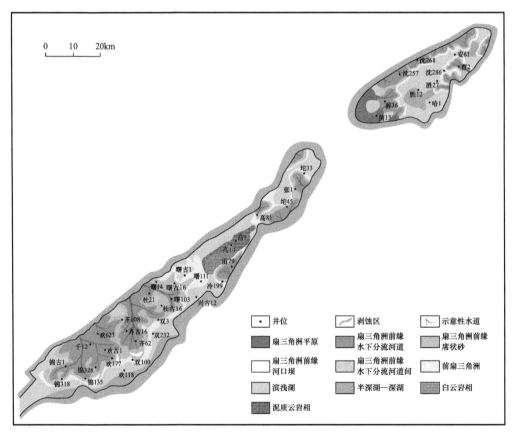

图 2-3-2　辽河坳陷沙四段沉积相图

2）沙河街组三段沉积环境与沉积体系

辽河坳陷整体湖盆进一步扩张，断裂活动频繁，大幅度沉降，具有强烈的块断运动，普遍呈深陷状态。沙三段发育了莲花油层、大凌河油层和热河台油层。

该期控制三个凹陷发育的断裂活动差异大，各凹陷扩张程度不一，其中西部凹陷最为强烈，大民屯凹陷相对较弱。沉积环境存在明显差异：西部凹陷以湖底扇为代表，东部凹陷由于断裂分割明显，具有多沉积中心，沉积相类型为湖底扇、扇三角洲和冲积扇，大民屯凹陷水退特征明显，发育河流—三角洲沉积体系（图2-3-3）。

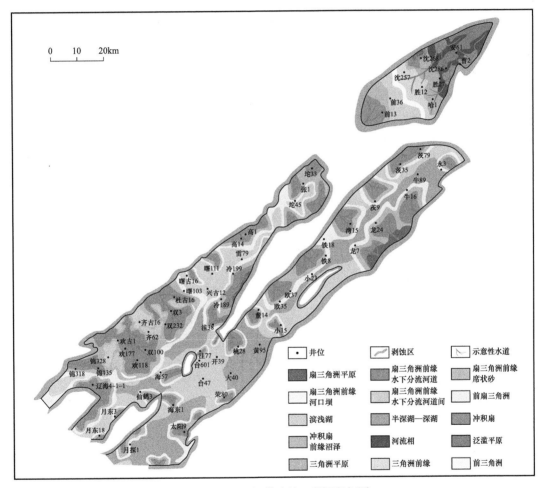

图2-3-3 辽河坳陷沙三段沉积相图

3）沙一＋二段沉积环境及沉积体系

沙二段至沙一段沉积时期是辽河坳陷新一轮沉陷、扩张期，形成新的水进—水退旋回。旋回又可以分为早、晚两个发育、演化阶段：早期阶段（相当于沙二段沉积时期），仅在西部凹陷表现为扩张及缓慢水进，大民屯凹陷扩张活动未开始，缺失沙二段沉积，东部凹陷仅局部区域发育该段上部地层；后期阶段（相当于沙一段沉积时期），三个凹陷的扩张活动逐渐趋于一致，但活动强度具有差别（图2-3-4）。

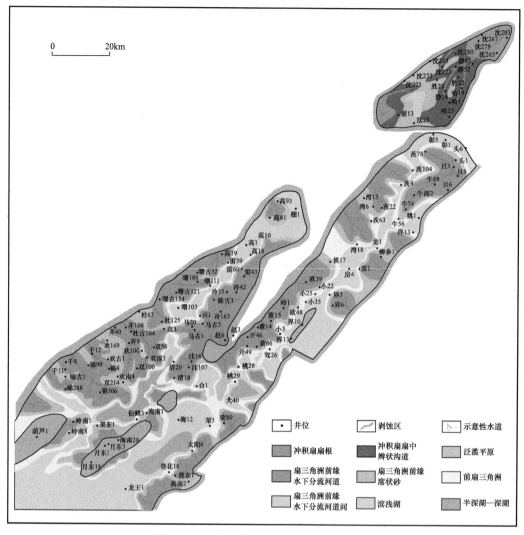

图 2-3-4　辽河坳陷沙一+二段沉积相图

4）东营组沉积环境及沉积特征

东营组沉积时期是辽河坳陷裂谷盆地衰落而向坳陷转化的一个时期。块断运动不明显，呈大面积升降。在全坳陷范围内，西北部隆升，东南端倾没。新生的一系列近东西方向的小断距同生断层，使坳陷节节向南沉降，沉降中心及沉积中心向南移动，造成了东营组沉积时期的北高南低、西高东低的地形特征。

辽河坳陷本期分割的特点已经基本消失，大民屯凹陷南端与东部凹陷北部相连，西部凹陷与东部凹陷在南部沟通，三个凹陷连为一体。凹陷与凹陷之间的环境差异性不明显，盆地的演化具有统一性。

由于扩张运动向南、向东转移，中央凸起南端和东部凹陷东侧均为东营组地层超覆，西部凹陷西侧翘起，不仅没有东营组，甚至沙河街组也遭受剥蚀，形成一个北东走向的古近系剥蚀区。

本阶段早—中期的水进，形成较广阔的浅湖环境，但过补偿的沉积作用使之很快充填，湖盆衰退，坳陷迅速转入水退阶段。因此东营组沉积时期以河流冲积环境的沉积作用为主，发育了冲积扇—河流—三角洲沉积体系，以河流作用的泛滥平原相为优势相类型。

东营组沉积时期的泛滥平原环境在辽河坳陷古近系中具有代表性，以长轴方向的河流为主、侧向河流为辅的多支水系在平原上迁移，沉积了总厚度 300～1200m 的砂泥岩层，砂岩和泥岩的分异性较差，单层厚度不等，横向上不稳定，河道、河道间、沼泽等微相错综复杂。炭屑含量较多，局部出现碳质层，甚至煤层，植物根系遗迹较常见。

整个东营组的岩性组合，大部分地区砂质岩类偏多，但砂岩的粒级明显变细，反映了碎屑颗粒呈长距离搬运的特点。泥质岩类以杂色为主，大多数泥岩含粉砂。

整个东营组的岩性剖面，从下至上粒级组合呈粗—细—粗的结构特征，反映了从水进开始到水退结束的完整沉积旋回。末期全坳陷抬升，结束本旋回沉积。

第四节　储层发育特征

辽河坳陷储层类型多样，广泛发育的多类型储层为辽河坳陷多种油气藏的形成提供了良好的储集场所。按储层岩性分为沉积岩（碎屑岩、碳酸盐岩）、火成岩、变质岩三类四种类型储层，按构造沉积演化储层形成的时期划分，将辽河坳陷储层分为古生代及以前储层、中生代储层和新生代储层三类，其中新生代储层为最重要的稀油高凝油储层。

一、古生代及以前储层特征

古生代及以前储层主要为元古宇、太古宇变质岩储层和元古宇、古生界碳酸盐岩储层。变质岩储层是辽河坳陷最古老的基底储层，元古宇变质岩储层主要分布于西部凹陷杜家台潜山、胜利塘潜山、曙光潜山和大民屯凹陷安福屯潜山、静北潜山等；太古宇变质岩储层是辽河坳陷最重要的一种特殊储层，分布于三大凹陷和中央凸起；古生界碳酸盐岩储层，主要分布在西部凹陷曙光潜山、东部凹陷三界泡潜山、东部凸起和辽河滩海的燕南、海月潜山，仅在曙光潜山获得勘探突破，在三界泡潜山、燕南潜山、海月潜山和东部凸起储层中见不同程度的油气显示；元古宇碳酸盐岩储层主要分布于大民屯凹陷，储集层位为长城系的高于庄组和大红峪组，在西部凹陷曙光潜山也可揭露高于庄组储层。

（一）太古宇变质岩储层

太古宇变质岩储层主要为新太古界变质岩储层，是一种中—高级变质程度的储层，受古构造、古地貌、风化剥蚀等地质背景控制。

1. 岩性特征

太古宇变质岩储层的岩石类型主要有区域变质岩、混合岩、动力（碎裂）变质岩三类九亚类[9]。

区域变质岩主要为片麻岩类和长英质粒岩类。片麻岩类在坳陷内分布极广，主要为黑云斜长片麻岩，其次为黑云二长片麻岩、黑云钾长片麻岩、黑云角闪斜长片麻岩，呈明显的片麻状构造，具鳞片粒状变晶结构或中—粗晶花岗变晶镶嵌结构。长英质粒岩类主要有浅粒岩、黑云斜长变粒岩等。浅粒岩，晶粒大小 0.10～1.00mm，暗色矿物含量小于 10%，主要由石英和长石组成，岩石脆性强，在构造应力作用下易破碎，裂缝发育，可以成为良好储层；变粒岩，晶粒大小 0.10～1.00mm，具有细粒均粒它形鳞片粒状变晶结构，块状构造，可形成中等储层。

混合岩类包括混合岩化变质岩类，包括混合岩化变粒岩、混合岩化片麻岩等，主要矿物成分为黑云母、斜长石、角闪石、石英及少量碱性长石。注入混合岩类，包括角砾状混合岩、条带状混合岩、浅粒质混合岩等，主要矿物以石英、斜长石、碱性长石为主，次为黑云母、角闪石，具有粗粒花岗变晶镶嵌结构。混合片麻岩类，残留的基体含量小于50%，主要矿物成分以石英、斜长石、碱性长石为主，次为黑云母、角闪石，具有鳞片粒状变晶结构、花岗变晶结构和片麻状构造。混合花岗岩类，残留的基体极少，主要包括斜长混合花岗岩和二长混合花岗岩等，一般呈片麻状构造，具花岗变晶结构。

动力（碎裂）变质岩是构造作用改造形成的，其原岩仍然是区域变质岩、混合岩等。主要包括构造角砾岩类、压碎岩类、糜棱岩类等，分布局限，受构造断裂带控制，多呈狭长的带状分布。

不同地区分布的储层岩性有所不同。西部凹陷兴隆台潜山储层岩性主要为注入混合岩类、混合片麻岩类，大民屯凹陷潜山带为浅粒岩、变粒岩、片麻岩类、混合花岗岩类等，东部凹陷茨榆坨潜山为片麻岩类。这些储层岩性与角闪岩、板岩等非储层岩性一起共同构成了变质岩内幕的"层状"或"似层状"结构。

2. 电性特征

由于矿物组成、元素成分、化学成分和结构构造的差异性，变质岩在测井曲线上表现出不同的响应特征。主要有三种类型：第一种类型是以长英质矿物成分为主的浅粒岩及其混合岩。密度为 2.60～2.68g/cm³，补偿中子为 0～0.84%，自然伽马一般为 80API 左右，光电吸收截面指数较低，在 3.0 左右，在密度与补偿中子测井曲线上显示出"正差异"的曲线关系。第二种类型是以角闪石等暗色矿物组成的岩石类型。密度大于 2.75g/cm³，补偿中子大于 4%，在密度与补偿中子测井曲线上呈现"负差异"的曲线关系，补偿中子增大而位于左侧。这类岩石暗色矿物较多，裂缝不发育，为非储集岩。第三种类型是一种过渡型，当黑云母含量在岩石中大量增加时，使岩石骨架中的含氢指数和密度增加，密度在 2.65～2.70g/cm³，补偿中子在 1.3%～3.0%，使两条曲线向中间靠拢到一起，呈绞合状。具有此种测井曲线特征的岩石，也可作为储集岩。

3. 储集空间特征

太古宇变质岩储层的储集空间主要为孔隙和裂缝。孔隙包括溶蚀孔隙、粒间孔隙、晶间孔隙，裂缝包括宏观裂缝和微裂缝，以岩心所能测量的最小裂缝开度大于 10μm 者为宏观裂缝，小于 10μm 者为微裂缝。但是对油气藏形成具有意义的主要是构造裂缝。

4. 储集物性特征

太古宇变质岩储层孔隙度最大为 13.3%，最小为 0.6%，平均为 5.1%。其中 1% 以下占 10%，1%～5% 占 49%，5% 以上占 41%。渗透率最大为 953mD，最小为 0.53mD。其中，1～10mD 占 17%，10～100mD 占 13%，1mD 以下占 70%。总的来说，以浅色矿物为主的构造角砾岩、混合花岗岩类、浅粒岩类等储层的储集物性较好。随着暗色矿物含量的增高，储集物性变差。

（二）元古宇变质岩储层

元古宇变质岩储层，岩性主要为石英岩、变余石英砂岩。石英岩，碎屑成分主要为石英，含量在 90% 左右，含少量长石等其他矿物，填充物主要为自生石英和伊利石。变余石英砂岩多为变余长石石英砂岩，以半自形粒状结构为主，石英重结晶者为镶嵌接触，局部发育粒间孔。具中砂—粉砂状结构，粒径为 0.03～0.5mm，分选中—较好，次圆状，镶嵌接触，再生胶结或孔隙式胶结。在测井响应特征上表现为"四低一高"，即低自然伽马、低补偿中子、低光电吸收指数、低密度、高时差。

储层储集空间主要有裂缝和孔隙。裂缝主要为构造裂缝，分布不均匀，向深部发育程度变差，以高角度缝和网状缝为主，裂缝开度一般为 0.01～0.03mm，有的可达 0.05mm。可见残余粒间孔、粒内溶孔、粒间溶孔、微孔等孔隙，最大的溶孔孔径可达 0.6～2mm。

常规物性分析结果显示，元古宇变质岩储层基质孔隙度最大 14.3%，最小为 0.8%，平均为 5.18%；渗透率最大为 25mD，最小小于 1mD，平均为 7.3mD。

（三）元古宇碳酸盐岩储层

元古宇碳酸盐岩储层主要分布于大民屯凹陷，储集层位为长城系的高于庄组和大红峪组。在西部凹陷曙光潜山也可揭露高于庄组储层。

1. 岩石类型

大民屯凹陷元古宇碳酸盐岩储层以白云岩为主，次为灰质云岩、云质灰岩等，在泥质岩小层中多为夹层或互层出现。白云岩颜色多为鲜艳的红色，有肉红色、紫红色、粉红色等，灰色少见。

2. 储集空间

大民屯凹陷碳酸盐岩储层的储集空间主要为裂缝。裂缝包括构造缝、层间缝、压溶缝、干裂缝、溶蚀缝等。

3. 储集物性

大民屯凹陷元古宇碳酸盐岩储层具有双重孔隙介质特征，储层的孔渗特征由基质和裂缝两部分构成。孔隙度为基质孔隙度和裂缝孔隙度之和。常规物性分析表明，白云岩储层基质孔隙度最大为 4.0%，最小为 0.5%，一般为 0.65%～3.69%。对平安堡潜山 13 口井130 个解释储层段进行计算统计，白云岩裂缝孔隙度最小为 0.1%，最大为 1.8%，平均为

0.46%。基质渗透率最大为250mD，最小为0.015mD，一般为0.341～3.52mD。

（四）古生界碳酸盐岩储层

古生界碳酸盐岩储层主要分布在西部凹陷曙光潜山、东部凹陷三界泡潜山、东部凸起和辽河滩海的燕南、海月潜山，仅在曙光潜山获得勘探突破，在三界泡潜山、燕南潜山、海月潜山和东部凸起储层中见不同程度的油气显示。

1. 岩石类型

古生界碳酸盐岩储层岩性以石灰岩类为主，其次为白云岩类。根据化学成分分类原则，按钙镁比的大小可分为石灰岩、含云质灰岩、云质灰岩、灰质云岩、含灰质云岩、白云岩。碳酸盐岩的主要矿物由白云石、方解石、黏土、石英和菱锰矿、菱铁矿组成。

2. 储集空间

孔隙、裂缝和溶洞是古生界碳酸盐岩储层的储集空间类型。孔隙包括晶间孔、晶间溶孔、粒内溶孔、铸模孔、粒间溶孔、超大溶孔、微孔等。溶洞中孔洞直径多数小于2mm，个别最大达6mm。裂缝以高角度裂缝为主，多发育三组或三组以上，多呈网状分布，有后期裂缝切割早期裂缝的现象。

3. 储集物性

常规物性分析结果显示，西部凹陷曙光潜山古生界碳酸盐岩储层最大孔隙度为21.5%，一般为3%～6%，平均为4.83%；渗透率一般为1～3mD，东部凸起冶里组储层孔隙度一般为13.7%～23.1%，平均孔隙度为16.96%，渗透率为10.2mD；下马家沟组储层孔隙度一般为2.8%～7.4%，平均孔隙度为4.43%，渗透率为3～9mD。

二、中生界储层特征

中生界储层主要为中生界碎屑岩储层和中生界火成岩储层。碎屑岩储层主要分布在西部凹陷兴隆台—马圈子地区、宋家洼陷、西八千—欢喜岭地区、大洼地区、东部凹陷三界泡地区等。不同凹陷不同地区，储层厚度差异较大。西部凹陷欢喜岭地区储层累计最大厚度达200m，而东部凹陷三界泡地区储层具有层数多、厚度薄的特点，单层厚度1～2m，少数3～5m，累计厚度在20～50m。火成岩储层分布在西部凹陷和东部凹陷的局部地区。中生界火成岩储层岩性有安山岩、流纹岩、英安岩、凝灰岩、火山角砾岩等。

（一）中生界碎屑岩储层

中生界碎屑岩储层岩性主要有砾岩、砂砾岩、含砾不等粒砂岩、中—粗砂岩等，这些岩性在西部凹陷均有揭露。砾岩和砂砾岩中的砾石成分主要为中、酸性火成岩和花岗质岩块。

中生界碎屑岩储层中可见原生的粒间孔、次生的粒内溶孔、胶结物溶孔、铸模孔、构造缝、溶蚀缝等，也可见混合的粒间扩大孔等。

不同地区不同层位的储层物性不同。例如，欢喜岭地区，平均孔隙度为16.2%，渗透率为1～952mD，平均渗透率为192mD，属中孔中渗储层；大洼地区，平均孔隙度为14.19%，平均渗透率约为20.35mD，属于低孔低渗储层。再如，宋家洼陷阜新组上亚段为中孔中渗储层，物性最好；阜新组下亚段和沙海组为低孔低渗、低孔特低渗储层，物性较差；九佛堂组为特低孔超低渗储层，物性最差。

（二）中生界火成岩储层

中生界火成岩储层岩性有安山岩、流纹岩、英安岩、凝灰岩、火山角砾岩等。

安山岩主要为灰紫色、浅灰色、灰绿色、灰黑色等，具斑状结构、玻基斑状结构。

英安岩可见浅灰色，为斑状结构。斑晶含量为1%～10%，以斜长石为主，含少量石英。

凝灰岩颜色一般为浅灰色、绿灰色、深灰色、灰黑色，具玻屑—岩屑、岩屑—玻屑等凝灰结构。中酸性—酸性凝灰岩以玻屑、晶屑为主，岩屑很少超过20%；中基性凝灰岩中，晶屑和岩屑增多。主要分布于西部凹陷大洼、牛心坨等地区。

火山角砾岩为火山角砾结构。砾石多为分选较差、棱角状和次棱角状的角砾，在90%左右，成分主要以基性、中性、酸性喷出岩块为主，含少量花岗质岩块。砾石间填隙物为与砾石同成分的细碎屑、泥质和绿泥石、白云石等。火山角砾岩在洼609井、洼605井、洼7井和马古6井、兴99井、兴68井中有所钻遇。

中生界火成岩储层储集空间为孔隙和裂缝两种类型。孔隙中主要可见角砾间孔、溶孔，裂缝以高角度裂缝为主，相互切割并交织在一起，局部可呈密集网络状。

不同凹陷不同地区的火成岩储层物性有很大的不同。东部凹陷油燕沟地区安山岩的孔隙度分布很分散，在1.0%～16.3%变化；渗透率的差别更明显，最大为12mD，最小为0.12mD，普遍较低；西部凹陷牛心坨地区流纹岩，孔隙度在4.9%～11.8%，渗透率在0.12～52.2mD。同一凹陷同一地区的火成岩储层物性也有一定的差异。西部凹陷大洼地区根据储层岩性，将储集物性在纵向上分为两段：一段是储层岩性为玄武质火山角砾岩，平均孔隙度在12.2%～24.7%，平均渗透率在0.100～9.509mD；另一段是储层岩性为安山岩和流纹质溶结凝灰岩等，平均孔隙度在12.1%～18.1%，平均渗透率均小于1mD。

三、新生界储层特征

新生界储层主要包括碎屑岩、火成岩和碳酸盐岩储层。碎屑岩储层是最重要的油气储层，分布在三大凹陷边缘直至中心的广阔空间上，横向上变化大；纵向上主要分布在东营组和沙河街组，层层叠置，叠加连片。多种类型沉积体系的发育决定了古近系碎屑岩储层类型多样，各具特色。火成岩储层平面上主要分布在东部凹陷，以沙河街组沙三段为主。碳酸盐岩储层只分布于西部凹陷高升地区、雷家地区、曙光地区等的沙河街组沙四段，分布相对局限。

（一）新生界碎屑岩储层

新生界碎屑岩储层主要分布于新生界古近系，是最重要的油气储层，纵向上主要分布在东营组和沙河街组，多种类型沉积体系的发育决定了古近系碎屑岩储层类型多样，各具特色。新近系碎屑岩储层分布局限，只分布于辽河陆上的东部凹陷大平房地区、西部凹陷杜家台和海外河地区、辽河滩海的东部和中部地区等，以馆陶组碎屑岩储层为主，其次为明化镇组碎屑岩储层。

1. 储层特征

1）岩性特征

碎屑岩储层岩性包括各个时期、不同环境中沉积及沉积后成岩作用改造的砂岩（粉砂岩、细砂岩、中砂岩、粗砂岩）、含砾砂岩、砂砾岩、砾岩，以中、粗砂岩、含砾砂岩、砂砾岩居多。砂岩岩石类型以岩屑长石砂岩和长石岩屑砂岩为主，硬砂岩次之，至今尚未发现石英砂岩。

2）储集空间类型

碎屑岩储层的储集空间类型主要为孔隙，进一步可分为原生孔隙、次生孔隙和混合孔隙。以原生的粒间孔和混合的粒间扩大孔为最常见，以次生的粒间溶孔为较多见，可见混合的超大孔隙和次生的铸模孔。其他类型的储集空间，如晶间孔、贴粒孔、生物碎屑溶孔、填隙物溶孔、收缩孔、微裂缝等也偶见或少见。

3）孔隙结构特征

碎屑岩储层的孔隙结构较复杂，喉道与孔隙的不同配置关系，形成了多样的孔隙结构类型。河流相储层主要为高渗大孔粗喉型、高渗大孔中喉型、中渗大孔细喉型；三角洲相、扇三角洲相储层主要为高渗大孔粗喉型、高渗大孔中喉型、中渗大孔细喉型和低渗中孔细喉型；湖底扇相储层主要以中渗大孔细喉型和特低渗小孔细喉型为主；冲积扇相储层主要以中渗大孔细喉型、低渗中孔细喉型为主。

4）储集物性特征

碎屑岩储层类型和分布的层系多，成因复杂，骨架颗粒粒径相差悬殊，填隙物含量变化较大等，决定了其储集物性的多变性。

纵向上，储集物性主要受埋藏深度控制。深层储层的储集物性较差，浅层储层的储集物性相对较好。例如，东部凹陷古近系碎屑岩储层一般以东营组储集物性最好，沙一段次之，沙三段储集物性相对较差。再如，大民屯凹陷沙河街组沙三二亚段储层孔隙度多为 20% 以上，最大可达 29.3%，渗透率以大于 500mD 者居多，最大可达 14099mD；沙三四亚段储层孔隙度多为 10%～15%，最大为 25.4%，渗透率多为 10～100mD，个别高者大于 2000mD，低者小于 1mD。

横向上，储集物性主要受沉积相带控制。扇三角洲水下分支流河道微相储层，储集物性一般较好，孔隙度为 20%～25%，渗透率多在 1000mD 以上。但是在不同部位仍有差别，储集物性更好的是在水下分支流河道的中下部。

2. 成岩作用

碎屑岩在完成沉积作用之后，就进入了漫长的成岩作用阶段，在成岩阶段中经历了机械压实作用、胶结作用、溶解作用、交代作用、重结晶作用、蚀变作用、黏土矿物转化作用等，岩石的结构、组分等发生了明显的变化，在一定程度上降低或改善了储层的储集性能。

3. 储集性能主控因素

碎屑岩储层储集性能的优劣主要受沉积作用、母岩岩性、成岩作用等一系列因素控制。

1）沉积作用对储集性能的影响

原始沉积作用对储层储集性能的影响主要表现在两个方面：一方面是组成岩石的骨架颗粒结构特征；另一方面是填隙物含量。从某种意义上讲，原始沉积作用对储层储集性能的影响是决定性的，这是因为埋藏后的一切成岩作用及所引起的各种变化都是在原始沉积作用的基础上进行的，但这一切又决定于沉积体系。

2）母岩岩性对储集性能的影响

物源区母岩岩性的差异决定了储层的碎屑成分，也影响了储层的储集性能。大量薄片观察和自生矿物测试统计资料表明：花岗岩成分为主的砂岩，在成岩过程中抗机械压实能力强，抗破坏性化学压实作用能力也强，一般情况下，产生溶解作用的机会较多，成岩作用对孔隙保存有利；变质岩、硅质岩与花岗岩相似；泥质岩、火成岩较差。

3）成岩作用对储集性能的影响

在辽河坳陷各凹陷两侧的斜坡部位，存在多个沉积间断面，使其成为开启带，成岩作用对储层储集性能的影响十分明显。

成岩作用使沉积间断面附近的储层储集性能变好。沙一段和沙三段之间是一个较大的沉积间断面，沙一段底部的扇三角洲沉积含有大量的地表水，容易产生溶解作用，可使许多砂岩的孔隙度和渗透率大大提高。西部凹陷兴隆台扇三角洲的水下分支流河道、河口沙坝砂体，遭受强烈溶解，孔隙度为25%～31%，渗透率为5000～10000mD，高者可达19000mD。沉积间断有利于成岩过程中发生溶解作用，提高了储层的储集性能。

（二）新生界火成岩储层

新生界火成岩储层平面上主要分布在东部凹陷，以沙河街组沙三段为主，其次为沙河街组沙一段，在西部凹陷曙光地区可见到房身泡组火成岩储层。

1. 储层特征

1）岩石类型

古近系火成岩储层的岩石类型以中—基性火成岩为主，主要有玄武岩、辉绿岩、辉长岩、闪长岩、粗面岩、粗安岩、粗面质凝灰岩等，主要岩石类型为粗面岩，其次为辉绿岩、玄武岩。

2）岩相类型

火成岩储层的发育受火成岩岩相的控制。火成岩岩相进一步可分为喷出岩岩相和侵入岩岩相。喷出岩岩相可分为爆发相、溢流相、侵出相和火山沉积相等。针对东部凹陷新生界火成岩发育的地质特征，基于古火山机构及其产物研究的岩相分类原则，依据岩浆作用方式（爆发、溢流、侵出或侵入）和就位环境（封闭、半开放、开放和水域环境）的不同，将东部凹陷火成岩岩相分为火山通道相、爆发相、溢流相、侵出相、火山沉积相和侵入相6种相类型16种亚相类型。每种亚相的结构、构造特征和特征岩性不尽相同。

3）储集空间

火成岩储层的储集空间主要有孔隙和裂缝两种类型。它们一般不独立存在，而是按不同的方式组合在一起，形成复杂的空间网络[10]。

孔隙几何形态变化各异，孔状、线状、片状、洞穴状、串珠状等都有所见，多为不规则形态，可分为原生孔隙和次生孔隙。

裂缝复杂多样，表现为粗和细、长和短、开启和闭合、密集和稀疏均有所不同，可分为原生裂缝和次生裂缝。

4）储集物性特征

火成岩储层储集空间的连通性较差，非均质性较强，使火成岩储层的孔隙度和渗透率有较差的相关性。东部凹陷火成岩储层基质孔隙度一般为0.9%～29.2%，平均为9.2%，渗透率为0.01～56mD，平均为0.23mD。凝灰熔岩、角砾熔岩、角砾化粗面岩、粗面岩储层的储集物性相对较好，例如，欧8井2170.9m角砾熔岩储层孔隙度可达21.08%，渗透率达204mD；欧26井2195.2m角砾化粗面岩储层孔隙度为10.63%，渗透率为1.67mD。

2. 储集性能影响因素

火成岩储层的储集性能影响因素主要有岩性、岩相、构造作用和溶蚀作用。

1）岩性

粗面岩和玄武岩基质孔隙度和渗透率略好于辉绿岩，但总体上差别不大。东部凹陷火成岩储层按岩性主要分为三类储层：Ⅰ类储层为角砾化粗面岩、粗面质角砾岩、玄武质角砾岩等，整体上储集性能最好；Ⅱ类储层为气孔玄武岩、沉火山碎屑岩、块状粗面岩等，储集性能中等；Ⅲ类储层为辉绿岩、致密玄武岩，储集性能最差。

2）岩相

实测物性统计表明，爆发相、侵出相外带及中带亚相、火山通道相火山颈亚相、溢流相玻质碎屑流亚相、火山沉积相含外碎屑火山沉积亚相的储集性能最好；火山通道相隐爆角砾岩亚相、溢流相复合熔岩流亚相、侵出相内带亚相的储集性能中等；溢流相板状熔岩流亚相、火山沉积相再搬运火山沉积亚相、侵入相的储集性能最差。

3）构造作用和溶蚀作用

火成岩体受构造应力作用容易破碎，形成不同尺度、不同方向、不同性质的多种裂缝。这些构造裂缝不仅为油气运聚提供了良好的通道，同时也是油气的主要储集空间。

火成岩为高温低压环境的产物，当岩体暴露于地表或水体中，其中的不稳定组分会发生溶蚀，形成一定量的溶蚀孔、缝，改善了岩石的储集性能。溶蚀孔、缝的发育往往伴随构造裂缝的发育，它可为水溶液提供通道。

（三）新生界碳酸盐岩储层

新生界碳酸盐岩储层只分布于西部凹陷高升地区、雷家地区、曙光地区等的沙河街组沙四段，分布相对局限。厚度一般在 10～20m，最大厚度大于 200m。储层主要分布在杜家台油层和高升油层，为湖相沉积。杜家台油层储层成层性较好，形成横向连续的地层单元，而高升油层储层受古地貌、沉积环境的影响，分布不是很连续。

1. 岩石类型

沙四段碳酸盐岩储层岩性主要为石灰岩类和白云岩类。其中，白云岩类岩性在西部凹陷高升、雷家、曙光地区的杜家台油层和高升油层内均有分布，而石灰岩类岩性只分布在西部凹陷曙光地区、高升地区等。

白云岩类岩性主要包括泥晶云岩、含泥泥晶云岩、泥质泥晶云岩、含泥含方沸石泥晶云岩、含泥方沸石质泥晶云岩、泥晶粒屑云岩、含泥粒屑泥晶云岩等岩石类型。泥晶云岩是主要储层岩性，一般为褐灰色、灰黑色或灰黄色，具泥晶结构，呈厚层状，与深灰色泥岩或褐灰色油页岩间互层。

粒屑灰岩是石灰岩类的主要类型，是湖盆初期扩张阶段滨浅湖高能水动力环境下沉积的碳酸盐岩。它仅分布于西部凹陷高升地区高升油层内，单层厚度普遍较薄，一般仅为 1～2m，累计厚度为 10～25m。在西部凹陷曙光地区局部可见泥晶灰岩、含颗粒或颗粒质灰岩、颗粒灰岩等石灰岩类岩性。

2. 电性特征

西部凹陷雷家—高升地区的沙四段碳酸盐岩在测井曲线上特征比较明显，总体上具有三低一高的响应特征，即低自然伽马、低补偿中子、低声波时差、高密度。一些岩性，如含泥泥晶云岩、含泥方沸石质泥晶云岩、泥晶粒屑云岩具有一定的测井响应值和测井曲线形态特征。

3. 储集空间

沙四段碳酸盐岩储层的储集空间包括孔、洞、缝三大类型。根据孔、洞、缝及其组合形式，西部凹陷雷家—高升地区沙四段碳酸盐岩储层以孔隙—裂缝型和裂缝型储层为主，见少量裂缝—孔洞型储层。

4. 储集物性

西部凹陷雷家—高升地区碳酸盐岩储层的平均孔隙度为 8.75%，最小为 1.7%，最大为 21.2%，有 50% 的样品孔隙度大于 8.4%。

另外，粒屑灰岩具有与中—细砂岩类似的分选较好的结构特征，但填隙物含量较高，多为泥灰质，碳酸盐含量最大为 82%，最小为 46.4%，一般在 55% 左右，储集物性多表现为高孔隙度、低渗透率的特征，平均孔隙度为 23.5%，平均渗透率为 15mD。

第五节　流　体　性　质

根据辽河坳陷 2000 多口井原油物理性质分析结果的统计，在不同的油气聚集区，由于地质背景的不同，其原油的物理性质也有较为明显的差异。辽河坳陷 1600 多口井的天然气组分分析表明，已发现的天然气主要为富烃、贫 H_2S、少 N_2 和 CO_2 的烃类天然气，含有微量有机汞及 He、Ar 等稀有气体组分。辽河坳陷各层系油田水非常发育，共分析油田水样品 16206 个，分析这些样品的测试数据，获得油田水化学特征及其演化规律。辽河坳陷新生界含水层油田水主要为 $NaHCO_3$ 型，其次为 $MgCl_2$ 型、$CaCl_2$ 型，Na_2SO_4 型最少。

一、原油性质

根据辽河坳陷 2000 多口井原油物理性质分析结果，在不同的油气聚集区，由于地质背景的不同，其原油的物理性质也有较为明显的差异。辽河坳陷三个凹陷的原油物理性质也不相同（表 2-5-1），其中西部凹陷的原油物理性质差异性较大，大部分原油密度高，最高可达 1.04g/cm³（20℃），黏度高，最高可达 34301.04mPa·s（50℃），其含蜡量、凝固点比较低；东部凹陷的原油物理性质普遍较好，原油密度较低、黏度较低，但在茨榆坨、燕南等地区也分布有高密度、高黏度的原油；大民屯凹陷的原油除南部地区外，原油中的含蜡量、凝固点都明显高于东部凹陷和西部凹陷，最高分别可达 56.86% 和 72℃。

表 2-5-1　辽河坳陷三大凹陷原油物理性质对比表

指标	西部凹陷		东部凹陷		大民屯凹陷	
	范围	代表值	范围	代表值	范围	代表值
密度 ρ_{20}/（g/cm³）	0.8156~1.0400	0.8684	0.7120~0.9835	0.8418	0.7818~0.9796	0.8581
黏度/mPa·s	0.60~34301.04（50℃）	29.70	0.48~583.60（50℃）	6.50	0.01~693.19（100℃）	9.60
凝固点/℃	−72~49	19	−54~44	23	−23~72	40
含蜡量/%	0.02~30.80	9.60	0.20~43.30	13.60	0.13~56.86	23.50
含硫量/%	0~1.530	0.106	0.020~0.470	0.072	0.030~0.270	0.088
沥青质+胶质/%	0.66~59.32	13.60	2.14~35.65	9.70	1.49~33.30	12.20
初馏点/℃	7~296	114	55~266	100	11~250	109
总馏量/%	2.4~250.0	32.0	9.7~94.8	45.0	5.5~75.0	36.0

二、天然气性质

辽河坳陷 1600 多口井的天然气组分分析表明，已发现的天然气主要为富烃、贫 H_2S、

少 N_2 和 CO_2 的烃类天然气，含有微量有机汞及 He、Ar 等稀有气体组分。

浅层气（埋深小于 1500m），它们多属未成熟的生物气、热催化过渡带气或来自深部的次生气，其甲烷含量大于 95%，最高达 100%，重烃含量一般小于 5%，并随分子量的增加而减少；处于中深层的原油、凝析油伴生气，一般处于低—中—高成熟阶段，甲烷含量 70%～95%，重烃含量一般大于 5%，最高达 41.2%；古潜山气藏中甲烷含量 70%～90%，重烃含量较高，与古近系原油伴生气有相似的组成特征，反映它们之间有相近的母质来源（表 2-5-2）。此外，伴生气的烃类组成与原油性质有关，如大民屯凹陷高、低凝析油伴生气甲烷含量多数大于 95%，C_{2+} 含量小于 5%；而稀油伴生气甲烷含量一般小于 90%，C_{2+} 含量大于 10%。

表 2-5-2 不同层位天然气组分分布表

构造单元	油气田	气层气组分							油层溶解气组分					
		层位	密度/(g/cm^3)	CH_4/%	C_2/%	CO_2/%	N_2/%	样品数	层位	密度/(g/cm^3)	CH_4/%	C_2/%	CO_2/%	N_2/%	样品数
西部凹陷	兴隆台	Ed	0.5758	96.69	1.65	0.09	1.57	7	Ed	0.5321	95.58	3.48	0.02	0.94	3
		$Es_1^{中上}$	0.5912	95.10	3.61	0.16	1.13	12	$Es_1^{中上}$	0.6114	93.13	6.23	0.02	0.51	16
		$Es_1^{下}$	0.5895	94.80	3.63	0.14	1.35	11	$Es_1^{下}$	0.6203	92.28	6.55	0.04	0.71	3
		Es_{3+4}	0.658	87.15	12.5	0.23	0.06	4							
	欢喜岭	$Es_1^{中}$	0.5735	96.86	2.07	0.50	0.58	4	$Es_1^{下}$	0.5993	92.74	1.34	0.56	2.36	3
		$Es_1^{下}$，Es_2	0.6275	91.88	6.42	0.93	0.77	4	Es_2	0.7094	82.70	15.35	0.72	1.31	15
		Es_3	0.6463	85.72	10.8	1.04	1.37	7	$Es_1^{中上}$	0.7194	79.52	1.00	0.49	1.28	16
		Es_4	0.6836	81.47	15.1	1.09	2.27	5	$Es_3^{下}$	0.7460	77.70	20.10	0.65	1.57	25
		Ar	0.6739	82.54	15.3	0.36	1.46	3							
东部凹陷	黄金带	Ed	0.6212	90.24	9.59	0.08	0.27	4	$Es_1^{上}$	0.7400	80.09	19.25	0	0.08	2
		$Es_1^{上}$	0.6689	85.69	13.5	0	0.76	4	$Es_1^{中}$	0.7319	78.06	21.50	0.07	0.31	8
		$Es_1^{中下}$	0.7365	79.13	20.4	0	0.47	10	$Es_1^{下}$	0.7597	76.51	23.32	0.04	0.20	4

三、地层水性质

辽河坳陷新生界含水层油田水主要为 $NaHCO_3$ 型，其次为 $MgCl_2$ 型、$CaCl_2$ 型，Na_2SO_4 型最少。油田水化学组成主要包括溶解状态的各种离子、溶解气，通常溶解气体含量较低，一般不进行测试，常见的离子包括 K^+、Na^+、Ca^{2+}、Mg^{2+} 等阳离子和 Cl^-、SO_4^{2-}、CO_3^{2-}、HCO_3^- 等阴离子。

辽河坳陷古近系、新近系油田水离子组分统计结果（表2-5-3）展示，各含水层阴离子含量排列顺序一致，为 $HCO_3^->Cl^->CO_3^{2-}>SO_4^{2-}$，阳离子含量排列顺序略有差异，即明化镇组阳离子排列顺序为 $Na^++K^+>Ca^{2+}>Mg^{2+}$，其他含水层阳离子排列顺序为 Na^++K^+ $>Mg^{2+}>Ca^{2+}$。阳离子中 Na^++K^+ 占绝对优势，一般为73.9%~96.62%；Mg^{2+} 含量一般为1.79%~8.95%；Ca^{2+} 含量最小，一般为1.59%~17.15%。阴离子中 HCO_3^- 含量占据优势，一般为43.97%~66.2%；Cl^- 含量一般占第二位，为21.66%~38.68%；CO_3^{2-} 含量一般仅占6.22%~12.06%；SO_4^{2-} 含量更少，一般为2.18%~5.87%，分布不稳定。

表 2-5-3　油田水离子组分统计表

层位	Na^++K^+/%	Ca^{2+}/%	Mg^{2+}/%	Cl^-/%	SO_4^{2-}/%	CO_3^{2-}/%	HCO_3^-/%	样品数
明化镇组	57.73~84.82	10.08~23.39	1.52~18.96	16.39~47.48	0.86~20.01	4.31~14.60	30.72~75.76	8
	73.90	17.50	8.95	29.27	5.48	9.10	56.16	
馆陶组	52.17~99.29	0.43~22.94	0.29~42.73	19.00~94.10	0~19.92	0~28.73	3.39~68.43	10
	84.22	7.24	8.54	38.68	5.87	11.48	43.97	
东营组	6.16~99.87	0~49.91	0.06~93.32	0.37~99.76	0~97.61	0~95.24	0~95.62	2170
	95.47	1.87	2.65	28.88	2.18	12.06	56.88	
沙一段	0.61~100	0~96.23	0~78.42	2.10~99.46	0~51.68	0~87.22	0~96.08	5218
	96.62	1.59	1.79	21.66	2.18	9.95	66.20	
沙三段	0.21~100	0~61.86	0~94.91	1.02~99.86	0~72.44	0~89.41	0~97.62	4008
	93.29	3.35	3.36	27.68	3.25	8.38	60.68	
沙四段	6.97~100	0~67.44	0~40.81	3.09~95.26	0~25.55	0~39.09	2.38~91.09	341
	93.49	2.85	3.65	36.09	4.34	6.22	53.36	

第六节　油藏类型

根据油藏成因及圈闭形态，将辽河油田油藏类型划分为三大类：构造油藏、地层油藏、岩性油藏（表2-6-1）。构造油藏根据其形态分为四个亚类：断块—（半）背斜油藏、断块—逆牵引背斜油藏、断块—鼻状构造油藏、泥丘底辟构造油藏。地层油藏分为三个亚类：地层超覆油藏、地层不整合遮挡油藏、古潜山油藏。岩性油藏分为三个亚类：河道砂体岩性油藏、扇三角洲前缘砂体岩性油藏、湖底扇（浊积岩）亚相[11]。

表 2-6-1　辽河油田油藏类型一览表

油藏类型		实例
大类	亚类	
构造油藏	断块—（半）背斜油藏	前进断裂背斜构造带沙三段油藏，边台沙三段下部油藏
		牛心坨张一块油藏，牛居、黄金带油田的一些油藏
	断块—逆牵引背斜油藏	齐家、欢喜岭油田的一些油藏
	断块—鼻状构造油藏	静安堡断裂鼻状构造带油藏
	泥丘底辟构造油藏	荣胜堡泥丘构造
地层油藏	地层超覆油藏	曙一区杜 92—杜 94 块油藏，齐—曙地区沙四段上部油藏
	地层不整合遮挡油藏	曙一区沙三段部分油藏，杜 67 块馆陶组油藏，青龙台沙三段中、上部油藏
	古潜山油藏	杜家台、兴隆台、齐家、曙光、静北、东胜堡、边台—曹台、法哈牛潜山油藏
岩性油藏	河道砂体岩性油藏	大洼、海外河油田，静安堡沙三段下部油藏
	扇三角洲前缘砂体岩性油藏	大民屯沙三段下部油藏，牛居、青龙台油田的一些油藏
	湖底扇（浊积岩）亚相	齐—曙地区的大凌河油层油藏

一、构造油藏

（一）断块—（半）背斜油藏

下辽河坳陷中，（半）背斜圈闭从成因划分，可有两类。一类是基岩潜山之上的披覆背斜。这类构造长期继承性发育，成油条件十分优越，由于多分布在生油洼陷边侧，油藏原油性质一般较好，含油气范围主要受圈闭控制，背斜构造受断层切割成多个断块，各断块常具有独立的油、气、水界面。如大民屯凹陷前进断裂背斜构造带沙河街组三段油气藏、大民屯凹陷东部边台油田沙河街组三段下部油藏。西部凹陷北部地区牛心坨洼陷中张一块油藏的构造形态为一个半背斜，由南向北抬起，北部被一南倾正断层切割、遮挡，油气灌满系数（油层厚度／储层厚度）受构造圈闭控制，构造高部位的坨 5 井为 100%，低部位的坨 2 井仅 16%。另一类是深陷带中受大断层活动影响而形成的拖拽背斜构造，其长轴与大断层走向成 30° 左右的夹角。如东部凹陷的牛居、黄金带等油田，是处于凹陷中央的构造圈闭，储层又处于扇三角洲前缘亚相的有利相带，因而，油气较为富集，构造形成时期受断层活动时期控制，油气储集层位与构造发育时期一致。以牛居油田为例，构造在沙河街组一段沉积中期开始具有雏形，在东营组沉积末期定型，因而，沙河街组一段中部及东营组为主要含油气层系，且连片分布。

（二）断块—逆牵引背斜油藏

这类油藏分布在长期发育的断裂下降盘的柔性地层中，以箕状凹陷—西部凹陷西侧缓坡带南段齐家、欢喜岭地区最为典型。该段较为宽阔，由斜坡边部向洼陷有 3~4 条北东向东倾断裂，自沙河街组三段至东营组沉积早期长时期活动，断层下降盘上的沙河街组一段、二段由于断裂的逆牵引作用形成低角度背斜或半背斜，而且多与河道砂体、沙坝砂体的侧向尖灭构成混合型油藏。此种类型油藏以欢 26 块、欢 17 块、锦 16 块较为典型，由于断层遮挡条件好，油气藏含油幅度大大超过圈闭幅度，构造核心部位油柱高度达 181m，而构造闭合幅度仅有 50~80m，且高点由下至上，逐层向断层方向迁移。这类油藏因圈闭面积小，含油范围一般较小，但由于储集物性好，初期产量一般较高。另外，陡坡带南段的大洼—海外河断裂带，在东营组沉积时期活动剧烈，下降盘发育有岩性—逆牵引背斜油气藏。如洼 16 块、海 26 块等含油圈闭即属此类。

（三）断块—鼻状构造油藏

此类油藏多分布于凹陷的两侧斜坡带，其中以大民屯凹陷最为典型，但往往多与砂岩尖灭等岩性因素构成混合型油气藏。因而，含油气面积一般都超过圈闭面积，沿"鼻梁"一带的高部位油气富集、特征清楚，如静安堡断裂鼻状构造带。

（四）泥丘底辟构造油藏

泥丘底辟构造油藏分布在长期发育的深陷带之中，至今仅在大民屯凹陷南端的东胜堡洼陷中揭露，如沈 143 油藏。由于含泥质重，初试产量较低。

二、地层油藏

由于坳陷中一定的构造、沉积作用，造成地层、岩性圈闭多与构造（断层）圈闭相匹配，构成混合型油藏。纯地层油藏较少见，在潜山翼部沙河街组四段上部杜家台油层中零星发育，规模都比较小。

（一）地层超覆油藏

地层超覆油藏分布在各凹陷斜坡边部超覆带以及前古近—新近系古突起围翼。地层超覆圈闭多与断层遮挡或岩性尖灭相匹配，前古近—新近系古突起围翼的超覆圈闭在盆地初始水进期—沙河街组四段沉积晚期或第三段沉积早期都比较发育。

1. 斜坡边缘超覆油藏

以西部凹陷西斜坡中段的曙光油田一区杜 92 块杜家台油层杜 II 组为例。该带为宽缓的中—上元古界潜山之上的微弱鼻状构造、被断层切割为垒堑相间的数个断块，由西向东倾斜，储层是沙河街组四段沉积时期湖水开始扩大的沉积条件下所形成的扇三角洲分支流河道砂体。油气来自本套油层下倾部位。储层物性好，油源充足。油质由边部向下倾部位由稠变稀。此类圈闭在斜坡带，尤以西部凹陷斜坡北段以及东部凹陷西坡较为发育。东部凹陷西斜坡董家岗地区沙河街组三段中、下部油层为洪积型扇三角洲河道砂，为岩性—地层超覆油藏。由于洪水期沉积体内部非均质性极强，油藏规模甚小。总之，对于斜坡边缘超覆圈闭来说，具备油源条件是形成油藏的关键。

2. 潜山突起围翼的超覆油藏

以西部凹陷西部缓坡齐—曙地区杜家台油层为例。在杜家台油层沉积时，该区以垒堑相间的古构造格局为特征（其中以向东倾的单断山为主），山间洼地最发育。沉积初期，沉积层由断槽向山坡底部超覆沉积。沉积中晚期，西倾断裂活动相对稳定，连续大规模水进，使所有山头都沉没于水下，沉积层逐层超覆其上。杜家台油层下部砂砾岩组以上倾尖灭为主。从上面的例子可以看出，盆地初始的古地貌是非常复杂的，堑垒相间的构造格局造成大坡降的地貌形态，因而，分支流水系十分发育的扇三角洲，在湖底以指状或网状砂体出现。河道在近源快速堆积的作用下，改道频繁。因此，在一定时间单元内，砂体规模有限，所形成的单个超覆圈闭规模较小，但在砂体层层叠置，并有断层遮挡配合情况下，则可能形成较大规模的地层超覆圈闭。

（二）地层不整合遮挡油藏

大规模的地层不整合分布在区域剥蚀带。另外，在局部构造或断块区，由于断裂在较短期内剧烈活动，断块（构造）大幅度翘起，而后趋于平衡，上覆层系又稳定分布，两套层系间也形成局部不整合遮挡，但分布范围不大，规模较小，一般与断层、岩性尖灭组合成混合型圈闭，若在剥蚀线呈环形条件下，也能形成小型不整合圈闭。从盆地三个大的构造、沉积旋回看，在旋回的末期都有形成不整合圈闭的条件。但各旋回的断块活动、沉积条件有差异，因而圈闭的发育程度是不相同的。沙河街组三段沉积末期是坳陷内一次规模较大的断块活动期。其上覆沙河街组一段以湖相泥岩为主，分布稳定。

新近系馆陶组与古近系各套层系呈不整合接触，形成区域剥蚀带，与岩性、断层遮挡配合并具备油源条件下，可形成不整合遮挡油气藏。由于下辽河坳陷馆陶组底部以粗碎屑为主，且固结性差，故而上覆盖层条件较差，原油遭受氧化，常形成沥青遮挡。

1. 非渗透层遮挡的不整合油藏

以西部凹陷曙光油田一区沙河街组三段部分油藏为例。曙一区西侧邻近主物源区，多期浊流通过主水道流经本区。沙河街组三段沉积末期至沙二段沉积时期，斜坡剧烈上抬，该区遭受强烈剥蚀（经估算，剥蚀厚度可达 458～1274m），其上为沙河街组一段湖相沉积覆盖，形成由致密泥岩层遮挡的不整合圈闭，油气通过长期发育的断裂运移至不整合面以下的圈闭中，原油性质变稠。

2. 沥青遮挡的地层不整合油藏

此类油藏主要发育在斜坡边部，分布在馆陶组与古近系接触的不整合面以上的圈闭中，如现已发现的西部凹陷西部缓坡带曙一区杜 67 块馆陶组油藏。由于坳陷期断裂活动微弱，因而不整合面为主要油源通道。

3. 局部剥蚀区不整合遮挡油藏

东部凹陷中央构造带北段青龙台构造，沙河街组一段底部不整合面遮挡，沙河街组三段中上部形成圈闭，储层为一套平原亚相的支流河道砂体，由构造低部位向不整合面，原油性质变稠。

（三）潜山油藏

潜山油藏实际上是一种古地貌油藏，它是一种位于不整合面以下的特殊类型的油藏。根据潜山的成油条件及圈闭形态，将下辽河坳陷的潜山油藏划分为基岩断块山油藏和基岩残丘（古地貌山）油藏两大类。

1. 基岩断块山油藏

这类潜山主要发育在各凹陷边部的断阶带上。如西部凹陷西部缓坡带边部的潜山带，大民屯凹陷东侧的边台—曹台潜山、法哈牛潜山带。这类潜山油藏的油源主要是长期发育的大断裂带为供油窗，也可以通过与之接触的砂岩体来供油。储集空间主要为裂缝，其次为孔隙。以大民屯凹陷东部断阶带上的边台潜山为侧，该潜山为一向北东向翘起的古斜坡，被北西向的断层切割为南、北两大块，太古宇花岗岩潜山顶部普遍覆盖有数米至数十米的沙河街组四段红色泥岩，其供油窗主要为潜山西侧的断裂，含油幅度大（240~495m），埋藏深度为 1690.5~2880.0m，储集岩主要为花岗片麻岩，因而以微裂缝为主要储集空间（开度小于 0.1mm），次生矿物方解石、绿泥石充填裂缝现象普遍，这是造成边台潜山油藏是低渗透油藏的主要原因。此外，还有大民屯凹陷南部的法哈牛潜山油藏、西部凹陷西部缓坡边部第一排潜山带的胜利塘变余石英砂岩潜山油藏等，都属于这一类。

2. 基岩残丘油藏

这类潜山油藏一般都发育在有效生油区内。如西部凹陷的兴隆台、齐家、欢喜岭的太古宇花岗岩潜山油藏；曙光、杜家台中—上元古界白云岩和变余石英砂岩潜山油藏；大民屯凹陷的静北中—上元古界白云岩潜山油藏和东胜堡太古宇花岗岩潜山油藏。按成油条件的差异又可分为两个亚类。

1）花岗岩残丘油藏

以兴隆台潜山为例，它位于西部凹陷中央背斜构造带，为长期发育的侵蚀残丘型潜山，呈穹隆状，处于沙河街组三段、四段生油岩分布区的洼中之隆上，成油条件十分优越。储集岩为太古宇黑云母斜长片麻岩及混合岩，因而以微裂缝为主要储集空间，并且多被方解石、绿泥石充填。岩心观察宏观裂缝仅占 0.21%。根据毛细管压力曲线计算的总孔隙度为 3.19%，其中有效微裂缝孔隙度为 1.255%，占总孔隙体积的 39.2%；裂缝孔隙度为 0.253%，占总孔隙空间的 7.9%。因此，尽管地层原始压力大，但该潜山储集性能差、生产压差大、产量下降快。东胜堡潜山的成油条件与兴隆台潜山相似，但储集岩却为太古宇的浅粒岩，主要以构造裂缝及微裂缝为储集空间，分布广泛。根据常规物性分析及补偿中子测井等特殊方法解释，油层部位总孔隙度平均为 3.24%，是一个储集性能好的单断型古地貌山油藏，产量较稳定，尤其在基岩断裂带附近的井，日产量大都能达到百吨以上。因而，变质岩潜山油藏中，储层的性能是控制油气富集的重要因素。

2）碳酸盐岩残丘油藏

此圈闭分布于基岩为中—上元古界的地区，如静北潜山、曙光潜山等。以静北石灰岩潜山为例，该油藏位于大民屯凹陷北端中—上元古界碳酸盐岩潜山带，内幕构造为一残留半向斜，由于断层的切割，改变了储集体的层状结构，致使不同断块具有同一压力系统和统一油水界面。储层为白云岩和石英岩，变余泥岩为隔层，断层和风化壳控制了储集性能，储集空间类型主要为微构造裂缝型，其次为溶孔裂缝型，并有少量粒间孔孔隙型。石英孔隙度为 4.18%，白云岩孔隙度为 5.66%，渗透率为 0.001～0.1D，个别可达几个达西，具中等生产压差以及中等采油指数的特征。

三、岩性油藏

下辽河坳陷沉积相类型丰富多彩，相带狭窄，因而，岩性圈闭发育的有利部位十分广泛，其中以砂砾岩储层为主，并以上倾尖灭及透镜体的形式出现。古近纪各时期，从盆地边缘至中心，透镜体均有分布，存在于河流、三角洲、扇三角洲、湖底扇等各种相带中。因而岩性圈闭的形成主要与沉积作用有关。有一定规模和价值的岩性圈闭都是与断层遮挡或构造组合而形成的混合型油藏。

（一）河道砂体岩性油藏

在下辽河坳陷湖盆中河流沉积占据很重要的位置。坳陷在张裂、深陷和萎缩各阶段初期的作用都与河流有关。河道迁移使已形成的沿河流走向分布的厚薄不一、宽窄不一、断续相接的河道砂体进一步被改造甚至被切割形成各种形状的岩性圈闭。圈闭规模在河流规模一定的情况下，与河流废弃改道速度有关：灾变式快速废弃河道所形成的岩性规模较小而渐变式慢速废弃的河道，形成的岩性圈闭规模较大。

大民屯凹陷沙河街组三段沉积早期，静安堡处于河湖交互带，是三角洲平原沉积区，河道具有网状特征，砂体分布呈带状。纵向上岩性以砂—粉砂—泥正旋回过渡。砂岩体具有一定规模，而且该区河流是由沙河街组四段沉积时期的湖泊环境水退后所形成，这种沉积演化序列对于油藏的形成十分有利；河道间以浅滩粉砂为主，连通性好，砂岩上倾尖灭，油藏叠加连片分布。另外，东部凹陷南部及中央凸起南部倾没端大洼—海外河地区东营组和大民屯凹陷南部沙河街组三段上部也发育此类油藏。

（二）（扇）三角洲前缘亚相中的岩性油藏

扇三角洲前缘是浅水沉积物，岩性圈闭与前缘砂体的分布形式有关。三角洲前缘砂体在水下的分布形状是河流水动力和湖泊水动力综合作用的结果。另外，前缘砂体还要受到浅水湖盆内水动力改造作用的影响。

下辽河坳陷的三角洲沉积，以大民屯凹陷沙河街组三段沉积早期最为典型，东部凹陷的牛居—青龙台地区也发育小型三角洲，前者以上倾尖灭为主，后者以砂岩透镜体为主。大民屯凹陷沙河街组三段沉积早期，三角洲沉积的古地貌呈东陡西缓、北高南低。受北东方向来的物源控制的河流—三角洲体系，在凹陷内占优势，进入水体的前缘砂体形态呈不规则的扇状，这是湖内水动力较弱、对前缘砂体改造作用不大的表现。另外，在三角洲形成过程中，由长轴物源控制的冲积扇—三角洲体系在凹陷东侧交汇，砂体的分布呈东侧厚西侧薄的特征；西侧的宽缓斜坡是前缘砂体与湖相泥岩交汇区，前缘末端席状砂与泥岩互相穿插，是形成薄层高产砂岩上倾尖灭油藏的良好场所。

东部凹陷牛居—青龙台地区的沙河街组一段沉积时期，扇三角洲岩性圈闭以砂岩透镜体为主，湖水对前缘砂改造作用明显。该区位于前缘端部，即三角洲水下分支流河道的末梢，由呈指状突出的河道砂向湖中心方向分离出来的若干孤立状砂体组成，这主要与狭长而又局限的湖盆内蓄水体的波浪能力极低、季节性水体的水位变化较大的沉积条件密切相关，与不稳定水流及浅水环境的岸流改造作用也有一定关系。

（三）湖底扇（浊积岩）岩性油藏

湖底扇（浊积岩）是深水环境的沉积物，沙河街组三段沉积时期的湖底扇最为典型。西部凹陷的湖底扇体系是个十分复杂的浊积岩集合体，以基质支撑，无组构的块状碎屑流浊积岩和以湍流支撑，层状浊流浊积岩为主，有自近岸向湖中心方向呈碎屑流向浊流转化的趋势。由于湖盆狭窄，又有垒堑相间的古构造阻隔，浊流砂体被限制在水下峡谷水道内，厚度达百米，是多次至数百次甚至更多沉积事件作用叠加的沉积物。由于在沉积过程中受地貌形态控制，浊积岩在倾向流动方向上伸展较远，虽经常被断层所切割，但具有一定的稳定性，而侧向（南北）方向上，砂层减薄直至尖灭，显示了不稳定性，因而浊积岩中的岩性圈闭十分发育。例如西部凹陷齐家—曙光地区沙河街组三段沉积中期的大凌河油层，浊积岩在形成、发育过程中，由西侧进入湖盆的沉积物重力流被限制在南北两侧水下高地之间的水下峡谷内。峡谷中部又存在具有一定面积、随时间变化有所迁移、顺短轴方向延伸的次一级泥区高地，重力流砂体明显受阻隔而分叉。

在同生断层下降盘往往堆积了较厚的浊积岩砂体。断裂活动频繁区既是浊积砂体富集区又是油气富集区。受浊积岩沉积机制控制，自近岸向湖心方向，由碎屑流过渡到浊流，油气聚集条件不同，含油则由砂体顶部的"油帽"变为层状含油，含油最佳部位是过渡带。由于断层的活动使得异常压力得以释放，因而断裂活动频繁区含油气富集。

湖底扇浊积岩在峡谷水道内的岩性圈闭以侧向上倾尖灭形式为主，沿水道上倾方向为同生断裂遮挡，以断层遮挡—砂岩侧向尖灭油气藏最为发育。此外，湖底扇浊积岩发育的砂岩透镜体岩性圈闭在峡谷水道内较少，主要发育在湖中心方向的湖底扇端部。这类油藏规模一般较小，并且具有更强的隐蔽性。另外，分支流水道块状体往往发育成沉积构造。据下辽河坳陷压实作用研究结果：在古埋深1500～1700m的部位，砂、泥岩差异压实作用最剧烈，最大泥岩压实率是砂岩的 19 倍，这就导致了沉积构造的形成。由斜坡边部至湖心，各类油藏有规律地展布。

（四）特殊岩性油藏

1. 粒屑灰岩油藏

此类油藏是指在特定的古地理环境下，与沉积作用密切相关的特殊岩性油藏。因而，分布地区、时代都有局限性。西部凹陷北部为无明显水流注入的半封闭湖湾区，其西侧为中—上元古界发育区，在浅湖相泥质沉积物中，矿化度高，富含钙、铁离子，在具有一定古坡度（3°～10°）的古湖岸带，粒屑灰岩呈环状分布在高升油田一、三区，是以粒间孔为储集空间的自生自储型岩性油藏。

2. 白云质灰岩裂缝油藏

此类圈闭分布于湖湾区向湖盆中心一侧，薄层白云质灰岩裂缝含油，据高 34 井岩心观察，储集空间为裂缝，多为硅质半充填，裂缝开度为 0.10～0.30mm。其次，孔洞、裂缝溶孔也比较发育，储油层以宏观构造裂缝为主。

3. 火山岩油藏

下辽河坳陷古近系渐新统、古新统玄武岩以及中生界凝灰岩中，都见到不同程度的油气显示或低产油流。东部凹陷南部热河台油田热 24 井沙河街组三段上部玄武岩、西部凹陷南部齐家北山头中生界凝灰岩含油层段，都获得了工业油流。此类油藏的形成，关键在于储集空间的发育程度。

参 考 文 献

[1]葛泰生，陈义贤，于天欣，等.中国石油地质志（卷三）辽河油田［M］.北京：石油工业出版社，1993.

[2]谯汉生，纪友亮，姜在兴，等.中国东部大陆裂谷与油气［M］.北京：石油工业出版社，1999.

[3]陈杰，周鼎武，杨仁，等.辽河盆地东部凹陷震积岩发现及研究［J］.特种油气藏，2007，14（4）：44-47.

[4]徐小林，王勋杰，叶兴树.开鲁盆地龙湾筒凹陷碎屑岩储层沉积模式［J］.石油天然气学报，2010，32（2）：182-185.

[5]廖兴明，姚继峰，于天欣，等.辽河盆地构造演化与油气［M］.北京：石油工业出版社，1996.

[6]漆家福，陈发景.辽东湾—下辽河断陷的构造样式［J］.石油与天然气地质，1992，13（3）：272-283.

[7]鞠俊成，张凤莲，喻国凡，等.辽河盆地西部凹陷南部沙三段储层沉积特征及含油性分析［J］.古地理学报，2001，3（1）：63-70.

[8]翟光明.中国石油地质志（卷三）辽河油田［M］.北京：石油工业出版社，1993.

[9]冯增昭.沉积岩石学［M］.北京：石油工业出版社，1994.

[10]裴家学.陆家堡凹陷火山活动与油气关系探讨［J］.石油地质与工程，2015，29（2）：1-4.

[11]吴振林.略论辽河西部凹陷油气藏类型及其分布规律［J］.石油与天然气地质，1982，3（2）：55-63.

第三章　稀油高凝油油藏精细描述技术

油藏描述是稀油高凝油大幅度提高采收率的基础，随着开发程度的不断深入、开发对象的不断变化以及开发要求的不断提高，针对生产中遇到的关键瓶颈问题，利用新资料、攻关新技术开展精细油藏描述，形成了复杂断块油藏构造精细描述、中高渗透砂岩油藏储层内部构型表征、低渗透砂岩油藏储层分类评价、变质岩潜山油藏有利储层描述等关键技术，为辽河油田稀油高凝油上产提供了强有力技术支撑。

第一节　复杂断块油藏构造精细描述

复杂断块油藏经过几十年的注水开发，已进入开发的中后期，地下流体分布日益复杂，油藏构造描述精度直接制约复杂断块老区产能建设及开发方式调整方向。为进一步挖掘复杂老区潜力，近年来逐步拓展复杂断块油藏构造精细描述方法，逐渐形成基于开发目标三维地震资料高精度处理为引导井震结合复杂断块精细解析、高覆盖 VSP 资料采集处理为引导低级序断层识别与刻画、高精度三维地质建模为引导的微幅构造描述等技术对策，形成了复杂断块油藏构造精细描述系列技术。

一、复杂断块构造精细解析

复杂断块油藏是辽河稀油重要油藏类型之一，已达到开发的中后期，主要包括沈84—安12块、大洼、法哈牛、牛居、海南1等百余个开发单元。多具有以下特点：由多期断层所控制，断层多、断块小、单个断块含油面积小；受沉积影响，砂体分布不连续、连通性差，造成储层非均质性严重；经过长期注水冲刷，储层性质和油水性质发生了变化，剩余油分布状况复杂。这些特点决定该类型油藏的精细描述重点是结合区域沉积及构造演化背景建立油藏单元的等时地层格架，解析油藏各期次、级次断裂展布及组合特征，为揭示剩余油的空间分布特征和规律提供有力的技术支撑。

（一）开发目的层三维地震资料高精度叠前偏移处理

随着复杂断块老区开发不断深入，以勘探尺度目标采集处理的三维地震资料精度难以满足现有开发精度需求，提高地震资料的分辨率是改善低级序断层地震识别精度的有效手段。开发阶段提高地震资料分辨率的最好做法是从开始阶段就做好叠前预处理以及叠前偏移，从地震道集根源提高地震资料分辨率，使资料保留更可靠的地震信息，满足复杂构造的低级序断层解释。

沈84—安12块研究区由四块资料组成，受浅层豁口和多次波影响，地震资料品质较差。因此对三维地震资料进行了重新处理（图3-1-1），应用多区块融合拼接技术、三维分频异常振幅压制技术、基于覆盖次数空间能量调整技术等技术，完成全区380km²三维叠前时间偏移处理，多次波得到一定压制，能量较补偿前更加均匀。新处理地震资料主频由21Hz提高到26Hz，断层归位更可靠，断面位置更清楚，同向轴变化更能反映实际地层产状。

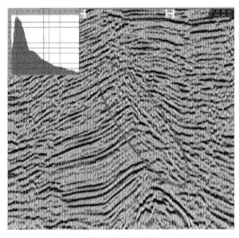

(a) 老叠前时间偏移（纵线8550）　　　　　　(b) 新叠前时间偏移（纵线8550）

图3-1-1　沈84—安12块新老地震资料对比

（二）区域沉积演化约束等时地层对比

陆相断陷湖盆，坡洼交错、山脊纵横，沉积体系多、地层厚度变化大，通过标准井约束、格架控制、逐级划分，建立高精度时间地层对比格架，由过去"砂对砂、泥对泥"的单井旋回对比，更替为"沉积指导、井震控制、填充补齐、顶剥底超"对比模式，有效保证了对地下地质体认识的精度与深度。

1.岩心测井结合资料细化应用，明确区域地层"铁柱子"

结合区域地层背景，充分利用古生物化石、岩性组合、泥岩颜色、曲线基线偏移等信息，精细落实目的层层位归属。地质—测井—录井—地震资料联合，精细合成记录标定，明晰层系界面反射特征，确保地震与地质层位一致性。

沈84—安12块充分利用沈检5井取心收获率高、岩心质量好的优势，通过详细的岩心观察描述，结合测井曲线变化特征，将岩心进行归位。然后反复比对岩心岩性组成特征，垂向粒度变化特征，隔夹层发育特征与测井曲线的响应关系，并综合岩心描述成果、特殊矿物及黏土矿物分布特征、粒度参数变化特征，共确定7个对比标志层。针对沈84—安12块目标层段含油井段长、大斜度井多等特点，结合区域地层特点，结合VSP零偏速度，采用层段岩性组合法和沿井轨迹精细层位标定制作合成记录，解决地质层位和地震同相轴对应问题。对工区内探井、评价井、开发井制作合成记录，共制作了沈84井、静观 1 井、静 67-59 井等 312 口井的人工合成地震记录，这些井在全区各断块均有分布。利用地质分层资料对地震剖面所在的井进行深时转换，通过制作合成记录将测井资料与地震资料有机结合在一起，达到利用测井资料标定地震地质反射层位的目的。

2. 井震结合标志层控制，沉积模式指导建立区域层序地层格架

通过多类型沉积体系三维古地貌恢复技术、区域多层系相带精细描述技术，精准描述古地貌特征，表征多层叠置小层沉积微相，明确多体系有利砂体空间展布。综合岩性、电性与地震对应关系，结合层系界面接触关系，明确目的层段地层接触关系和特征（"顶削底超"不整合面），确立等时地层对比格架。

沈 84—安 12 块在分析单井合成地震记录特征的基础上，选取沙河街组内部分布稳定、连续性好的地震强反射轴作为层位标定的标准层，采用拉连井剖面的方法，根据地震波组的反射特征调整各井的横向关系，结合本次全区统层对比后提供的目的层的分层数据，在地震剖面上由上至下分别准确标定了 S_3^2、S_3^30、S_3^3 I、S_3^3 II、S_3^3 III、S_3^4 I、S_3^4 II 底界 7 个连续性好、振幅强的地震反射轴，在全区进行追踪对比并且闭合。

3. 旋回对比、分级控制，逐级实现至小层和单砂体

在标志层控制下，按照"井震结合、等时对比、相控旋回、全面闭合"原则，逐级划分出油层组、砂岩组、小层，最终形成单砂体相控等时地层对比方法。

沈 84—安 12 块目的层段沙三段为早期湖盆下沉、水进，中后期湖盆开始上升，在水域不断向西南退缩过程中沉积，剖面上反映较完整旋回特点。早期超覆，晚期退覆，大部分地区后期遭受剥蚀。该区块沙河街组三段（S_3）为本区块的主要开发目的层，沉积地层厚度大、分布广，总体是在湖泊水进—水退过程中由多种沉积体系演化而成，广大地区后期遭受剥蚀，油层埋深 1600~2200m，由下至上可进一步划分为 S_3^4、S_3^3、S_3^2、S_3^1 四个沉积旋回段。并结合单井钻遇岩性组合、地层厚度变化的连续性、油水组合的合理性等特征，将 S_3^2、S_3^3 和 S_3^4 主力层段划分到小层，共 12 个油层组，40 个砂岩组，93 个小层。

（三）区域构造演化约束复杂断块构造解释

通过构造演化和断层成因分析，明晰不同层位断裂发育情况，按照"成因指导、主干控制、细化次级、动静验证"方式，分期分级精准描述断裂特征，拓展老区井位部署空间，断层附近由"风险区"变为"潜力区"。

1. 区域构造演化和断层成因分析，明晰不同期次级次断裂展布特征

湖盆发育期不同，断裂发育类型和特征差异明显，细化评价各期主干断层和低级序断层特征，明确每条断层对油气成藏和开发的意义。沈 84—安 12 块是静安堡鼻状隆起—断裂背斜复式构造带主体，构造位置处于静安堡构造带中段。块内断裂系统主要分为北东向和北西向两组，其中北东向断层延伸长、断距大、活动期长，是本区的主干控油断层，控制着地层沉积、构造和油层展布，使构造东西向具有分带性；北西向断层属于次级断层，它们对构造带和油藏起分割作用，使构造进一步复杂化。

2. 区域性主干断裂细化描述，搭建合理构造格架

层位解释主要依据地震反射波的波阻特征、层间沉积厚度和地震层序关系进行追踪、对比。通过先期地震层位标定，确定了沈84—安12块的主要地震反射层的波阻特征，选择过标准井、对比剖面井的地震测线，进行主测线、联络线十字追踪，结合连井剖面和地层对比标准剖面进行初步网格化解释，通过任意线确保闭合后，再由粗到细逐步加密解释成果，完成地震层位 25m×25m 密井网的全区解释。

断层解释是构造解释的重要部分，断层解释是否正确、断点位置是否准确、断层组合是否合理直接影响区域构造闭合。在精细的断层剖面解释基础上，断层平面组合遵循了以下原则：① 相邻线断层断开的层位一致或有规律变化；② 断层倾向相同；③ 断距变化要有一定的规律性；④ 参考断层的区域走向；⑤ 采用严格的断面闭合方法，从而使断层组合更合理。

通过钻井断点与地震解释断面对比进行交互验证，将单井地层对比中地层缺失点落到过井地震剖面上，确定地震剖面断层具体位置，同时验证地质分层的合理性，井震结合确保剖面闭合。

二、低级序断层识别

低级序断层对区域构造格局没有控制作用，一般为二级、三级断层活动过程中派生而成，具有发育时间短、断距小、延伸长度小等特点，在地震资料上仅在目的层有一定反应，上下地层均连续无断失，识别难度较大。在井资料上低级序断层仅断失 10m 以内，受不同时期测井系列、井斜及单井对比人为因素影响，对小断层识别精度较低，尤其在砂泥互层地区，曲线相似度较高，单井对比多解性强，在密井网地区断层识别精度较高，井网稀疏地区精度较低。此外，在高含水油田，受长期大井段注水影响，示踪剂资料在断层识别过程中效果不明显。因此必须综合井资料、地震资料、VSP 资料、生产动态等多种资料才能合理识别低级序断层。

近年来在锦16、沈84—安12等区块块利用高精度三维地震资料精细解释、VSP 测试资料、单井资料及化学驱生产动态资料，井震结合，动静结合，实现了高含水油田低级序断层的有效识别，形成了低级序小断层识别及微幅构造刻画技术，在现阶段油田开发中发挥了重要的指导作用。

（一）高覆盖 VSP 垂直地震测井采集

高覆盖 VSP 资料是指以区块整体为目标，针对目标层位，通过观察井平面覆盖，达到非零偏测试覆盖区块整体，保证各观察系统资料统一一致，结合三维地震数据可有效达到不同资料间优势互补。在锦16、沈84—安12等区块应用效果显著，有效保障低级序断层识别与刻画可靠性。

以沈84—安12块为例，该区块共完成 19 口井、50 个观测系统的 VSP 测试，包括 7 个零偏和 43 个非零偏方向（图 3-1-2），基本达到全区覆盖，为三维地震资料解释提供

可靠参数。地震资料解释中以声波测井制作的合成记录进行层位标定，由于声波测井过程中的误差，导致在层位标定存在不确定性，在断层两侧由于标定不准确会导致断层解释不当。零偏 VSP 资料可测量区块真实时深关系，有效修正合成记录。

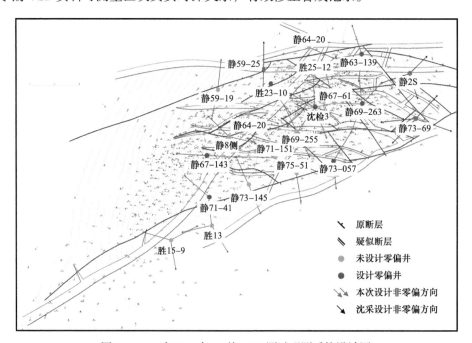

图 3-1-2　沈 84—安 12 块 VSP 测试观测系统设计图

（二）高覆盖 VSP 低级序断层识别

通常地震资料解释中以声波测井制作的合成记录来进行层位标定，由于声波测井过程中自身的误差，尤其是不同年代测井曲线的差异，导致在层位标定存在不确定性，往往在断层两侧由于标定不准导致断层解释不当，随着地震观测方法的不断更新，VSP 技术在提高小断层识别精度中发挥了重要作用。

零偏 VSP 资料可测量区块真实的时深关系，有效地对合成记录进行修正（图 3-1-3）。

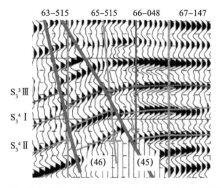
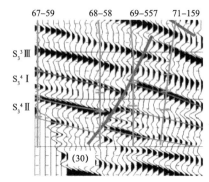

(a) 位置1948m，断距5m，断失$S_3^4 I_1^2$-$S_3^4 I_1^3$，倾角77°　　(b) 位置2107m，断距10m，断失$S_3^4 II_4^8$-$S_3^4 III_1^1$，倾角75°

图 3-1-3　沈 84—安 12 块应用 VSP 资料落实内部断层

非零偏VSP剖面上断点信息比三维地震资料更加准确，通过时深和层位校正后，将VSP断点位置准确投影到平面，可有效约束断层的平面组合。在此基础上，对低级序小断层的识别还会存在多解性，为了更准确识别小断层，利用主频更高、噪声更小、识别精度更高的43个非零偏方向VSP资料来综合识别小断层是否存在，及断层位置。并与三维地震相结合，刻画低级序小断层走向，在地震资料分辨率达不到、识别不清时，用钻井资料对比追踪，最终使5～10m断距低级序断层也能识别出来，达到精细刻画低级序断层的目的（图3-1-4）。

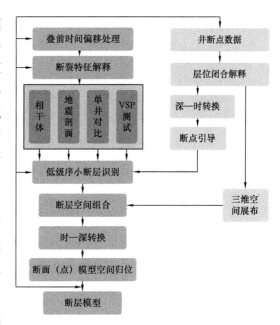

图3-1-4 低级序断层解释技术

（三）多手段动静结合，检验断层解释合理性和可靠性

为了能够较准确确定低级序断层和岩性变化的区别，根据精细研究断层过程可总结出低级序小断层识别原则：如果断层对油水关系有控制作用，识别原则为三维地震资料有显示，钻井资料能对比出断点，断层两侧油水关系不一致，可确定为断层。如果是断块内小断层，对油水关系无控制作用，则利用"双线性特征"来识别，即三维地震资料变化点呈线性，在平面展布呈线性，就可以确定为小断层。沈84—安12块为典型复杂断裂背斜构造，有效识别断层50条，断点组合率由82%提高至91%，微构造幅度由10m精细至2m。

三、微幅构造精细刻画

所谓微构造（即微幅构造）是指在油田总的构造背景上，油层本身的细微起伏变化所显示的构造特征，其幅度和范围均很小，通常相对高差在15m左右，长度在500m以内，宽度在200～400m之间，面积很少超过0.3km^2。微幅构造控制剩余油类型是复杂断块油藏开发中后期主要剩余油类型之一，针对剩余油分布特征刻画储层本身的细微起伏变化所显示的微幅构造特征，重点描述顶面的小鼻状构造、小高点、小沟槽、小向斜等正负向微构造，有效提高小层微构造图描述精度，是向目标储层砂体构造精细描述的关键转变。近年来应用目标层位高精度地震资料与密井网区域的单井资料信息，通过高精度三维地质模型将井点构造信息和井间地震构造信息有机结合，用地震层位约束克里金内插法进行构造编图。构造图既忠实于井点深度数据，井间又符合于地震层位的横向变化趋势，避免了速度不准带来的假构造，有效提高微幅构造刻画精度。

（一）微构造类型

根据微构造的起伏变化和形态，微构造可分为3类，即正向微构造、负向微构造及斜面微构造。

1. 正向微构造

正向微构造是砂体顶、底面相对上凸的部分。研究区发育的正向微构造包括微高点、微鼻状及微断鼻。其中，微高点指储层顶底起伏形态与周围地形相比相对较高，而等值线又闭合的微地貌单元；微鼻状指储层顶底起伏形态与周围地形相比相对较高，而等值线不闭合的微地貌单元，一般与沟槽相伴生；微断鼻指在上倾方向被断层切割的鼻状构造，其幅度仅有数米，但可形成剩余油的富集区。

2. 负向微构造

负向微构造指的是砂体顶、底面相对下凹的部分，研究区发育的负向微构造包括微低点、微沟槽及微断沟。微低点指储层顶底起伏形态与周围地形相比相对较低，而等值线又闭合的微地貌单元；微沟槽是对应于鼻状构造的微地貌单元，其形态与微鼻状相对应，只是方向相反，是不闭合的低洼处；微断沟指在下倾方向被断层切割的鼻状构造。

3. 斜面微构造

斜面微构造指砂体顶底倾向、倾角与区域背景一致，等值线均匀平直排列的微地貌单元。

（二）微构造顶底组合配置模式

大量微构造研究成果表明，砂体顶底微构造组合配置模式对油井生产和剩余油分布均有重要影响，根据砂体顶底微构造形态，研究区常见的顶底微构造组合配置模式包括以下四类。

1. 顶凸底凸型

对应正向微构造类型，砂体顶底面均为高点，容易形成剩余油富集。

2. 顶底均为鼻状凸起型

对应正向微构造类型，砂体顶、底面均为不闭合的微鼻状构造。

3. 顶底均为斜面型

对应斜面微构造类型，砂体顶、底面均为平缓倾斜。

4. 顶凹底凹型

对应负向微构造类型，砂体顶底均为低点。

其中顶、底面上凸的模式主要是受差异压实作用、沉积古地形及断层下降盘的拖曳作用影响所致，顶、底面下凹的模式最有可能是砂体下切作用及断层上升盘的拖曳作用影响所致，而顶底均为斜面型微构造则主要发育在远离主要断层部位，受断层的影响较小。

（三）高精度三维地质模型微幅构造刻画

充分依靠三维地震精细解释、高覆盖 VSP 资料和钻井地质资料的紧密结合，准确组合断层，研究区域构造特征，科学地进行构造建模。同时以主要断层的两个走向来确定网

格的 i 和 j 的方向。根据本工区井间距和网格间距以不超过井间距一半的原则，再考虑模型的精度要求，设定平面网格为 10m×10m 间距的网格。通过三维地震资料和高覆盖 VSP 资料开展砂组级别地层产状趋势约束，结合密井网钻井资料地质分层，建立井震结合砂组级别层面模型，有效保证砂组级别层面微幅构造可靠性。

以井震结合微构造描述成果为基础，通过井震结合构造建模的方法使断层的空间位置更加地可靠，主力层断失的风险可控，由原来的"躲断层"向"靠断层"转变，解放了断层周边的潜力。通过井震藏协同构造解析，明确断层与微构造对剩余油控制作用，提出 4 种构造控油潜力类型，实现老油田断层附近由"风险区"向"潜力区"理念转变，指导井位部署精细挖潜。断层变化导致局部遮挡型挖潜，布井距断层距离由 70m 缩小至 30m。沈 84—安 12 块西南部根据该布井思路，充分挖掘断角剩余油，部署新井 22 口，已全部实施，新井油层钻遇率提高 23%，纯油层厚度比例达 38%，擒获日产 10t 以上高产井 13 口，产量是同期老井的 8～10 倍。

第二节　中高渗透砂岩油藏储层内部构型表征

储层构型是指不同级次储层构成单元的形态、规模、方向及叠置关系。这一概念反映了不同成因、不同级次的储层储集单元与渗流屏障的空间配置及分布的差异性，对于油气藏评价与提高稀油区块采收率具有十分重要的意义。主要从层次结构的角度，确定复合砂体内部不同级次的单一相单元在空间上的等时物理界面。该技术是在沉积特征分析基础上，利用多种地球物理和地质等静态资料对地质体进行单砂体精细描述，通过对扇三角洲前缘沉积储层类型进行成因机理分析，应用地震沉积学层次约束划分 8 级单一河道、河口坝构型单元，建立相应构型样式和单砂体组合模式，研究储层及其特征要素的分布规律，最终建立储层特征的三维构型模型，并与开发动态数据交互验证，完成储层内部构型，以此分析驱替见效特征与储层砂体连通的关系。相比基于小层或砂岩组的描述，可进一步满足多元精细开发的需求。

一、构型单元识别与划分

（一）构型单元划分

通过将地层与沉积体进行衔接，将沉积盆地内的层次界面分为 12 级。1～6 级界面为层序构型（结构）的界面，其限定的单元（可称为 1～6 级构型）对应于经典层序地层学的 1～6 级层序单元。6 级构型为最小级次层序构型单元，在垂向上与最大自成因旋回（如单河道沉积）相当。7～9 级界面为异成因旋回内沉积环境形成的成因单元界面，对应于 Miall 的 3～5 级界面，其限定的单元即为 Miall 所称的构型要素，本质上为相构型，反映了沉积环境形成的沉积体的层次结构性。10～12 级为层理组系的界面，反映了沉积环境内沉积底形的层次结构性，对应于 Miall 分级系统中的 0～2 级界面（图 3-2-1）。

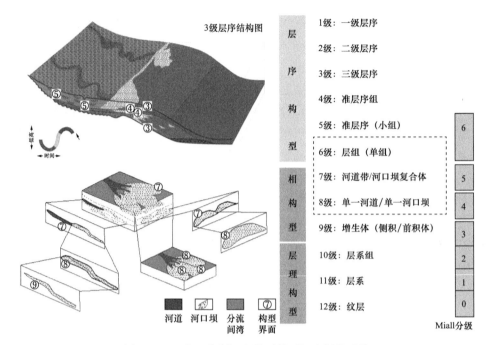

图 3-2-1　扇三角洲沉积构型界面级次划分系统

从构型单元规模看，扇三角洲前缘叠置砂体内部构型单元为 7～8 级界面所限定的储层构型单元。7 级界面限定的构型要素大体相当于沉积微相组合规模（如河道），8 级界面限定的构型要素大体相当于单一河道、河口坝。扇三角洲前缘沉积主要包括水下分流河道、河口沙坝、水下分流河道间砂（溢岸）和河道（坝）间泥四种构型单元。

（二）单一砂体构型单元精细表征

在复合砂体内部识别四级构型单元，首先需要借助岩电模板识别单一砂体，以不同砂体成因为基础，划分构型层次，明确水下分流河道、水下分流河道间砂和水下分流河道间泥 3 种主体单一砂体构型单元及特征，建立其在空间的分布模式，确定构型单元的相互组合关系，实现密井网条件下 8 级单一构型单元精细表征，进而确定单一河道（或单一河口坝）边界的识别标志，然后按照"侧向划界"的思路，根据构型单元划分标志和规模，识别井间构型单元边界，并将边界进行连接。

单一砂体内部构型表征主要针对沉积纹层、交错层系级简单层系组的表征，分别对应 Miall 分级方案中的 0 级、1 级和 2 级。其中 0 级界面与 1 级界面没有侵蚀或仅有微弱的侵蚀作用，代表了连续沉积作用和相应的底形，但是在岩心中，这些界面又并不明显，因此本次研究主要针对 2 级层系组进行表征分析，这类界面指示了水流流向变化和流动条件的变化，但是没有明显的时间间断，界面上具有不同的岩石相。因此在岩心中，可以通过岩石相的变化来划分，得出层理组合模式。

下面以曙三区为例精细描述构型单元组合特征及识别标志。

同期连片状复合砂体主要为各种 8 级构型单元侧向拼接而成，根据不同构型单元的组合关系，将拼接模式分为以下 4 种：沙坝—沙坝拼接、沙坝—分流河道拼接、分流河道—分流河道拼接、分流河道—前三角洲泥拼接（图 3-2-2）。

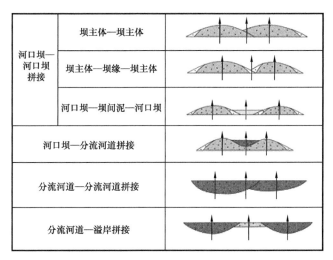

图 3-2-2　单一微相砂体构型的组合样式

平面上单一微相砂体划分的关键是其边界识别标志的确定。在单井上识别各成因砂体类型以及剖面上合理配置组合单一微相砂体基础上，总结出以下几种主要的边界识别标志。

1. 单一水下分流河道边界识别标志

1）分流河道砂体顶面层位高程差异

在同一时间单元内，可发育不同期次的河道，由于不同期次的河道发育的时间不同，其河道砂体顶面距底层界面的相对距离会有差别。因此，对单一分流河道砂体的判断，顶面高程差异是一项重要的标志。

2）分流河道砂体曲线特征区域差异

不同的河道水动力强度不同，水流速度不同，或者是河道的规模不同，均可造成测井曲线上的特征不同，如形态、规模以及幅度上的差异，这些可以作为单河道识别的标志。

3）分流河道砂体剖面上存在"厚—薄—厚"特征

在剖面上，如果同一时间地层单元内水道砂体连续出现"厚—薄—厚"特征，则其间必然存在边界。这种"厚—薄—厚"特征是由两种分流河道砂体组合模式形成的：第一种组合模式是由于两期水道互相切割，中间薄的部位为某一河道的边部；第二种模式是由于中间部位发育一期小河道，与两侧的河道存在规模差异。

4）单一河道砂体间发育分流间湾砂体

分流间湾砂体一般发育在河道砂体的边部或者河道间低洼处，砂体厚度相对较小，物性较差，当与河道砂体侧向拼接时，通常表现为弱连通。

5）单一河道砂体间存在河道间泥

河道间泥一般发育在河道砂体的边部或者河道间低洼处，当与河道砂体侧向拼接时，通常表现为不连通。

2.单一河口沙坝边界识别标志

1）河口坝—坝缘—河口坝

河口坝坝缘的砂体厚度较薄，在电测曲线上表现为反韵律。而坝主体砂体较厚，内部夹层少，电测曲线上表现为漏斗形或箱形。从河口坝沉积模式上看，坝缘发育在河口坝的边部，在两个距离较远或者规模较小的河口坝砂体之间，其各自的坝缘可能相互拼接，形成连通性较差的河口坝复合砂体。因此，当坝缘微相出现时，也意味着单一河口坝分界的出现，即坝缘的位置可以作为单一河口坝边界的识别标志。

2）坝间泥岩的出现

两个与泥岩接触的河口坝本质上就是独立的河口坝，其与泥岩拼接的位置即为单一河口坝的边界。

3.河口坝—分流河道的组合关系

分流河道不断向水体推进，从而形成河口坝，因此分流河道发育在坝内部，形成河在坝上走的形态（密西西比河三角洲现代沉积中这种模式非常常见）。分流河道测井曲线形态主要以钟形为主，而河口坝为漏斗形或箱形，因此，测井曲线的形态差异可以作为识别水下分流河道和河口坝的标志。

4.砂体叠置关系的内部构型

通过深化单砂体构型研究发现，平面上看似连片的河道砂体是由多期河道拼合而成的。各构型单元之间存在着垂向和侧向屏障，这些渗流屏障主要由非渗透的或低渗透的岩性组成，从而影响流体渗流，导致注采不对应，影响开发效果及剩余油的分布。

在单一河道方向不存在构型边界时，单向注采井由于注采井间单砂体连通，化学驱效果好。反之，复合河道内部由于存在多个构型边界，而构型边界则导致储层物性变差，砂体连通性变差，因此注采井间单砂体弱连通或不连通，化学驱效果反而较差。

通过多期砂体叠置关系的内部构型研究，优选射孔层段。对于存在物性较差条带的注剂井、采油井均需避射。

（三）构型界面分析

隔夹层侧向延伸范围有限，一般对流体起局部遮挡作用，对流体渗流及原油采收率的影响很大，是储层内部非均质性的主要地质因素，同时也是识别构型界面的关键。所以应用岩心刻度测井识别隔夹层技术，识别构型界面上下分布的如粉砂质泥岩、泥岩或成岩作用形成的钙质砂岩等细粒沉积形成的隔夹层。

在厚油层内部，物性夹层的存在影响了储层的均质性。夹层电性特征表现为微电位（或微梯度）回返大于20%，0.45m梯度回返大于25%，深侧向电阻率回返大于40%。

物性夹层的岩性以灰色、褐灰色泥质粉砂岩为主，主要分布在韵律段之间，厚度为0.5～1m，平面分布不稳定。一般厚度越大，夹层就越发育。在厚度小且分选较好的粉、细砂岩中夹层不发育，甚至无夹层。通过识别不同层次构型界面上下分布的隔夹层，从而指导了优化射孔井段与厚度，结合对应注水，提高单井产量。

（四）构型单元展布特征

扇三角洲前缘叠置砂体内部构型单元的展布分为不同期复合与同期复合两种方式。前者在垂向上表现为独立型、叠加型和切叠型三种叠置模式，不同期的河口坝或水下分流河道相互叠加。后者同相复合砂体高程没有明显差异，基本在同一时间段形成。异相复合砂体由不同微相砂体拼接而成，砂体趋向于独立分布或者拼接分布。

1. 构型单元剖面展布特征

在完成单井相解释后，分别沿顺物源方向和切物源方向进行连井剖面分析，研究井间的微相变化规律，分析垂向上微相间的叠置关系。

在顺物源剖面上，可以看出水下分流河道较为发育，而河口坝相对不发育。水下分流河道连续性较好，向盆地中心延伸距离较长。河口坝主要发育在水下分流河道的末端，发育部位主要在盆地中心。

在切主要物源剖面上，可以看出分流河道砂体呈孤立状分布，砂体连通性较差，而河口坝砂体相对连片，连通性较好。河口坝砂体在剖面上呈"底平顶凸"，分流河道砂体呈"顶平底凸"，河道和河口坝砂体呈现"河在坝上走"的叠置方式，垂向上各层间砂体连续性差。

切次要物源方向分流河道与河口坝砂体较为发育，杜Ⅰ油组砂体发育较少。河口坝砂体呈"底平顶凸"，分流河道砂体呈"顶平底凸"，亦呈"河在坝上走"的分布模式。

2. 构型单元平面展布特征

在沉积模式和砂岩等厚图指导下，对微相解释结果进行平面组合，总结出复合砂体（7级构型单元）5种平面分布样式（图3-2-3），包括连片状分流河道与河口沙坝的组合、交织条带状分流河道与河口沙坝的组合、窄带状分流河道及河口沙坝的组合、窄带状河道及孤立状滩砂的组合、孤立状滩砂的组合。

1）连片状分流河道与河口沙坝的组合

分流河道主要呈连片状分布。连片状分流河道砂体为可容空间较小时期的产物，沉积物源供应也较为丰富，反映沉积时期河道侧向迁移频繁，在平面上形成了复合砂体带，并且向进积方向延伸到河口沙坝中。

2）交织条带状分流河道与河口沙坝的组合

分流河道在平面上主要呈交织条带状分布，在其末端发育相对连片的河口沙坝。河道侧向连续性较差，在分流河道末端形成河口沙坝。

3）窄带状分流河道及河口沙坝的组合

分流河道在平面上主要呈窄带状分布，在其末端发育孤立的河口沙坝。分流河道间通常发育广泛分布的泥岩，致使河道侧向连续性较差。该类模式是在沉积物供给速度小于可容空间增加速度时的产物，在分流河道末端形成少量河口沙坝。

4）窄带状河道及孤立状滩砂的组合

分流河道在平面上主要呈窄带状分布，河道砂体发育较少，基本不发育河口坝，在分

辽河油田稀油高凝油油藏提高采收率技术

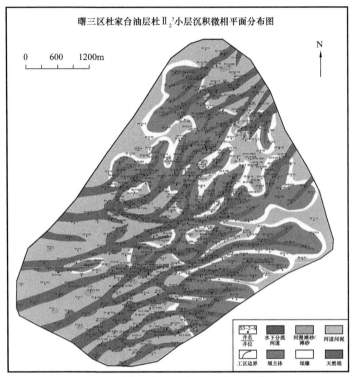

(a) 交织条带状分流河道与河口沙坝的组合

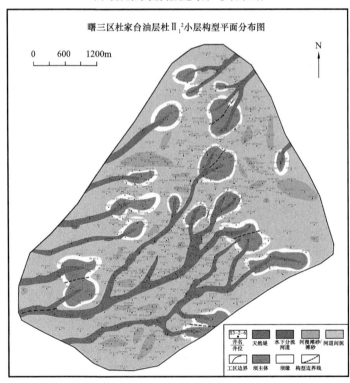

(b) 窄带状分流河道及河口沙坝组合

图 3-2-3 复合砂体平面分布样式

流河道的前端发育孤立的滩砂沉积。该类模式是在沉积物供给速度小于可容空间增加速度时的产物。

5）孤立状滩砂的组合

分流河道在平面上不发育，只零星发育孤立的滩砂沉积。该类模式是在可容空间较大基本无物源供给时的产物。

二、储层连通质量分类评价

（一）储层质量分类

1. 储层质量分类标准

以沈 67 块为例，不同吸水程度的孔隙度、渗透率数据统计结果表明：孔隙度及渗透率与水淹强度相关性很好。但是，化学驱储层的有效孔隙度大多分布在 15%～25%，分布区间很小，微小的误差会大大影响储层质量划分的准确性，因此选用渗透率作为储层质量划分的主要参数，将扇三角洲前缘储层划分为三类（表 3-2-1）。

表 3-2-1　沈 67 块试验区 IV$_{1-5}$ 砂岩组储层质量分类表

储层质量分类		I 类	II 类	III 类
铸体薄片				
镜下观察		颗粒支撑，点式接触，接触式胶结	颗粒支撑，点—线接触，接触式胶结	线—点接触，接触—孔隙式胶结
岩性特征		中—细砂岩、细砂岩为主	细砂岩为主	粉砂岩为主
物性	渗透率 /mD	＞100	50～100	＜50
	孔隙度 /%	20～25	20～25	＜20
电性	AC/（μs/m）	≥260	≥260	＜260
	RT/（Ω·m）	≥20	≥17	＜17
孔隙结构	孔隙类型	以原生粒间孔为主	以原生粒间孔为主	以原生粒间孔为主
	结构类型	大孔—特细喉较均匀型	大孔—特细喉不均匀型	中孔—特细喉不均匀型
	典型压汞曲线			

Ⅰ类储层：$K>100mD$。该类储层质量最好，岩性以中—细砂岩、细砂岩为主，颗粒支撑，点式接触，接触式胶结。测井解释时差大于 $260\mu s/m$，电阻大于 $20\Omega\cdot m$。孔隙以原生粒间孔为主，孔隙结构为大孔—特细喉型较均匀型，分析认为这类储层注水见效快，吸水效果好。

Ⅱ类储层：$50mD<K<100mD$。该类储层质量较好，岩性以细砂岩为主，颗粒支撑，点—线式接触，接触式胶结。测井解释时差大于 $260\mu s/m$，电阻大于 $17\Omega\cdot m$。孔隙以原生粒间孔为主，孔隙结构为大孔—特细喉不均匀型，该类储层吸水较一般，是剩余油分布相对富集的部位。

Ⅲ类储层：$K<50mD$，此类储层物性较差，岩性以粉砂岩为主，颗粒支撑，线—点接触，接触—孔隙式胶结。测井解释时差小于 $260\mu s/m$，电阻小于 $17\Omega\cdot m$。孔隙以原生粒间孔为主，孔隙结构为中孔—特细喉不均匀型，连通性差，吸水差或不吸水。

2. 储层质量差异分布特征

利用测井解释得到渗透率参数，结合岩性和电性特征进行单井储层质量分类。从单井储层质量划分成果看，Ⅰ类和Ⅱ类储层主要分布在河口坝和水下分流河道相内，Ⅲ类储层主要分布在河道间砂和前缘薄层砂中。

对试验区测井解释结果进行统计分析，储层渗透率以 $50\sim400mD$ 为主，大于 $50mD$ 储层厚度比例 87.1%。试验区Ⅰ类储层厚度比例 67.9%，Ⅱ类储层厚度比例 19.2%。该结论与岩心分析结论基本一致，符合开展化学驱的基本条件。

（二）细化砂体连通关系，优化井组类别

1. 储层砂体连通关系

对于化学驱来说，只看单井的储层质量还是远远不够的，Ⅰ类、Ⅱ类储层的连通关系才是更为关键的因素，它决定了化学驱的控制程度，更决定了注采能否见效。经研究表明，新井网Ⅳ$_{1-5}$砂岩组的有效储层连通系数为 84.6%，各砂岩组的连通系数均大于 75%，其中Ⅳ$_2$、Ⅳ$_4$ 和Ⅳ$_5$ 连通系数达到 90% 左右，除前 21-225 井组外，其余各井组的连通系数都达到了 80% 以上。

虽然有效储层的连通系数达到了 84.6%，但是有效储层的渗透率下限为 19mD，不能全部满足化学驱的物性要求，室内实验证明化学驱可及物性下限为 50mD，因此在沉积模式的指导下，选用渗透率作为主要参数，将具有注采关系的有效储层连通类别划分为四类：Ⅰ类连通模式为河道（或河口坝）—河道，Ⅱ类为河道（或河口坝）—薄层砂，Ⅲ类为薄层砂—薄层砂，Ⅳ类为薄层砂—湖泥。

经统计，试验井组化学驱控制程度达 78.6%，其中Ⅰ类连通占 46.7%，Ⅱ类连通占 26.9%，Ⅲ类连通中有 5% 的层虽然注入井渗透率小于 50mD，可周围三个方向以上的层渗透率都大于 50mD，通过压裂等手段也可以动用。

2. 井组分类评价

鉴于试验区储层为中孔中渗薄互层砂岩储层，其与传统中厚层高渗砂岩储层在诸多方面都存在很大的差别，主要体现在层薄、砂体变化快、非均质性强等方面，为满足化学驱的要求，依据井组有效厚度、渗透率及连通状况，建立了井组分类标准（表3-2-2），以此可对不同类别的井组进行注采个性化设计。

表3-2-2　井组多因素量化分类标准

井组类别	连通有效厚度 / m	平均渗透率 / mD	I类连通厚度比例 / %	I类多向连通厚度比例 /%	厚度比例（$K \geqslant 100mD$）/%
一类井	≥15	>100	≥40	≥60	≥60
二类井	≥12	50～100	≥20	≥40	≥40

第三节　低渗透砂岩油藏储层分类评价

辽河油田低渗透油藏探明石油储量 $2.97 \times 10^8 t$，已动用储量 $1.98 \times 10^8 t$，近年来上报探明储量以低渗透储量为主。低渗透油藏储层物性及渗流条件差，自然产能低，储层非均质性强，"甜点"储层识别困难，多期砂体叠置，保障"有效储层"钻遇率难。主要分布在大民屯、奈曼、科尔沁等14个油田，发育九佛堂组等8套含油层段。有效动用已探明低渗透储量、提高已开发储量采出程度，对油田持续稳产、效益发展具有十分重要的现实意义。

一、储层沉积体系研究

（一）沉积背景

辽河盆地属裂谷型构造盆地，湖盆的沉积环境变化直接受古构造及其频繁的断裂活动所形成的古地形控制。辽河低渗透储层沉积类型以扇三角洲和水下扇为主，近物源、快速堆积。扇三角洲储层有利相带变化快、频繁交错，水下扇储层砂体规模小，多期叠加，非均质性强。以大民屯凹陷西部陡坡带沙四段断陷为例，湖盆裂陷期阶段沉积，沉降幅度大、沉积速率快。构造运动是沉积作用的主要控制因素，此时期在西部边界断裂活动的控制下，盆地边界与沉降区高差大，加上西北部外侧凸起区的物源供给充足，形成垂直湖岸方向的近岸碎屑的搬运、沉积，这种近岸出山入湖的砂体沉积的特点表现为物源供给量充足，并且在触发机制的作用下可以形成多物源、多沉积事件的砂体沉积。

沙四段沉积早期湖盆深陷扩展，湖盆水体较深，物源沿短而坡大的水道流出，携带大量的粗粒沉积物沿北西向在湖盆边缘快速直抵陡岸，使沉积物沿陡坡运移，进入深湖环境。在陡坡变缓处卸载堆积，形成近岸水下扇。且沉积物受平西断层和反向断层形成的地堑沟槽限制，扇体沿物源方向抵达反向断层后，沿断槽向两侧扩展，后期断槽被填平后，局部扇体溢出。

（二）沉积相标志

1. 泥岩颜色

本区岩心主要为灰色、深灰色、褐灰色、灰黑色、黑色，是深水还原沉积环境的产物。

2. 岩石相及组合

岩石相类型及其组合是沉积环境的物质表现。研究区沙四段砂砾岩体为西部物源在西斜坡上快速沉积的产物，岩性整体以粗碎屑岩为主，可分为砾岩类、砂岩类和泥岩类三大类，可以再细分为8种岩石相类型，为中砾岩、砂砾岩、含砾砂岩、中粗砂岩、细砂岩、泥质粉砂岩、灰质砂岩及深灰、绿灰、灰黑色泥岩相，其中以砂砾岩、中细砂岩、砾岩相为主，其次为含砾砂岩及粉砂岩相。

从岩心观察描述上看，垂向上主要有以下四种岩石组合类型。

1）中砾岩、砂砾岩、含砾砂岩、中粗砂岩、泥岩相组合

垂向上为不太明显的正韵律，底部为中砾岩、含砾砂岩、砂砾岩组成韵律主体，发育块状层理、递变层理、交错层理，底部见泥砾；向上发育斜层理、平行层理，具搅混构造、泥质条带、团块；向上岩性变细为泥岩，颜色为绿灰、灰色，波状层理、细水平层理发育。反映沉积作用由强到弱的变化，主要分布在近岸水下扇扇根部位。

2）砂砾岩、含砾砂岩、中粗砂岩、细砂岩、泥岩相组合

该组合为扇中的水下分流河道的岩石组合，由于辫状水道的迁移，发育多个向上沉积粒度变细、砂层厚度变小的间断正韵律，底部为含砾砂岩、砂砾岩组成韵律主体，发育块状层理、递变层理、交错层理；向上岩性为泥质细砂岩，与下伏砂砾岩为渐变接触，发育斜层理、平行层理；向上岩性变为泥岩，颜色为深灰色，发育小型波状层理、水平层理，与下伏地层呈冲刷接触，可见冲刷面。

3）含砾砂岩、细砂岩、泥质粉砂岩、泥岩相组合

垂向上组成薄互层，细砂岩厚度大小不等。沉积构造发育，以平行层理、沙纹层理为主。该组合是扇端薄层砂或水下分流河道间薄层砂等部位沉积的岩石相组合。

4）灰质砂岩、泥质粉砂岩、泥岩相组合

泥岩为厚层块状或具水平层理，颜色为黑色、灰黑色，夹薄层细粉砂岩，该组合为深湖泥微相常见组合类型。

3. 沉积结构特征

该区沙四段储层岩石类型为岩屑长石砂岩、长石岩屑砂岩和不等粒混合长石砂岩及砂砾岩，反应本区储层岩石成分成熟度很低，为近源沉积的特征。储层岩石矿物成分以石英、长石为主，碎屑颗粒分选差—中等，磨圆为次棱角—次圆状，颗粒间接触关系以点接

触为主，其次为点—线或线—点接触，胶结类型为孔隙型胶结。储层岩石结构由碎屑颗粒、填隙物、孔隙三部分组成。填隙物包括杂基和胶结物，填隙物以泥质为主，少量石英加大胶结及方解石胶结。碎屑颗粒是岩石的主体部分，占碎屑岩组成的50%以上，碎屑颗粒组成以石英、长石为主，岩屑次之。整体上反映出该区距物源区较近、搬运距离较短的沉积特点。

4. 沉积构造特征

本次研究区储层主要位于安福屯西断层、平安堡西断层夹持的低槽带内，取心井岩心分析化验资料表明，岩性以砂砾岩、细砂岩、粉砂岩为主，发育水平层理、槽状交错层理，局部可见冲刷面、递变层理和滞留沉积，泥岩为深灰色，可见植物碎屑。

5. 粒度特征

粒度概率累积曲线多为具有跳跃和悬浮总体间过渡的两段式，跳跃段占80%～95%，粒度分布区间为 -5～1，倾斜角 $70°$～$85°$，分选较好，细截点变化在 -1.5～2。悬浮占 5%～10%，分布区间大于 2，倾斜角 $15°$～$30°$，分选很差，反映沉积环境较为复杂，主要以重力流沉积为主，伴有牵引流。

6. 电性特征

测井曲线形态可以定性地反映粒度、渗透性及垂向序列，并能较好地反映砂体在沉积过程中的水动力条件和物源丰富程度，是研究沉积环境的重要标志。沙四下亚段油层自然电位测井曲线主要有以下几种类型。

1）箱状

该类曲线在本区较为发育。一般具有多个微锯齿状或高幅齿化，与顶、底界呈突变接触，单层厚度大，反映距物源较近、沉积物供应充足、在较强的水流条件下时而减弱时而增强的脉动式运动，造成沉积物多次短暂的间歇性沉积。

2）钟状

与顶部呈渐变接触，与底部呈突变接触，反映在沉积过程中开始物源丰富，水流速度高，形成了较粗粒物质，随着沉积作用的继续，物源逐渐减少，流速降低，水域扩大，沉积作用减弱，形成了下粗上细的正韵律岩性组合。

3）锯齿状

锯齿状曲线形态反映较弱水动力条件下，碎屑物供应贫乏，沉积了厚度小、层数多、颗粒细的砂层，并与泥岩薄层间互存在，曲线形态呈齿状。

4）薄层钟状或指状

指状曲线主要反映突发事件中在短时间内的沉积，由于沉积速度快，厚度比较小，上下岩性均为泥岩，故曲线形态呈指形，为小型的复合韵律。

5）平直状或略锯齿状

该曲线主要反映长期稳定水体的静水沉积，由于沉积速度慢，为大段稳定泥岩。

（三）沉积模式与沉积微相划分

通过对岩心、测录井、地震资料、地理位置、古地貌、构造特征、流动特征和沉积条件等因素分析，结合本区微观地质特征（岩性、粒度等）的研究认为，大民屯凹陷西斜坡中断块地区的沙四下亚段主要发育近岸水下扇沉积体系。纵向上表现为多期物源、多期扇体相互叠置，使得其纵向砂体变化较快，单期次砂体表现出旋回韵律特征。平安堡西断层和安福屯西断层两条正断层为本区控沉积断层，致物源砂体进入湖盆沿北东向沉积，受古地形影响，早期沉积以填充补齐为主，晚期沉积范围有所扩大，小股沉积物越过安福屯西断层，在沈640区带沉积，具有顶平底不平的沉积特点。

1. 沉积模式

本区沉积物从西侧陡坡带快速入湖，形成典型的高密度、高黏度、高载荷的碎屑流成因滑塌浊积岩，具有典型鲍马序列特征。局部夹有混杂结构的碎屑流成因砾岩，是沉积过程中陆源碎屑颗粒搬运机制随机变化的反映。

2. 沉积微相划分

本区在区域构造运动的控制下，由于近岸水下扇没有水上的部分，将本区沉积相划分为近岸水下扇扇中亚相和扇端亚相沉积。根据岩石相组合特征、韵律性、沉积构造、电测曲线特征、砂体在平面的组合关系，将近岸水下扇扇中亚相又划分为扇中辫状水道、扇中辫状水道间和扇中前缘三种微相类型。近岸水下扇扇端亚相主要为扇端泥微相（表3-3-1）。

表3-3-1　沉积微相划分结果及特征

沉积体系	亚相	微相	测井曲线特征
近岸水下扇	近岸水下扇扇中	扇中辫状水道	箱状
		扇中辫状水道间	钟状
		扇中前缘	锯齿状
	近岸水下扇扇端	扇端泥	平直状或略锯齿状

1）扇中辫状水道微相

由于冲积扇快速入湖，在水道的延伸过程中，河道加宽，深度减小，分叉增多，流速变缓。主要岩性为砂砾岩和含砾砂岩，岩性粗且厚度大。纵向上一般显示正韵律和复合韵律，横剖面砂体呈顶平底凸的透镜状，与下伏岩性多呈突变接触，自然电位曲线响应一般为箱形或钟形。发育有板状、槽状交错层理、斜层理及冲刷—充填构造。扇中辫状水道砂体是该区的主要储层。

2）扇中辫状水道间微相

位于分流河道间的低洼地带，呈小片状分布，排水不畅，为一停滞的弱还原环境。岩性相对水道较细，以细砂岩、粉砂岩为主，常见少量的黏土夹层，是水流流速过快冲出河道的沉积。自然电位曲线呈锯齿状，可见泥质条带。

3）扇中前缘微相

位于辫状水道的侧方和前方，分布在近岸水下扇的前缘，形成前缘席状砂体。单扇中前缘的砂质纯，岩性较细，由细砂岩、细粉砂岩、泥质粉砂岩组成，分选较好，向前方减薄。交错层理发育。自然电位曲线呈锯齿状或指状。

4）扇端泥微相

近岸水下扇扇端主要发育扇端泥微相，为浅湖相泥岩沉积，该微相岩性为深灰色、灰绿色泥岩，局部夹粉砂岩条带，为静水沉积的产物，电测曲线呈平直形。

（四）沉积微相展布特征

沙四段主要发育近岸水下扇—湖相沉积体系，物源主要来自西北侧，主要发育两个扇体，每个扇体纵向上由多期砂体叠置而成，砂体最厚400m，储层发育特征受沉积控制，主体部位叠加厚度大，横向变化快，各扇体分布特征不同，纵向上可划分为三个砂岩组。

Ⅲ砂岩组缺乏主体河道，扇中辫状河道频繁改道，沉积以砂砾岩、细砂岩为主，薄互层明显，隔夹层多。水体能量相对较强，往两翼减薄，过渡为扇中前缘相，岩性变细（图3-3-1）。Ⅱ砂岩组扇体物源供给充足，扇中主辫状河道发育，沈358-24-16井—沈358-26-20井—沈358-28-22井为主河道，沉积以厚层状砂砾岩、细砂岩为主，在南部与沈257井扇体叠置。河道北西南东走向（图3-3-2）。Ⅰ砂岩组扇体物源供给充足，沉积较为广泛，水体能量较强并持续加深，物源区到达研究区的沉积物粒度变细，沉积以细砂岩夹砾岩为主。在沈358井、沈351井及沈358-34-18井一带发育扇中辫状水道砂体，东侧受控沉积断层影响，延伸长度有限，南部具有沉积填平的特点，扇体延伸较远（图3-3-3）。

二、储层定量分类评价

（一）分形维数的计算

所谓分形，是指那些没有特征长度而又具有自相似性的图形、构造以及现象的总称。自相似性是从不同的空间尺度或时间尺度看，某一结构或过程的特征都是相似的，从而体现了分形对于不同尺度都具有对称性。

孔隙和喉道是组成岩石孔隙结构的基本单元。所谓孔隙是指在孔隙网络系统中，被骨架颗粒包围着并对流体储存起较大作用的相对膨大部分；孔隙喉道是指在沟通孔隙形成通道中起着关键作用的相对狭窄部分。岩石的孔隙空间不仅是流体的储集空间，而且也是流体的运移通道。任何一种流体在岩石中流动时，必须要经过一系列的孔隙和喉道，且要受到孔隙大小和喉道几何形状等因素的控制。因此岩石的孔隙结构（孔喉几何状态、分布）与影响岩石储集和运移能力的物性参数（如孔隙度、渗透率）有着密切联系，从宏观上说，也是控制油气生产潜能的关键[1-6]。

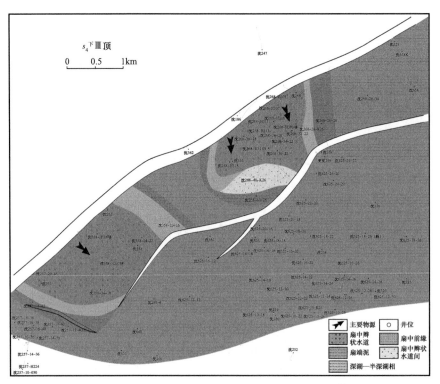

图 3-3-1 沈 358—沈 268 块沉积微相分布图（$E_2s_4{}^{下}Ⅲ$）

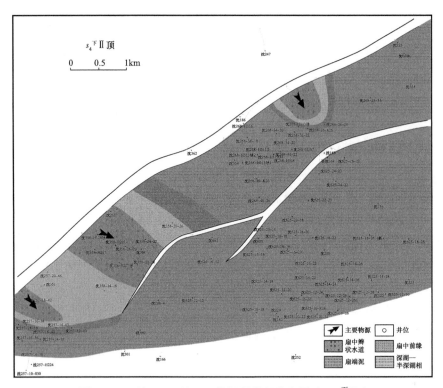

图 3-3-2 沈 358—沈 268 块沉积微相分布图（$E_2s_4{}^{下}Ⅱ$）

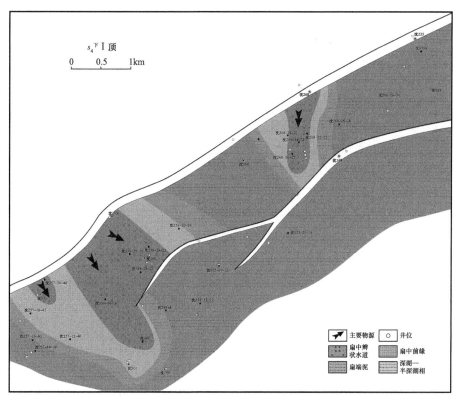

图 3-3-3　沈 358—沈 268 块沉积微相分布图（$E_2s_4{}^{下}I$）

分形维数基于分形几何理论，它有一个特征就是自相似性。铸体薄片放大不同的倍数，孔隙结构复杂程度并没有随着尺寸减小而简化，这反映出储层孔隙结构的自相似性。

本区发育砾岩类和砂岩类两种储层。通过岩心观察、铸体薄片鉴定，储集空间以孔隙为主，所占比例为 92.8%，少量裂缝，所占比例仅为 7.2%。砾岩类的储集空间类型主要有粒间孔、溶蚀孔及微裂缝、溶蚀缝；砂岩类储集空间类型主要以原生粒间孔、溶蚀孔为主，见少量粒间溶孔。

根据本区的压汞分析资料，储层孔隙结构以低孔、特低渗、细—微细喉不均匀型为主。砂砾岩孔喉半径主要集中于 0.025～0.4μm，实测毛细管压力曲线排驱压力中等，一般 1～5MPa，最大压力下汞饱和度一般大于 40%，退汞效率大于 20%（图 3-3-4）。砂岩孔喉半径主要集中于 0.16～1μm。平均孔隙度 12.6%，平均渗透率 2.01mD，实测毛细管压力曲线排驱压力较小，一般小于 1MPa，最大压力下汞饱和度一般大于 50%，退汞效率大于 30%（图 3-3-5）。

由压汞测试的过程可知，在某一压力下进入岩样的汞的体积等于该压力对应的连通孔隙和喉道体积之和。据此原理推导分形维数的计算过程如下。

假设以 r 为测量尺度对某储层岩石样品进行测度，所测出的半径为 r 的孔隙数量为 N（r），则两者之间应满足关系式：

$$N(r) \propto r^{-D} \tag{3-3-1}$$

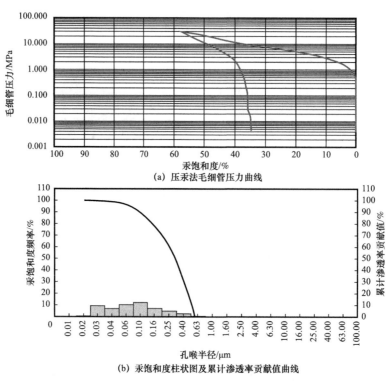

图 3-3-4　沈 358 井毛细管压力曲线特征

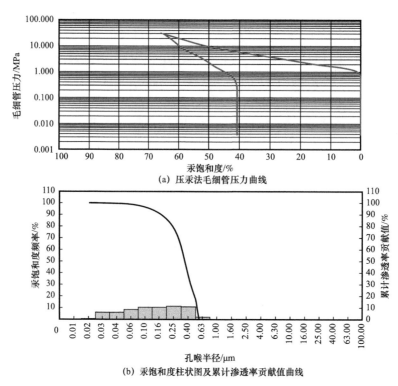

图 3-3-5　沈 354 井毛细管压力曲线特征

其中 D 为分形维数。又由毛细管模型，有式（3-3-2）：

$$N(r) = V_{Hg}/(\pi r^2 l) \qquad (3-3-2)$$

式中 l——毛细管的长度，m；

     V_{Hg}——水银流经半径为 r 的毛细管时所对应的累计体积，m^3。

由式（3-3-1）和式（3-3-2）可得：

$$V_{Hg}/(\pi r^2 l) \propto r^{-D} \qquad (3-3-3)$$

$$V_{Hg} \propto r^{2-D} \qquad (3-3-4)$$

根据毛细管压力求取公式：

$$p_c = (2\sigma\cos\theta)/r \qquad (3-3-5)$$

式中 θ——接触角，（°）；

     σ——界面张力，N/m；

     p_c——毛细管压力，MPa。

将式（3-3-5）代入式（3-3-4），可得：

$$V_{Hg} \propto p_c^{-(2-D)} \qquad (3-3-6)$$

根据岩样中水银饱和度的定义：

$$S_{Hg} = V_{Hg}/V_p \qquad (3-3-7)$$

式中 S_{Hg}——水银饱和度，%；

     V_p——样品孔隙的总体积，m^3。

综合式（3-3-6）、式（3-3-7）可得：

$$S_{Hg} = \alpha p_c^{-(2-D)} \qquad (3-3-8)$$

其中 α 为常数。将式（3-3-8）两边取对数并作简单变换可得：

$$\ln S_{Hg} = (D-2)\ln p_c + \ln\alpha \qquad (3-3-9)$$

式（3-3-9）说明如果储层岩石孔隙结构具有分形性质，则根据毛细管压力资料，$\ln S_{Hg}$ 与 $\ln p_c$ 存在线性关系，根据其斜率可以计算分形维数 D。

采用汞饱和度法计算 6 口取心井 151 块样品分形维数，利用分形维数定量表征储层孔隙结构复杂程度（图 3-3-6）。

（二）分形维数和孔喉大小参数的关系

从数学意义上看，分形维数反映的是孔隙数目随着孔径这一特征尺度变化而变化的速率或者快慢程度；其物理意义可以解释为孔隙大小分布的集中程度，分形维数愈大，则孔隙集中程度越高。为进一步明确孔隙结构分形维数的地质意义，该研究对储层孔隙结构常规参数和分形维数之间的关系进行了统计分析。

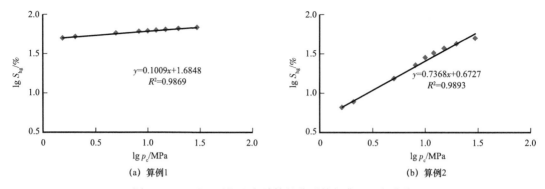

(a) 算例1 　　　　　　　　　　　　　(b) 算例2

图 3-3-6　基于汞饱和度计算的分形特征典型回归曲线

排驱压力和半径均值是表征储层微观孔隙大小的两个重要参数。排驱压力是非润湿相开始进入储层孔隙的启动压力，代表储层岩石中最大连通孔喉半径的大小，而半径均值是利用各喉道区间所对应的汞增量求取的加权半径平均值，是储层岩石孔隙大小的总体反映。通过两者与分形维数的统计关系可以看出（图 3-3-7 和图 3-3-8），分形维数与排驱压力表现为正相关关系，与半径均值表现为负相关关系，并且相关性较好，表明分形维数越小，储层最大连通孔喉半径以及平均孔隙半径越大，储层的储集性能越好，相同成藏背景下，油气聚集的可能性也越高[7]。

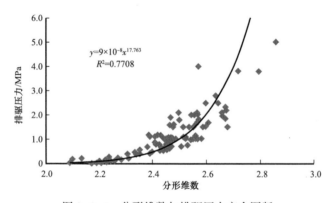

图 3-3-7　分形维数与排驱压力交会图版

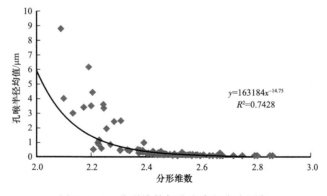

图 3-3-8　分形维数与孔喉半径交会图版

（三）建立宏微观相结合储层定量分类标准

综合物性、电性、孔隙结构、分形维数定量等指标，建立多参数、宏微观相结合的储层定量分类评价标准，建立了分形维数与孔喉半径的关系，实现复杂储层的定量分类与评价。

Ⅰ类储层：主要岩性为砂岩，电阻大于 $28\Omega\cdot m$，声波时差大于 $71\mu s/ft$，储层孔隙结构分形维数小，平均在 $2.09\sim2.38$ 之间。储层孔隙类型以完整粒间孔、残余粒间孔和粒间溶孔为主，喉道多为孔隙的缩小部分，孔喉连通性好，渗流能力强，排驱压力低，平均在 $0.08\sim0.3MPa$ 之间，孔喉分布范围宽，平均孔喉半径大，并且孔喉分布较为均匀，孔喉结构系数低，孔隙结构简单，多属于小孔细喉特细喉型。同时该类储层物性最好，平均孔隙度大于 10%，平均渗透率大于 $1mD$，总体属于中低孔、低渗的优质储层。

Ⅱ类储层：主要岩性为砂砾岩，电阻大于 $16\Omega\cdot m$，声波时差 $68\sim71\mu s/ft$，储层孔隙结构分形维数较小，平均在 $2.38\sim2.85$。储层孔隙类型以残余粒间孔和粒间溶孔为主，喉道多为颗粒间可变断面的收缩部分，孔喉连通性及渗流能力中等，排驱压力较低，平均在 $0.25\sim0.5MPa$，孔喉分布范围较宽，平均孔喉半径中等，孔喉分布相对均匀，孔喉结构系数较低，孔隙结构较复杂，多属于小孔特细微细喉性。该类储层物性中等，平均孔隙度多在 $7\%\sim10\%$，平均渗透率在 $0.5\sim1mD$，属于低孔低—特低渗的中等储层。

储层孔隙结构分形维数的地质意义可以理解为储层孔隙结构复杂程度的综合表征，利用压汞资料，计算储层孔隙结构的分形维数，统计分析分形维数与微观孔隙结构参数之间的关系，建立分形维数与电性的关系，实现复杂储层的定量分类与评价（表3-3-2）。

表3-3-2　沈 358—沈 268 块储层定量分类评价标准

储层分类	岩性	物性参数		电性特征		孔喉特征参数			分形维数
		$\phi/\%$	K/mD	$RT/\Omega\cdot m$	$AC/\mu s/ft$	排驱压力/MPa	半径均值/μm	分选系数/S_p	
Ⅰ类	砂岩	≥10	≥1.0	>28	>71	0.08～0.30	0.53～8.75	0.49～1.17	2.09～2.38
Ⅱ类	砂砾岩	7～10	0.5～1.0	>16	68～71	0.25～0.50	0.07～2.50	0.02～0.65	2.38～2.85

三、有效储层预测技术

波阻抗反演技术在勘探开发中的应用已经有 20 多年的历史了，发展了从确定性反演到地质统计学随机反演等多种方法。随着油田勘探、开发工作的进展，对储层预测的精度要求也越来越高。地震波形特征指示反演技术，是在传统地质统计学基础上发展起来的新的统计学方法，采用独创的"地震波形指示马尔科夫链蒙特卡洛随机模拟（SMCMC）"算法，其基本思想是在统计样本时参照波形相似性和空间距离两个因素，在保证样本结构特征一致性的基础上按照分布距离对样本排序，从而使反演结果在空间上体现了地震相的约束，平面上更符合沉积规律。

（一）精细时深标定

时深标定是地震资料解释工作中最关键的环节，标定的准确性对解释成果有直接影响。面向储层预测的时深标定相对于构造解释要求更高，只有准确地精细标定，才能找到储层的地震响应特征，才能利用地震资料比较准确地描述储层的空间变化特征。

时深关系直接决定井震关系是否匹配，进而影响储层预测的准确性。鉴于时深标定的重要性，为确保时深标定的准确，需要对标定进行严格的质量控制，主要从以下三个方面进行。

1. 单井时深关系质控

主要从波组对应关系、合成记录的井震相关系数、相关系数曲线等三个方面进行质量控制。

2. 多井时深关系质控

利用"速度体"模块实现，对工区内所有井时深关系进行对比。在无高速层或者低速层影响的情况下，同一地震工区的井，时深关系应当是基本一致的。主要从时深关系趋势是否一致、时深差异是否过大两个方面分析。

3. 连井时深关系质控

通过连井剖面对比，检查井、地震的地质认识是否统一，着重检查井间储层的对应关系和连通关系，研究区内所有井其地质分层都基本标定在同一地震解释层位上，井震地质认识统一。

（二）建立合理的地层格架模型

地质框架模型是建立地质模型和计算反演体的基本格架。正确的框架模型才能正确描述地层接触关系和储层空间结构；反之，则会导致地层和储层的空间结构不合理，进而影响反演效果。框架模型的建立，首先要选取合适的地震解释层位，然后对相应的层位进行质控和优化[8-10]。

高质量的构造解释方案是高品质反演的重要保障，因此对地震解释层位进行质控和优化是十分必要的。

对闭合后的层位进行检查，确保解释层位合理后进行平滑插值处理。选取Ⅰ砂岩组顶界、Ⅲ砂岩组底界为框架地层顶底，增加Ⅰ砂岩组、Ⅱ砂岩组底界控制框架模型内部结构，确保模型结构符合地质特征。

（三）地震波形指示目标概率模拟

按照地震波形特征对已知井进行分析，优选与待判别道波形关联度高的井样本建立初始模型，并统计其纵波阻抗作为先验信息。传统变差函数受井位分布的影响，难以精确表征储层的非均质性，而分布密集的地震波形则可以精确表征空间结构的低频变化。在已知井中利用波形相似性和空间距离双变量优选低频结构相似的井作为空间估值样本。将初始模型与地震频带阻抗进行匹配滤波，计算得到似然函数。如果两口井的地震波形相似，表明这两口井大的沉积环境是相似的，虽然其高频成分可能来自不同的沉积微相、差异较大，但其低频具有共性，且经过井曲线统计证明其共性频带范围大幅度超出了地震有效频带。利用这一特性可以增强反演结果低频段的确定性，同时约束了高频的取值范围，使反演结果确定性更强。

在贝叶斯框架下联合似然函数分布和先验分布得到后验概率分布，并将其作为目标函数，不断扰动模型参数，使后验概率分布函数最大时的解作为有效的随机实现，取多次有效实现的均值作为期望值输出。实践表明，基于波形指示优选的样本，在空间上具有较好的相关性。

（四）预测成果分析

依据直井测井解释结论，以地震波形特征为约束，参照波形相似性和空间距离两个因素对储层进行预测，统计全区 23 口直井、5 口水平井储层段预测结果，符合率达 90% 以上（图 3-3-9）。

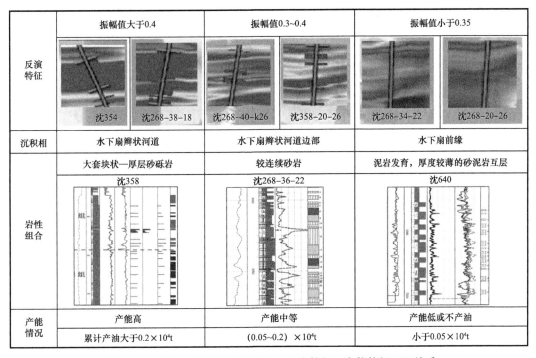

图 3-3-9　沈 35 块有利储层特征—反演特征—产能特征匹配关系

分析不同储层的岩性特征、目标概率反演以及产能状况的关系，明确了有利砂体的特征。在扇体辫状河道主体，岩性组合为大套块状—厚层砂岩，产能较高；在扇体辫状河道边部，岩性组合为连续砂岩，反演特征为振幅值介于 0.3～0.4 之间，产能中等；在扇前缘处泥岩发育，反演特征为振幅值小于 0.35，产能低。

沈 358 块 I 组、沈 358 块 II 组储层均有发育，连续性好，目标概率反演剖面显示储层中部较好，向南北边部减薄，分别与沉积相和油层分布对应（图 3-3-10），反演预测结果与地质认识相匹配。

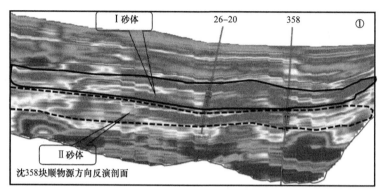

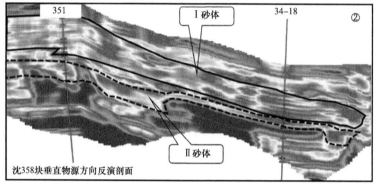

图 3-3-10　沈 358 块目标概率反演剖面图

利用地震波形横向变化代替变差函数表征储层空间结构的差异性，明确了平面两个扇体、纵向多期叠置的沉积体系，该方法体现了"相控反演"，预测结果更符合地质认识，提高了储层预测精度。

第四节　变质岩潜山油藏有利储层描述

变质岩潜山油藏岩性复杂、储层非均质性强，通过开展构造裂缝岩心描述、有利储层评价及预测、双重介质储层三维地质建模等研究，准确描述有利储层分布特征，为开发方案编制及产能建设井位部署提供地质基础。

一、构造裂缝岩心描述

（一）变质岩潜山岩性种类及储集岩划分

变质岩根据成因一般可划分四大类岩性：即动力变质岩、接触变质岩、区域变质岩及混合岩。

1. 动力变质岩

根据结构构造划分为两类：构造角砾岩、压碎岩。任何岩石在构造变动条件下都可形成动力变质岩。

2. 接触变质岩

由岩浆与沉积岩接触时发生变质作用而形成的变质岩类，如某些板岩、角岩及交代岩。

3. 区域变质岩

分布广泛而又非常复杂的岩类。根据变质程度、结构构造和某些矿物划分为板岩类、千枚岩类、片岩类、粒状岩石类、角闪质岩类及麻粒岩类等。以矿物成分及含量定岩石的次要名称，如矽绒石黑云母片岩、黑云母斜长片麻岩、黑云母变粒岩、钠长浅粒岩、角闪变粒岩、斜长角闪岩等。

4. 混合岩

一种介于变质岩与花岗岩之间的过渡类型。一般根据混合岩化程度、结构构造、基质与"注入"脉体之间的比例关系和几何形态划分为混合岩化变质岩、注入混合岩、混合片麻岩、混合花岗岩等。

由于储集岩与非储集岩在组成矿物上的差别，导致其在测井响应上有所不同，储集岩不含或少含暗色矿物，表现为相对低密度、低补偿中子、低光电吸收截面指数、高自然伽马，密度曲线与补偿中子曲线呈"正差异"或"绞合状"的曲线特征，非储集岩暗色矿物含量较高，则表现为相对高密度（ρ_b）、高中子（ϕ_{CNL}）、低自然伽马（GR）、高光电吸收截面指数 Pe，密度曲线与补偿中子曲线呈负差异的曲线特征，见表3-4-1。

表3-4-1　兴隆台潜山主要岩性测井曲线特征值

主要岩性		测井曲线特征			密度与中子测井曲线形态
		ρ_b/ g/cm³	ϕ_{CNL}/ %	GR/ API	
主要储集岩	混合花岗岩	2.52～2.65	1.0～8.0	75～105	正差异
	混合片麻岩	2.60～2.75	2.4～11.0	70～130	正差异或绞合状
	黑云斜长片麻岩	2.53～2.75	3.3～12.0	70～150	负差异或绞合状
	花岗斑岩	2.48～2.66	0～6.0	85～125	正差异
	闪长玢岩	2.53～2.68	0～6.0	75～130	正差异
主要非储集岩	角闪岩	2.90～3.20	12.0～23.0	20～40	负差异
	煌斑岩、辉绿岩	2.70～3.10	15.0～26.0	20～60	负差异

（二）宏观、微观裂缝表征参数定量描述

变质岩储层中构造裂缝的表征参数包括裂缝的组系、方位、倾角、裂缝的力学性质、充填状况，裂缝的密度或间距、平面上延伸长度，纵向上切穿深度及开度等参数，它们是评价裂缝性储层的基本地质参数。

1. 构造裂缝的组系与方位

利用剩磁定向，若露头区样品上剩磁相对于地理北极的磁偏角为 D'，岩心上样品坐标系中剩磁相对于标志线的磁偏角为 D，则岩心上标志线相对于地理北极的方位为 $D'-D$。用上述方法求得岩心上标志线的方位角之后，根据岩心上裂缝走向与标志线的夹角，可求得裂缝的延伸方向。

2. 构造裂缝的倾角

按照变质岩储层构造裂缝与岩心轴面的夹角大小，一般可将裂缝分为垂直缝（高角度缝），即倾角 70°~90°；倾斜缝（网状缝），即倾角 20°~70°；水平缝（低角度缝），即倾角小于 20°，其中倾角大于 45° 者又可称之为中高角度缝，而倾角小于 45° 者又可称之为中低角度缝。

3. 构造裂缝的力学性质

储层构造裂缝是在一定的岩石应力条件下产生的，根据直接形成裂缝的应力可将构造裂缝分为以下三种力学性质的裂缝：即由张应力作用下形成的张裂缝，由剪切应力作用下形成的剪切裂缝，以及在同一构造变形过程中由张应力和剪应力两种应力复合作用而成的张剪性裂缝。

4. 构造裂缝的充填性

根据裂缝中矿物的充填程度，一般可分为完全充填与不完全充填两类。其中不完全充填又可分为半充填和局部充填两种，其充填程度依次由强变弱。裂缝中矿物充填之后，若其介质环境发生改变，常局部产生溶蚀作用，被充填裂缝在后期构造作用下，还可重新活动张开，其至再次被矿物充填。

5. 构造裂缝切穿深度与延伸长度

1）储层构造裂缝切穿深度

变质岩储层构造裂缝在纵向上的切穿深度即为其高度。由于岩心上所见构造裂缝倾角以中高角度（尤其是高角度）为主，故可以通过划分力学层从岩心上直接测量或从测井曲线上求取裂缝的切穿深度，然后再根据井斜资料作校正。

2）储层构造裂缝延伸长度

变质岩储层构造裂缝在平面上的延伸长度是构成裂缝网络系统的一个重要参数，对于储层构造裂缝在平面上的延伸长度，根据在相似露头区及岩心上构造裂缝做大量的对比研究发现，在一定的构造背景下，构造裂缝的延伸长度与其他参数（如切穿深度与间距等参数）之间存在一定的相关关系。

6. 变质岩储层构造裂缝的开度

1）宏观构造裂缝开度

变质岩储层构造裂缝的地下开度是裂缝物性参数计算中的关键参数。通过探索，采用高温高压岩石物理模拟的方法来求取裂缝的地下开度。主要是取实际岩心，模拟到实际埋深状态下，观察储层及其裂缝的分布情况，则此时的裂缝开度即为地下裂缝的真实开度。

2）储层微裂缝开度

储层微裂缝的开度受围压的影响比较小，如同岩石的孔隙大小一样，因而，对储层微裂缝的开度主要是在镜下用薄片法进行预测和统计。

7. 变质岩储层构造裂缝的间距

间距是储层构造裂缝密度的一种表现形式，即同组裂缝间的垂直距离。从岩心观察可知，同组高角度大裂缝很难统计，只在个别构造裂缝密集段才可偶尔测到大裂缝的间距。

8. 变质岩储层构造裂缝的密度

1）宏观裂缝的密度

宏观裂缝的密度是岩心上单位长度可测量裂缝的条数，并根据不同岩性、含油性及裂缝产状分别进行统计，这种方法比较直观，也有一定的实用性。

2）微观构造裂缝的密度

在变质岩储层当中，微观构造裂缝普遍发育，这些微观裂缝可能是岩心上所见到的宏观裂缝的雏形，或者是宏观构造裂缝所派生的，它们对油气的储集和运移起着比较重要的作用。评价微观裂缝的一个重要指标是微裂缝密度，通常有三种表示方法，即：① 体积密度，单位体积内裂缝壁表面积的一半；② 面密度，单位面积内裂缝的长度；③ 线密度，微裂缝与垂直于该组裂缝的单位测线上的交点数，显然，线密度只适用于一组平行的微裂缝。

二、有利储层评价及预测

（一）常规测井、成像解释进行裂缝定性识别

1. 常规测井资料裂缝定性识别

1）深、浅双侧向电阻率测井对裂缝的响应特征

深、浅双侧向测井的使用条件是使用水基钻井液，它能反映张开裂缝。根据前人的研究成果及实际经验，总结出裂缝型储层的双侧向测井的响应规律为：

① 在相同裂缝孔隙度情况下，裂缝角度越大，电阻率越高，因此在实际应用中，不但要注意双侧向的数值，而且要分析其与浅侧向的差异关系，深侧向数值大的高阻层也可能是裂缝发育层；

② 在同种裂缝角度的情况下，裂缝孔隙度越大，双侧向电阻率数值越小；

③ 基岩电阻率越大，其同等角度和裂缝孔隙度的储层的双侧向数值越高；

④ 钻井液电阻率越大，其双侧向数值越大。

2）声波时差测井对裂缝测井响应特征

声波时差测井是一种比较有效的识别裂缝的方法。声波遇到裂缝发育带时幅度严重衰减，所以声波时差升高，出现周波跳跃。声波的传播特点决定它对水平裂缝或低角度裂缝比较敏感，而对高角度缝反映较差，因此，在水平、低角度及网状裂缝发育的层段，声波时差会有变化。

3）中子测井响应对裂缝测井响应特征

中子测井通过测量地层的含氢指数来反映地层孔隙度，在岩石骨架不含氢的情况下，反映地层的总孔隙度。致密岩石基质孔隙度很低，故中子测井出现低值；而裂缝和溶洞的中子测井为高值，因此中子测井可直接反映裂缝和溶洞的发育程度。

4）补偿密度测井响应对裂缝测井响应特征

密度测井用以测量岩石的体积密度（ρ_b），主要反映岩石的总孔隙度，与孔隙的几何形态无关。由于密度测井仪是极板推靠式仪器，其测量值与极板是否紧贴井壁关系极大，若极板靠上裂缝，反映的孔隙度则偏高，密度值低；反之，孔隙度则偏低。在裂缝段，密度值出现局部低的情况，贴在裂缝处，密度数值低，反之则反映基质的孔隙。

2. 成像测井裂缝定性识别

1）井壁微电阻率扫描成像测井

井壁微电阻率扫描成像测井，以微电阻率阵列测量方式对井壁地层进行成像，较直观地反映井壁地层的特征，是在潜山裂缝性地层或复杂岩性地层中分析裂缝和评价裂缝的重要手段之一。不同的沉积环境和构造环境造成缝的形态各异，根据裂缝的形成机理和形态可分为垂直缝、高角度缝、低角度缝、网状缝、不规则缝、斜交缝等，它们在成像图上各有特点：垂直缝在成像图上表现为对称出现的暗色条纹，不能形成正弦或余弦波形，不能切割整个井眼；高角度缝在图像表现为低电阻的暗色条纹，形成高幅度的正弦或余弦波形，切割整个井眼；低角度裂缝在成像图上表现为低电阻的暗色低幅度的正弦或余弦波形，切割层理或井眼；网状缝由于裂缝相互交织在一起，相互切割，在成像图上表现为暗色网状形态。

2）多极子阵列声波测井识别裂缝

裂缝对体波（纵波、横波）的影响主要表现在：波至时间的延迟、纵波和（或）横波波至的振幅衰减及反射波引起人字形图形。在低角度缝和高角度缝发育井段，横波能量衰减明显，纵波衰减不明显；在斜交缝发育段，纵波衰减明显，横波衰减不明显；在网状裂缝发育段，纵、横波能量均衰减明显。

与纵波和横波不同，斯通利波不是体波，而是导波。它在井眼内靠近地层与井眼间的界面传播，并且它的能量向离开井壁方向成指数衰减。利用斯通利波评价裂缝是阵列声波测井的一个重要方面，当斯通利波与井眼裂缝相交时，由于裂缝造成的较大的声阻抗反差使部分斯通利波能量被反射，造成能量衰减。利用斯通利波能量衰减的程度定性指示渗透性地层，斯通利波能量衰减大，表示渗透性高；反之则表示渗透率低。

（二）变质岩储层物性参数计算评价

1. 基质孔隙度定量计算

常规测井中用于计算孔隙度的曲线有：中子、密度和声波时差曲线，由于潜山地层岩性复杂，孔隙度模型要充分考虑不同岩性的影响，利用三孔隙计算孔隙度经验公式和岩心孔隙度回归公式。

从回归相关性来看，密度曲线较好，对刻度后的三孔隙度进行归一化组合，得到计算孔隙度：

$$\phi=0.48 \times \phi_D+0.37 \times \phi_A+0.15 \times \phi_C, \quad R^2=0.8824 \qquad （3-4-1）$$

式中　ϕ_A——利用时差回归公式计算的孔隙度，%；

ϕ_D——利用密度回归公式计算的孔隙度，%；

ϕ_C——利用中子回归公式计算的孔隙度，%。

2. 基质渗透率计算模型

采用孔隙—裂缝型双重孔隙介质岩石渗透率模型。基质孔隙渗透率 K_b 采用常用的 Timur 公式：

$$K_b = \frac{0.136 \times (POR_b)^{4.4}}{(SIRR)^2} \qquad （3-4-2）$$

式中　POR_b——基质孔隙度，%；

$SIRR$——束缚水饱和度，%。

$SIRR$ 取低孔隙地层常用的 50%～90%。

3. 成像测井裂缝物性参数定量评价

裂缝参数是评价、划分储层的重要参数，它主要包括裂缝宽度、裂缝长度、裂缝密度、孔隙度等。

1）裂缝宽度

裂缝宽度是指裂缝视张开度（FVA），单位为 mm。裂缝轨迹线上每一点与裂缝走向垂直方向上的裂缝宽度为单点裂缝宽度，裂缝轨迹线上所有单点裂缝宽度的平均值为裂缝宽度。

2）裂缝长度

裂缝长度（FVTL）为每平方米井壁上所见到的裂缝长度之和，单位为 m/m² 或 1/m：

$$FVTL=\sum L_i/S \qquad （3-4-3）$$

式中　L_i——第 i 条裂缝在统计窗长 L 内（一般为 1m 或 0.6096m）的长度，m；

S——井壁单位面积，m²。

3）裂缝密度（FVDC）

单位井段所见到的裂缝总条数。

4）裂缝孔隙度

裂缝孔隙度的分析方法是将感应成像转换成孔隙度图像后，计算一个小的深度窗口内的孔隙度直方图，一般情况下窗长为 1.2in。

微电阻率成像孔隙度计算公式：

$$\phi_i = \phi_{\log}\left(\frac{R_{lls}}{R_i}\right)^{\frac{1}{m}}$$ （3-4-4）

式中　R_{lls}——浅侧向电阻率，$\Omega \cdot m$；

　　　$\phi_{\log}$——计算出的测井孔隙度；

　　　R_i——电成像电阻率，$\Omega \cdot m$；

　　　ϕ_i——计算出的电成像孔隙度；

　　　m——阿尔奇孔隙度指数或胶结指数。

在计算裂缝性储层的电成像孔隙度时 m 是变化的参数。次生孔隙度与 m 值具有很强的反比例关系。即 m 值越大，次生孔隙度越小，换句话说，m 值直接影响微电阻率成像的次生孔隙度的大小。

5）裂缝渗透率

斯通利波幅度的衰减与裂缝内充填的介质有关，当裂缝被流体充填时，流体和地层岩石骨架之间声阻抗差别较大，会造成斯通利波幅度的衰减，当裂缝被矿物质充填时，矿物质和地层岩石骨架之间声阻抗差别不大，斯通利波幅度的衰减不明显，因此，井眼规则的情况下斯通利波幅度衰减意味着地层为有效渗透层段。

（三）综合判别确定有效储层分类标准

潜山储层综合判别是在裂缝识别的基础上进行的。根据孔隙、裂缝发育情况结合岩石类型为依据将潜山储层划分为三类，分类原则见表 3-4-2。

表 3-4-2　变质岩储层分类标准

岩性	储层分类	电阻率 / $\Omega \cdot m$	岩性密度 / g/cm^3	补偿中子 / %	声波时差 / $\mu s/ft$	裂缝孔隙度
混合花岗岩类	Ⅰ类	<2000	<2.65	>2	>54	>0.8%
	Ⅱ类	<2000	2.60～2.68	1～5	<56	0.6%～1.0%
	Ⅲ类		>2.62	<5	<55	<0.7%
混合片麻岩类	Ⅰ类	<2000	<2.70	>4	>55	>0.8%
	Ⅱ类	<2000	2.65～2.74	3～9	52～60	0.6%～1.0%
	Ⅲ类		>2.68	3～12	<57	<0.7%

续表

岩性	储层分类	电阻率 / $\Omega \cdot m$	岩性密度 / g/cm^3	补偿中子 / %	声波时差 / $\mu s/ft$	裂缝孔隙度
片麻岩类	I 类	<2000	<2.74	>6	>56	>0.8%
	II 类	<2000	2.70~2.80	>5	>51	0.6%~1.0%
	III 类		>2.75	>3	<55	<0.7%
侵入酸性岩类	I 类	<2000	<2.62	>2	>54	>0.8%
	II 类	<2000	2.57~2.66	1~6	51~60	0.6%~1.0%
	III 类		>2.57	<4	<60	<0.7%
侵入中性岩类	I 类	<2000	<2.70	>2	>56	>0.8%
	II 类	<2000	2.65~2.75	>2	51~60	0.6%~1.0%
	III 类		>2.57	>2	<60	<0.7%

（四）有利储层预测

储层裂缝的研究，过去常采用传统地质学分析和统计方法，如利用测井响应识别裂缝，利用断层理论寻找裂缝等，总体上是通过井点资料，如岩心资料、测井资料研究储层中的裂缝，这些方法的优点是对裂缝表征参数的描述比较准确、可靠；缺点是预测能力差，不能对井间储层裂缝分布得出预测性的结果。地震反射一定程度能反映地下岩层特征，裂缝发育区地震反射多为复合波，呈错断、杂乱反射特征。通过统计不同产能井对应多属性地震响应，实现不同裂缝类型的半定量—定量预测[11]。

分析高角度缝、网状缝、共轭缝在野外的展布特征，为地震反射波形特征与裂缝发育特征关系研究提供 5 种原型模型：① 褶皱平直反射，当塑性地层变形时裂缝不发育；② 褶皱杂乱反射，对于脆性地层，褶皱伴生裂缝；③ 断层波反射，断层伴生裂缝，同相轴断裂反射；④ 古断裂伴生裂缝；⑤ 平直空白反射，地层没有变形，裂缝不发育。

三、双重介质储层三维地质建模

地质模型是表征油藏地质特征三维变化与分布的数字化模型，是油藏描述的最终成果。它不仅是油藏综合评价的基础，也是油藏数值模拟的重要基础及开发方案优化的依据。双重介质储层三维地质建模包括构造建模、储层相建模（岩性）、基质物性参数建模、裂缝建模。

（一）构造建模

构造建模是三维储层地质建模的基础，主要包括三个方面，首先通过地震解释数据及钻井解释的断层数据建立断层模型；在断层模型的控制下，建立潜山顶界层面模型；以断层及层面模型为基础，建立一定网格分辨率的等时三维地层网格体模型，从而为后续各类三维地质模型的建立提供地层框架。

（二）储层相建模

储层相建模中的相指广义的相，即离散变量，它可以是沉积相（亚相、微相等），也可以是成岩相、流动单元等。一般要遵循等时建模、层次建模、成因建模三个基本原则。

在构造建模的基础上，基于单井潜山岩性划分数据，利用序贯指示模拟方法建立三维储层相模型，并以前期地质认识为指导，利用人工交互方法对相模型进一步完善，以定量表征各优势储层及成岩相的三维空间分布，为建立储层参数建模提供约束条件。

（三）基质物性参数建模

储层三维地质建模的最终目的是建立能够反映地下储层物性空间分布的参数模型，由于地下储层物性分布的非均质性和各向异性，常规确定性建模方法不能够反映物性的空间变化。应用地质统计学和随机过程的相控随机模拟方法，是定量描述储层岩石物性空间分布的最佳选择。

（四）裂缝建模

1. 裂缝网络模型

裂缝建模的核心是建立准确的裂缝强度模型，裂缝强度模型的建立是通过单井裂缝解释数据和地震属性协同建立。首先创建单井的裂缝强度曲线，再提取瞬时振幅属性体，以单井裂缝强度曲线为硬数据，以瞬时振幅属性体为约束条件，协同建立三维裂缝强度模型，在建立裂缝强度模型的基础上，通过定义裂缝倾角、倾向、长度等相关参数约束裂缝网络模型的建立。

2. 裂缝属性粗化

裂缝网络模型是由裂缝属性组成的，在实际的建模过程中，需要将裂缝网络模型粗化至网格中的属性，才能够用于数值模拟。对于双重孔隙度或渗透率的数值模拟，常用的数值模拟软件需要每个网格中有裂缝属性值，具体包括裂缝孔隙度、裂缝渗透率、Sigma 因子等。

参 考 文 献

[1]刘津.陆相层序地层学的研究现状与发展趋势［J］.长江大学学报（自然科学版），2013，32（10）：55-58.

[2]邓宏文，王红亮.河流相层序地层构成模式探讨［J］.沉积学报，2004，22（3）：373-379.

[3]姜在兴.沉积体系及层序地层学研究现状及发展趋势［J］.石油与天然气地质，2010，31（5）：535-541.

[4]江凯禧，李晓光，李铁军，等.大民屯凹陷古近系沙河街组三段扇三角洲前缘沉积生物扰动特征［J］.地质论评，2021，67（2）：311-322.

[5]陈飞，胡光义，胡宇霆，等.储层构型研究发展历程与趋势思考［J］.西南石油大学学报（自然科学

版), 2018, 40 (5): 1-10.

[6] 耿斌, 胡心红. 孔隙结构研究在低渗透储层有效评价中的应用 [J]. 断块油气田, 2011, 18 (2): 187-790.

[7] 杨庆红, 谭吕, 蔡建超, 等. 储层岩石孔隙的分形结构研究和应用 [J]. 天然气工业, 2000, 22 (2): 67-70.

[8] 王允诚. 油气储层评价 [M]. 北京: 石油工业出版社, 1999.

[9] 杨洪伟, 吕洪志, 崔云江, 等. JZ-S 油田变质岩储层的测井评价新方法及其应用 [J]. 中国海上油气, 2012, 24 (S1): 48-56.

[10] 傅爱兵, 吴辉, 李林, 等. 成像测井技术在裂缝储层评价中的应用 [J]. 油气地质与采收率, 2003, 10 (2): 67-70.

[11] 王秀玲, 孟宪军, 季玉新, 等. 潜山裂缝储层地震多信息综合预测方法及应用实例 [J]. 石油地球物理勘探, 2002, 37 (S): 197-201.

第四章　复杂断块油藏精细注水开发技术

辽河油田水驱砂岩油藏以复杂断块为主，其中主力油藏已进入"双高"开发阶段，近年来通过不断细化开发评价、深化油藏认识、创新开发理念，突破了双高期砂岩油藏剩余油高度分散的认识，探索形成双高期砂岩油藏剩余油定量描述、中高渗透油藏精细注水调整、低渗透油藏有效注水、特殊岩性油藏多元注水等复杂断块注水配套技术，规模实施取得显著效果，成为辽河油田千万吨持续稳产重要产量支撑点。

第一节　双高期油藏剩余油定量描述技术

目前辽河油田 80% 以上水驱砂岩油藏进入"双高"开发阶段，地下流体分布日益复杂，开发调整难度越来越大。针对高含水期油藏剩余油表征精度低、分布模式认识不系统等问题，攻关形成高精度剩余油定量描述技术，推进剩余油描述方法及认识升级，研究内容由宏观不同类型储层剩余油分布及潜力扩展到微观剩余油主控因素，研究方法由常规岩心分析、动态评价拓展到结合 CT 扫描技术、数字岩心分析等微观剩余油研究技术，表征尺度由宏观结合构造、沉积、油层分布特点精细至描述小断层、微构造、薄储层及单砂体内部构型等小尺度剩余油研究，模拟精度也由传统区块单井笼统历史拟合转变为精细分层拟合，实现剩余油描述的精准化、定量化及可视化。形成密闭取心井剩余油定量评价、精细分层数值模拟历史拟合等技术，系统总结双高期水驱砂岩油藏剩余油分布模式，建立潜力层识别标准，为剩余油挖潜奠定基础。

一、密闭取心井剩余油定量评价技术

处于双高开发阶段注水开发油藏，整体水淹严重，以往对该类油藏剩余油认识为剩余油呈高度分散状态[1]。密闭取心是高含水油田认识剩余油分布的重要手段，根据密闭取心检查井岩心观察、描述与岩心实验分析，可以直观进行剩余油定量识别与评价。同时结合水驱开发动态认识，精细刻画不同类别储层剩余油变化规律及控油模式，形成剩余油主控因素定量综合评价技术，研究结果突破双高期油藏剩余油高度分散的认识，明确剩余油仍普遍存在、局部富集，为高效调整规模部署提供依据。

（一）水驱开发后期水淹状况

不同时期开发井在各小层的水淹情况需综合地下储层砂体连通性、储层内部构型特征以及老井、新井在各井网调整阶段水淹层测井解释结果来确定。密闭取心井具有精细刻

画水洗差异的优势，能够弥补水淹层测井解释结果仅提供有效厚度层段内部水洗差异的不足。因此，基于密闭取心井水洗结果，不仅能精细表征储层内部水洗差异，还可以验证基于储层内部构型分析、储层分类和水淹层测井解释的水淹程度是否合理。

以沈 84—安 12 块为例，通过分析取心井沈检 5 井水淹状况，统计中强水淹厚度比例为 79.4%，说明多数油层具有较强的水洗程度。通过岩心观察、实验实测饱和度与驱油效率、产能等多因素分析，明确不同层段实际水淹状况，总结水淹层具有以下特征（表 4-1-1）。

表 4-1-1　不同水淹程度判别表

项目		强水淹	中水淹	弱水淹	未水淹
岩心观察		颜色明显变浅，见水珠、水膜，有水湿感	颜色以黄褐色为主，见水膜，水湿感弱	颜色略变浅或不明显	深棕褐色
滴水实验		即渗或玻璃状	缓渗、半球状	5min 渗入不明显，半球—球状	不渗，球状
荧光	干照	暗黄—暗灰色	暗黄—灰黄色	黄—亮黄色	亮黄色
	溶液	浅茶色—茶色、荧光乳白色 9~11 级	茶色—浓茶色，荧光乳白色 10~11 级	浓茶色，荧光乳黄色 12~13 级	浓茶色，荧光乳黄色 13~14 级
实测含水饱和度增加		>15%	5%~15%	<5%	0
驱油效率		>30%	15%~30%	<15%	0
岩心照片					—
					—
含油饱和度		≤47%	47%~57%	57%~67%	≥67%
产能 /（t/d）		≤3	3~5	≥5	

本区为辫状河沉积体系，经过多年注水开发，整体以高含水为主，且取心井位于注水井附近，水淹程度高。受沉积及储层非均质性影响，水淹特征呈不均匀、随机式特征，未水淹部位分布零散。

单砂层内部水淹主要与单砂体厚度及韵律规律有关。注入水优先进入粒度较大、物性较好部位，受重力作用和流体密度差异影响，注入水优先向砂体下部波及，整体呈现砂体水淹上弱下强特点，尤其在正韵律厚层更为明显，反韵律薄层水淹相对均匀。水淹状况和剩余油分布状况还与砂层内部夹层发育程度有关，夹层多且发育稳定的砂体，其内部结构复杂，夹层控制层段水淹程度一般较低。

层间水淹状况与渗透率及注水倍数关系明显。一般来说，厚度越大、物性越好的储层注水倍数高、水淹程度高；厚度较薄、物性较差的储层，注水倍数低、水淹程度较弱；局部注水不完善层段由于注水倍数低，水淹程度也较弱。

（二）剩余油定量评价技术

岩心分析法研究剩余油饱和度是利用实验仪器对井下密闭取出的岩心进行第一时间的含油饱和度测试，是最为可靠的剩余油饱和度分析法，通过室内实验分析并校正后的数据可以作为油藏剩余油饱和度数值选取的主要依据。辽河油田以薄互层油藏为主，主要发育扇三角洲前缘沉积，河道宽度窄且摆动频繁，造成储层平面及纵向非均质性强，剩余油以层间及平面剩余潜力为主。

横向对比法：解剖同一区域、不同时期、不同开发阶段密闭取心井含油饱和度，结合储层分类评价，细化分析各单砂体所处构造高低、沉积相带、储层物性、生产及注水状况，对比不同时期饱和度数值及降幅，并结合测井、动态分析等方法，由宏观到微观，深入认识不同类型储层剩余油分布状态，落实不同沉积单元控油模式，进一步明确下步潜力方向。

纵向对比法：对比本井不同层段剩余油饱和度数值，通过对比纵向各层所处的沉积相、单砂体构型、有效厚度、储层物性、注水开发效果等因素，根据各层剩余油饱和度数值，分析不同剩余油成因，结合精细地质体研究及生产动态分析，确定全区不同剩余潜力类型分布规律及剩余储量。

分析认为薄互层中高渗透砂岩油藏在长期注水冲刷下，不同储层剩余油分布状态及调整潜力不同。以沈84—安12块为例，沈检3井（1998年完钻）和沈检5井（2017年完钻）是位于沈84—安12块静67-59井区的两口密闭取心井，沈检5井距周边最近注水井仅100m，本区域注采强度大、水淹严重、水流优势通道发育，距原密闭取心井沈检3井仅25m（沈检3井阶段累计产液47.3×10⁴m³），对比评价两口井取心情况可以很好反映目标区油层近年的动用状况，为油藏开发潜力评价提供依据（图4-1-1、表4-1-2和图4-1-2）。通过高密度岩心饱和度室内实验分析可知，Ⅰ类优势储层位于河道中部，储层物性好，1998年平均注入倍数为0.52，平均剩余油饱和度为50.3%，2017年平均注入倍数为1.33，平均剩余油饱和度为38.1%，饱和度降幅最大，为12.2%，剩余油分布零散，微观剩余油呈分散斑状分布，继续水驱潜力有限，需转化学驱进一步提高采收率。Ⅱ类储层主要位于河道边部，储层物性较好，1998年平均注入倍数为0.45，平均剩余油饱和度为45.5%，2017年平均注入倍数为1.18，平均剩余油饱和度为38.8%，饱和度降幅为6.7%；Ⅲ类储层主要为薄层砂，储层物性较差，1998年平均注入倍数为0.28，平均剩余油饱和度为52.5%，2017年平均注入倍数为0.98，平均剩余油饱和度为52%，饱和度降幅仅为0.5%；Ⅱ类、Ⅲ类剩余油仍相对富集，受夹层及储层非均质性影响，水驱储量动用不均，剩余油饱和度平均46.1%，局部可达50%以上，呈斑块及环斑状分布，具有进一步精细水驱挖潜的潜力。

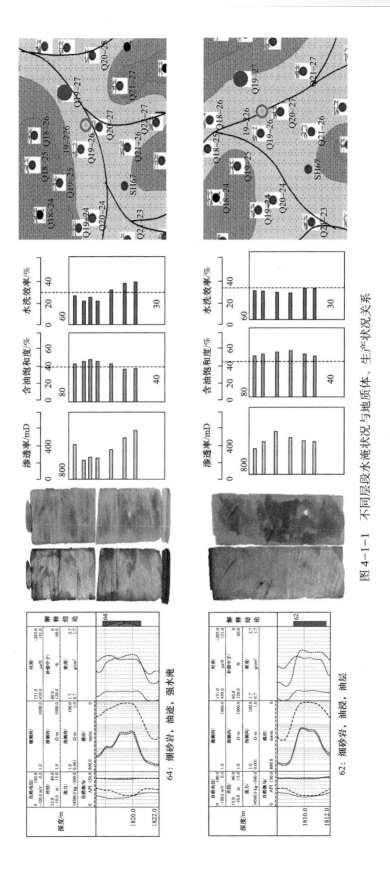

图 4-1-1 不同层段水淹状况与地质体、生产状况关系

表 4-1-2　沈检 3 井与沈检 5 井饱和度降幅对比统计表

储层类别	主要沉积相	沈检 3 井（1998 年 12 月）		沈检 5 井（2017 年 5 月）		饱和度降幅 /%
		注入倍数	饱和度 /%	注入倍数	饱和度 /%	
Ⅰ	河道中部	0.52	50.3	1.33	38.1	12.2
Ⅱ	河道边部	0.45	45.5	1.18	38.8	6.7
Ⅲ	薄层砂	0.28	52.5	0.98	52.0	0.5

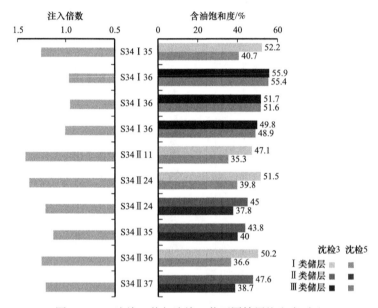

图 4-1-2　沈检 3 井与沈检 5 井不同储层饱和度对比

二、精细分层数值模拟技术

油藏数值模拟技术在油藏方案设计中具有重要地位，通过数值模拟计算，可以根据油藏特征及开发特点，设计各种开发方式和不同开发方案并进行精确预测，根据预测结果优化方案设计，保证方案的可行性和最优性。

随着油田开发不断深入，大多数油藏已处于开发中后期，剩余油虽普遍存在，但分布分散，常规方法难以实现定量化识别。通过对储层精细描述，构建精细地质模型，实现油藏分层精细数值模拟，实现剩余油定量化准确识别，为制订合理的开发方式、设计最优的开发方案提供保障。

（一）油藏精细分区

地质单元精细程度是数值模拟准确性的有效保证。一个区块受沉积等因素影响，平面、纵向岩性、物性均有较强差异，将各项参数统一赋值会导致这些差异性无法体现，影响数值模拟精度。根据地质特征、开发动态研究分析结果，将同一区块细分不同区域，在数值模拟中赋值不同的高压物性、相渗曲线等参数，能够保证模拟精度，更细致准确地进行预测。

同一油藏不同层段及区域采用不同开发方式，需要分段、分区有针对性的细化数值模型，如纵向上分化学驱、水驱两套层系开发[2]，平面上局部物性较差区域实施压裂改造开采方式的同一油藏，建立数值模型需要进行细化分区，赋值不同静态、动态参数。如在沈84—安12块开发方案数值模拟建模中，针对化学驱层段储层物性优于水驱层段的特点，不同层段、区域采用多套相对渗透率曲线，建立的数值模拟模型能够客观反映油藏地质开发特征。

（二）储量准确拟合

储量拟合是确保数值模拟准确的物质基础，要求拟合精度高。数值模拟软件中地质储量常采用容积法计算，为保证分区数值模拟准确性，在细化分层基础上，结合精细分区，落实各地质单元中含油面积、有效厚度、孔隙度、含油饱和度及油水界面，得到分区储量计算结果。初步计算后将有误差区域分别调整，从而实现全区储量的准确拟合[3]。

储量单元也需根据地质分层进行分区，两者应互相对应，并保证各储量单元拟合精度。如牛心坨油层注水综合调整数值模拟中，将7个油组细化为21个小层计算储量，最终全区储量相对误差为 −0.01%（表4-1-3）。

表4-1-3 牛心坨模拟区块储量结果比较

小层	地质储量 /10⁴t	模拟储量 /10⁴t	相对误差 /%
砂层 1-1	5.58	5.55	−0.54
砂层 1-2	8.68	8.68	0
砂层 1-3	348.64	350.02	0.40
砂层 2-1	78.59	78.71	0.15
砂层 2-2	87.04	86.51	−0.61
砂层 2-3	82.75	82.53	−0.27
砂层 3-1	82.44	82.54	0.12
砂层 3-2	101.54	101.42	−0.12
砂层 3-3	77.36	77.42	0.08
砂层 4-1	88.22	87.61	−0.69
砂层 4-2	87.23	86.95	−0.32
砂层 4-3	83.16	83.02	−0.17
砂层 5-1	44.35	44.39	0.09

续表

小层	地质储量 /10⁴t	模拟储量 /10⁴t	相对误差 /%
砂层 5-2	44.60	44.69	0.20
砂层 5-3	42.35	42.33	−0.05
砂层 6-1	42.60	42.62	0.05
砂层 6-2	39.56	39.64	0.20
砂层 6-3	29.20	29.13	−0.24
砂层 7-1	22.14	22.16	0.09
砂层 7-2	9.66	9.67	0.10
砂层 7-3	7.19	7.20	0.14
合计	1412.88	1412.79	−0.01

（三）全区生产动态精确拟合

历史拟合是数值模拟的关键，对于剩余油分布认识是否准确至关重要。全区拟合包括对区块日产量、累计产量、含水率等开发指标拟合，与实际指标进行对比。

以定液生产为例，在定液生产条件下，全区生产动态拟合要求区块液量完全拟合，同时区块综合含水、压力、气油比趋势应基本一致。具体调参原则包括：① 用于模拟的相渗曲线来自实际数据，拟合时小范围调整；② 渗透率参数主要参考测井解释结果，如部分井实施过小规模压裂，可进行一定程度调整；③ 储层孔隙度、有效厚度数据参考测井解释资料，井点参数一般不作调整，井间参数可作适当修改。

经过调整后，区块整体拟合结果通常与实际情况较符合，与实际数据误差较小（图 4-1-3）。

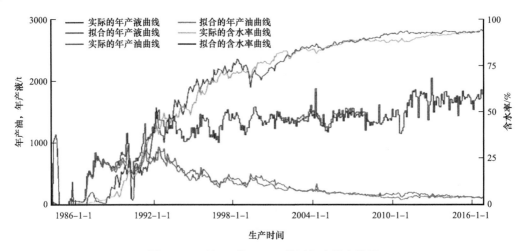

图 4-1-3　沈 84 块 67-59 井区年产拟合结果

除区块产量拟合外，油藏压力拟合也是重要环节，合理准确的压力变化更真实反映地层中流体变化。压力拟合主要是通过调整压缩系数和孔隙体积进行，同时考虑相对渗透率曲线。如果综合含水率偏高，在相同日产油条件下，产出水量增加，使地层压力下降，反之则压力偏高。通过不断调整，压力计算结果可达到比较好的拟合效果，与区块实际压力水平接近，同时表明孔隙体积、压缩系数等参数与实际油藏相符合。

（四）油水井生产动态拟合

全区生产动态拟合是单井累加拟合的结果，生产动态拟合结果相差较大的单井会对区块产量造成影响，因此当区块生产动态经过拟合调整后，需要对单井进行具体分析调整[4]。

在区块拟合基本符合要求基础上，对拟合不符合要求的单井进行局部调整，老区数模拟合通常由于区块内井数较多，生产时间较长，油水井措施频繁，在对单井调整中主要遵循以下原则：① 逐井逐层进行动态分析，判断见水原因及各小层、各井组注采关系和液流方向；② 参考历年产液剖面、吸水剖面、水淹层测井资料等地层测试资料，作为历史拟合重要依据；③ 重点拟合开采时间长、注采量大的油水井；④ 对开采最后一个阶段进行重点拟合，该阶段对剩余油分布和指标预测影响较大。

通过不断调整单井可达到较高拟合率，如锦 99 块单井总体拟合率可达到 88%（图 4-1-4 和图 4-1-5）。

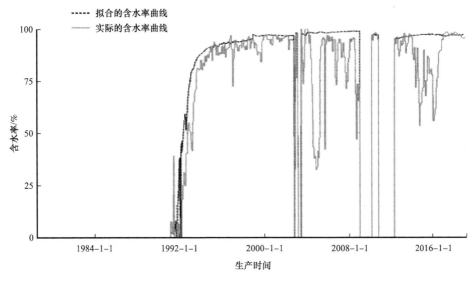

图 4-1-4　锦 2-13-5202 井定液生产含水率拟合图

经过精细油藏描述、精细准确的数值模拟可相对准确地认识区块剩余油的分布，如锦 99 块通过数值模拟，得到各小层储层动用程度和剩余油定量分布状况，为下步挖潜和方案调整提供可靠依据（图 4-1-6 至图 4-1-8）。

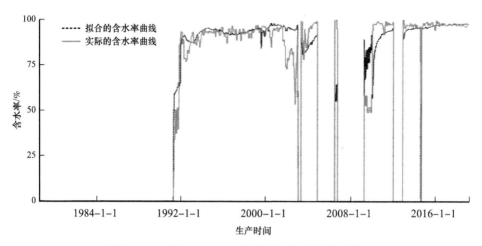

图 4-1-5　锦 2-13-5204 井定液生产含水率拟合图

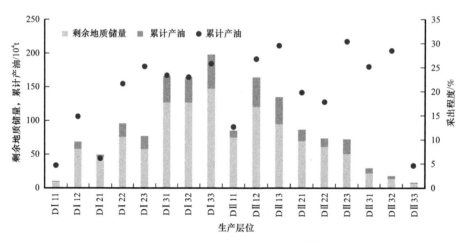

图 4-1-6　锦 99 块分层开采以及剩余油分布图

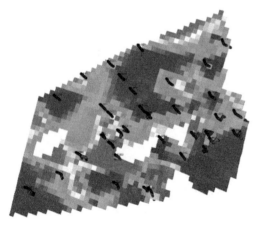

图 4-1-7　DⅡ23-3 含油饱和度场图

图 4-1-8　DⅠ32-2 含油饱和度场图

三、高含水期油藏剩余油分布模式

剩余油分布因素主要可以归结为油藏非均质性和开采非均匀性的影响[5]。油藏非均质性是控制剩余油分布最重要的内在因素，主要包括油藏规模、砂体连续性和储层物性等不同导致的平面非均质性，各单砂层厚度、孔隙度、渗透率等差别导致的层间非均质性，以及单砂层内部垂向上的变化、非渗透夹层等导致的层内非均质性。开采非均匀性是剩余油分布的外部控制因素，主要为层系组合、井网布置、注采对应等注采状况导致的开采状况非均匀性[5]。剩余油研究需综合多种资料、多种方法进行综合研究。

（一）宏观剩余油分布规律及模式

1.剩余油平面分布规律及模式

剩余油平面分布受油藏平面非均质及注采非均质综合控制，可归纳出如下模式。

1）沉积相平面变化与剩余油

平面上沉积相变化是导致剩余油平面分布不均的因素之一，沉积相平面变化包括沉积微相及同一沉积微相内部不同部位物性的变化。不同微相的物性差异及同一微相不同部位物性的差异，导致地下流体运动规律的非均一性。注入水总是就近优先进入相对高渗油层，并沿着高压力梯度方向突进，直到该方向压力梯度变小，才向两侧扩展，致使低渗油层水驱状况差、剩余油饱和度较高。例如非主体沉积砂体控制型剩余油及透镜体控制型剩余油（图4-1-9和图4-1-10）。

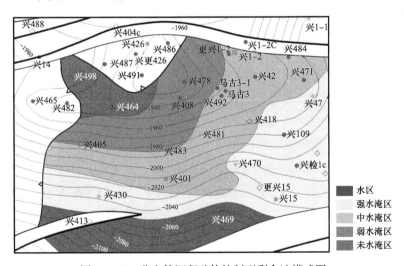

图4-1-9　非主体沉积砂体控制型剩余油模式图

2）微型构造与剩余油

微型构造与剩余油分布存在密切关系，微型构造高部位一般存在较多剩余油，易形成剩余油富集区。在油藏内部，当注水井周围方向上层内压力梯度、物性条件基本相同时，注入水在重力作用下，首先向处于构造低部位的采油井突进，在构造低部位首先形成水淹区，并且首先达到较高的水淹程度，这时剩余油主要分布于构造高部位。一般而言，处于微断鼻和微背斜上的油井，各个方向均为向上驱油，剩余油相对富集，对油井生产有利。微背斜多形成于构造平缓的油层，向上驱油的作用减弱，油水重力分异作用也弱；微断鼻构造虽然只有三个方向上驱替，但因这种构造倾角相对较大，幅度也较大，对向上驱油和油水重力分异有利。又因复杂断块型油藏断层发育，微断鼻构造较发育，因此在微断鼻构造部位常有利于剩余油富集。如微构造控制型剩余油、断层遮挡型剩余油及构造控制未动用型剩余油（图 4-1-11 至图 4-1-13）。

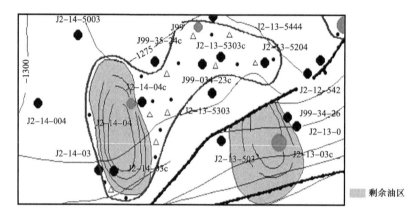

图 4-1-10　透镜体控制型剩余油模式图

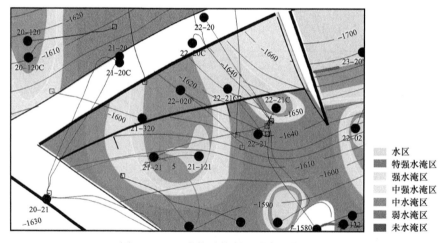

图 4-1-11　微构造控制型剩余油模式图

3）注采井网与剩余油

平面上剩余油分布在井间分流线附近和井网控制差的部位，注采关系不完善和井网对油层控制较差部位、生产井排两侧附近剩余油饱和度普遍较高。根据油田生产动态分析资料，位于油井和注水井之间的略偏油井一侧部位为剩余油相对富集区。从注采关系来看，注采关系不完善和井网对油层控制较差部位、生产井排两侧附近剩余油饱和度普遍较高。但是，该类型剩余油形成与富集的影响因素众多，如注采井距、油层厚度、层内非均质差异等。如注采井网不完善型剩余油及井间滞留型剩余油（图 4-1-14 和图 4-1-15）。

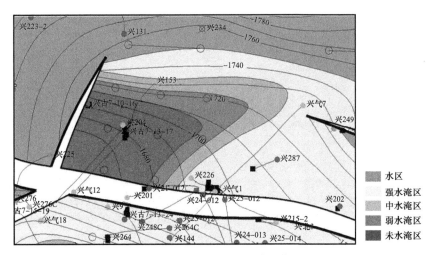

图 4-1-12　断层遮挡型剩余油模式图

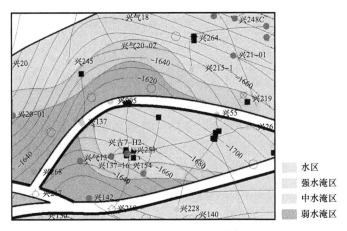

图 4-1-13　构造控制未动用型剩余油模式图

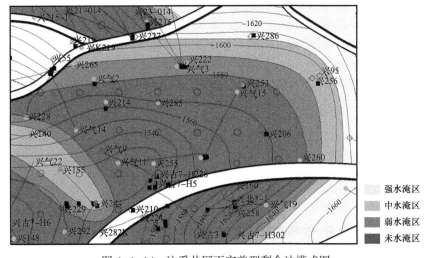

图 4-1-14　注采井网不完善型剩余油模式图

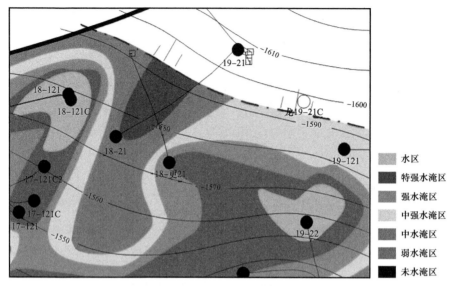

图 4-1-15　井间滞留型剩余油模式图

2. 剩余油垂向分布规律及模式

剩余油垂向分布受油藏砂体沉积韵律及隔夹层分布综合控制，可归纳出如下模式。

1）层内剩余油分布

根据对辽河断陷盆地碎屑岩油藏层内非均质与剩余油分布关系的研究，正韵律油藏中上部剩余油相对富集，反韵律油藏中下部仍可进一步挖潜。复杂断块型油藏韵律层发育复杂，以主河道正韵律层内非均质模式为主的油藏，呈多段富集；而相对均质韵律模式纵向上注入水均匀推进，水淹程度高。因此主体河道油层的中、上部仍存在一定的剩余油，但底部已严重水淹，层内再细分不易实现，这类主体河道油层已不是水驱挖潜的主要方向，但可以通过采用提高驱油效率技术采出剩余油。以反韵律层内非均质模式为主的油藏，根据研究资料显示，该类型在油层上部剩余油相对较多。若隔夹层发育，则重力作用不明显，纵向上韵律层顶部水淹程度高，注入水易在高渗条带中形成强水洗带，剩余油主要集中在渗透性较差的条带中。如油层内部渗流屏障遮挡型剩余油及油层内部渗流差异型剩余油（图 4-1-16 和图 4-1-17）。

2）层间剩余油分布

由于开发层系内不同油层的物性差异，在多层合注合采情况下，导致注采过程中水驱油状况存在差异。在垂向上主力小层和非主力小层间存在明显的层间非均质性，决定了其层间剩余油的分布。较高渗透层启动压力低，注入水易突进，动用状况好，而较低渗透层由于启动压力高，动用状况较差，剩余油相对富集。因此，在相同或相似注采条件下，层间纵向沉积相变控制了油层层间剩余油分布。例如层间干扰型剩余油（图 4-1-18）。

（二）微观剩余油分布规律及模式

剩余油在微观孔喉中的分布受砂体孔喉大小、孔喉均匀程度、孔喉形态、孔喉连通度、岩石润湿性等诸多因素的控制，这些微观特征的差异使剩余油微观分布有独特的规律。根据岩心和岩样的观察结果，可将微观剩余油分布归结为以下模式。

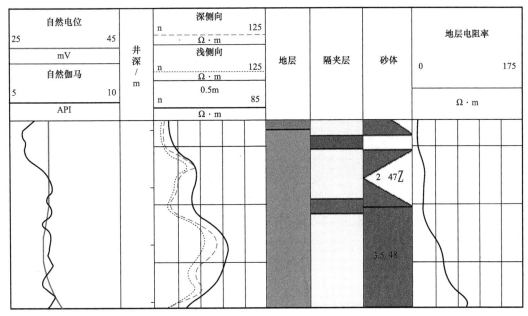

图 4-1-16 油层内部渗流屏障遮挡型剩余油模式图

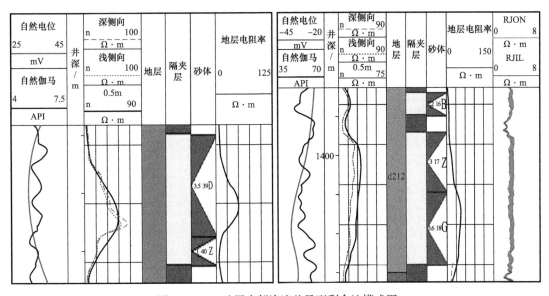

图 4-1-17 油层内部渗流差异型剩余油模式图

1. 孔隙喉道剩余油

孔隙喉道的大部分空间被剩余油所占据，剩余油在孔喉网络中构成网络状分布形式，该类剩余油在注水开发过程中可被采出。在微观水驱油过程中，水不易进入细小的孔隙喉道而沿较大的喉道绕流，从而使这些细小孔隙喉道中的原油成为剩余油（图 4-1-19）。这一特征在较低渗透的油藏中多见，是导致水驱采收率低的重要原因之一。在纵向剖面上的水淹较差部位，如河流相决口扇的边缘、心滩和边滩的侧缘以及夹层附近、三角洲相河口坝的边部等部位，在强水淹部位仅个别出现这种剩余油分布状态。

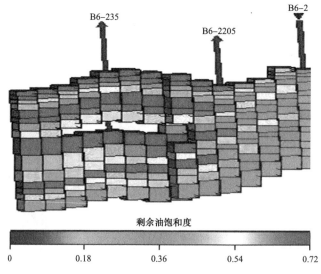

图 4-1-18　层间干扰型剩余油模式图

2. 斑状剩余油

较大的孔隙中部分空间被剩余油占据，使剩余油构成斑块状形态在孔喉中分布，这类剩余油主要分布在河流沉积中的边滩、心滩及三角洲的河口坝、席状砂等砂体物性相对较好的部位，是由于成岩作用和地应力活动等条件的差异使储层的物性具非均质性所导致的。另外在一些大孔道中因流速较低，冲刷能力较弱，当孔道中形成连续水流相后，一些附着在孔道壁附近的原油不易被水驱走，常在孔隙喉道中形成斑状剩余油（图 4-1-20）。

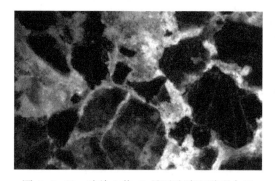 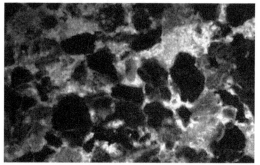

图 4-1-19　沈检 5 井 69 号层孔隙喉道剩余油　　图 4-1-20　沈检 5 井 66 号层斑状剩余油

3. 环状剩余油

这类剩余油通常附着在颗粒表面和孔道壁表面，往往是由于颗粒表面具较强的吸附能力且孔隙喉道中形成连续水流相，使得颗粒表面的剩余油不能被驱替而形成附着环状剩余油（图 4-1-21）。

四、潜力层综合识别技术

油田开发进入高、特高含水期，由于储层强非均质性及注水等多因素影响，测井电学响应复杂，单纯依靠测井解释结论判断剩余潜力层难度很大。通过岩心、录井、测井等多种方法与取心井试油试采结合，可明确潜力层测井曲线形态，在此基础上构建不同区块潜力层识别标准，有效指导射孔，确保新井产能。

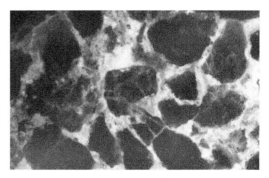

图 4-1-21　沈检 5 井 71 号层环状剩余油

（一）水淹层综合评价方法

水淹层的评价是一个复杂、综合的过程。综合利用地质、油藏、测井以及开发动态等资料，利用定性识别与定量评价相结合的方法进行判断。定性识别的方法包括常规测井及特殊测井，其中常规测井又包括自然电位基线偏移法、径向电阻率比值法、井间电阻率对比法、测井图版法以及流动单元划分法等；特殊测井包括核磁共振法、阵列感应法、碳氧比法和油藏动态测试法等。定量评价方法包括水淹特征参数识别标准和储层物性参数下限值法。通过各种方法的综合应用、互相验证，结合生产数据综合判断，可以大大提高水淹层的识别精度和判断符合率，为油田增储挖潜和控水稳油提供技术支持。

以沈 84—安 12 块沈检 3 井为例，通过对其进行水淹层的综合判断，首先分析其邻近井的注采对应关系，细化分析该井试油试采资料，通过实际生产情况与岩心分析及测井资料对比，总结并建立沈 84—安 12 块潜力层电性、气测识别标准（表 4-1-4），其中中薄层电阻呈箱形、指形效果好，漏斗形效果较差，厚层电阻呈箱形效果好，应注意避射强水淹段；从气测角度分析，气测峰基比大于 6、全烃与 C_1 存在幅度差、气测组分齐全的储层为有利储层。通过应用该技术，潜力层识别符合率由 80% 提高至 90% 以上，有效确保了新井产能。

表 4-1-4　沈 84—安 12 块潜力层识别标准

参数	潜力层识别标准
电性	电阻率大于 $40\Omega \cdot m$，时差 280μs/m 左右
	中薄层电阻呈指形、箱形
	厚层电阻呈箱形、椅背形，避射强水淹段
气测	峰基比大于 6
	全烃与 C_1 存在幅度差
	气测组分齐全

（二）中厚层油藏潜力层识别标准

根据欢喜岭油田锦 16 块兴隆台油层近五年"二三"结合（二次开发与三次采油相结合）实施新井的单层试油试采、水淹层测井细分解释以及饱和度测试分析等资料，综合研究已投产井生产情况与电阻、时差等测井电性特征参数的关系，结果表明：单井日产油大于 10t 的 Ⅰ 类井生产层电阻率值主要分布在大于 60Ω·m 的范围，声波时差分布在大于 370μs/m 的范围；单井日产油量达到 3～10t 的 Ⅱ 类井生产层电阻率值主要分布在 40～60Ω·m 的范围，声波时差分布在 350～400μs/m 的范围；生产层电阻率值小于 40Ω·m、声波时差小于 350μs/m 的井，单井日产油一般小于 3t，挖潜效果较差。据此建立双高期中厚层油藏的潜力层识别标准（表 4-1-5）。

表 4-1-5　锦 16 块兴隆台油层潜力层识别指标参数表

类别	Ⅰ 类潜力层		Ⅱ 类潜力层	
	电阻率 /（Ω·m）	声波时差 /（μs/m）	电阻率 /（Ω·m）	声波时差 /（μs/m）
标准	>60	>370	40～60	350～400

利用该标准对锦 16 块兴隆台油层 121 口"二三"结合新井潜力层进行识别，结果表明：平面上区块西部潜力层范围整装、厚度大、层数多，剩余油相对集中，而东部水淹更严重，潜力层范围零散、厚度薄、层数少；纵向上潜力层则主要集中在正韵律厚层顶部。现场实施效果统计分析，锦 16 块兴隆台油层依据潜力层识别结果开展"二三"结合精细水驱挖潜，新井平均单井初期日产油达 11.4t，含水率 57%，挖潜成功率达到 80% 以上。

（三）薄互层油藏潜力层识别标准

薄互层油藏因砂泥交互、储层非均质性更强，且油层泥质含量相对高，注水开发油水运动规律难以描述，导致后期开发调整潜力层识别更难。而且中厚层油藏由于单层试油试采资料丰富，可以利用试油试采为主的资料建立比较可靠的潜力层识别标准，但薄互层油藏由于受单层产能不足的影响，基本都多层合采，单层试油试采资料较少，难以利用中厚层油藏的方法建立薄互层油藏高含水期的潜力层识别标准。

在现有资料基础情况下，高含水期薄互层油藏主要依据区域内注水开发后期检查井岩心分析、碳氧比测试等饱和度资料，结合生产动态资料，对比分析不同含油饱和度值与测井电性特征参数、测井曲线形态、气测组分、气测曲线峰基比等关系，优选电阻、时差、自然伽马、气测峰基比等识别能力最好的电性特征参数建立水驱潜力层识别标准。例如沈阳油田沈 67 块，依据其检查井岩心分析及碳氧比测试的含油饱和度与电测解释的电阻、声波时差、自然伽马等电性特征参数的相关性，对比分析得出：含油饱和度大于 45% 的高饱和度潜力层测井解释电阻率一般大于 20Ω·m、声波时差大于 295μs/m、自然伽马小于 60API。按此标准指导区块新井优选射孔，现场实施效果也较好，潜力层识别符合率达到了 70% 以上。

（四）分级聚类优化射孔技术

实际射孔过程中，往往需要多层组合射孔以确保油井产液、产油能力，由于各层层间差异较大，射孔过程中需合理组合层段，减少层间干扰。在储层综合评价基础上，综合分析考虑连通质量、剩余油富集程度、层间差异、组合厚度等建立分级聚类组合射孔界限，确保挖潜效果。以沈84—安12块为例（表4-1-6），该块层间非均质性强，剩余油以层间动用不均为主，其中Ⅰ类储层主要为河道相，水淹程度高，继续水驱剩余油潜力小，因此在"二三"结合挖潜时，优先射孔位于Ⅱ类薄层砂—河道、Ⅲ类薄层砂—薄层砂相带的小层，该类层电阻降低幅度低于30%，还应保证组合射孔的小层渗透率级差小于5，压力系数差值小于0.2，射孔厚度大于10m，实践证明分级聚类射孔投产效果较好，新井投产后初期日产油大于3t，含水率低于80%（图4-1-22）。

表4-1-6　沈84—安12块分级聚类射孔界限

指标	界限标准		目的
	首次射孔	补孔	
注采井间连通质量	Ⅲ类薄层砂—薄层砂	Ⅱ类薄层砂—河道	剩余油相对富集
	Ⅱ类薄层砂—河道	Ⅰ类河道—河道	
电阻降低率	<30%	>30%	
渗透率级差	<5		层间干扰小
压力系数差值	<0.2		
厚度	10m		确保产油量

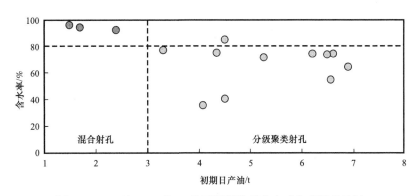

图4-1-22　沈84—安12块不同射孔组合方式生产效果统计

第二节　中高渗透油藏精细注水调整技术

中高渗透油藏经过几十年的注水开发，已进入开发的中后期，地下流体分布日益复杂，开发调整难度越来越大。为进一步挖掘老区潜力，在对油藏进行精细描述和剩余油分布研究基础上，提出了层系井网优化重组、细分层精细注水、低效无效水循环识别等调整对策，形成了中高渗透油藏精细注水的系列技术。

一、层系井网优化重组技术

层系井网优化重组是高、特高含水油田提高采收率重要方法之一。辽河油田中高渗透砂岩油藏含油井段长、层数多、单层薄、非均质性强、油水关系复杂，采用传统一套层系、均匀面积注采井网、大段笼统注采开发，水驱动用极不均衡，三大矛盾突出。为充分发挥各油层作用，以细分层系、重构井网为原则，以提高水驱动用程度为目标，形成"平面分区、纵向分层、细分注水、立体优化"的层系井网优化重组设计技术，为实现高、特高含水老油田稳油控水及持续提高采收率发挥重要作用，取得了显著效果。

（一）分层水驱动用状况评价

经过长期的注水开发，中高渗透油藏整体进入"双高"开发阶段，水流优势通道已经形成，剩余油在空间上分布十分复杂，以区块或层系为单元的水驱动用状况评价无法满足二次开发、分层开发、化学驱等新技术需求[6]。因此，辽河油田开展了以"单元细化、指标多元、手段多样、结论时效"为内涵的精细评价，取得了预期效果。

1. 单砂体渗流阻力产量劈分方法

产量劈分的研究是分层动用状况评价一个非常重要的技术环节，多层油藏产量劈分的准确与否，直接影响到增产对策的选择与实施。产量劈分技术，包括油井的油气水的劈分和注水井注水量的劈分。目前常用的主要方法有地层系数法、流动系数法、产液剖面法、吸水剖面法、动态权重法等，但受测试资料不足以及应用条件限制，范围小、准确度不高，难以满足油水井对生产全过程单层产量劈分的技术需求。为此，在原渗流阻力产量劈分方法基础上，完善形成了单砂体产量劈分配套新方法。

产量劈分新方法主要是引入砂体连通、渗透率级差、调整措施等对单砂体产量的影响系数；重新修正平面、纵向吸水（产液）劈分数学模型；自主研发了油田开发动态处理程序。从实际应用来看，新方法产量劈分准确度达到80%以上，各类动态数据处理的时间较传统方法均显著缩减，工作效率提高90%以上。

2. 注水效果精细评价

针对多层砂岩油藏储层特征及注水开发特点，综合应用实验、测试、油藏工程等技术手段，结合地质认识，从评价方法、指标、标准及结论等方面入手，细化评价单元，转变评价模式，创新形成了一套评价单元细分化、评价方法多样化、评价指标系统化、评价标准定量化、评价结论时效化的分层精细注水效果评价方法。

1）细化评价单元

即平面上评价单元从油藏（区块）细化到井组、单井，纵向上由层系细化到小层或单砂体。如在评价油藏的注采井网完善程度时，以油藏为评价单元，注采井网相对完善，但以小层或单砂体为评价单元，注采井网则是欠完善的。通过分区分层细化评价，更加深入地认识油藏，才能满足分层开发调整的需求。

2）多样化评价手段

单一的评价方法具有片面性和局限性，采用室内实验、动态监测、油藏工程、数值模拟等多种方法进行综合分析评价，得到的评价结论才能相对客观、准确，更接近油藏开发实际。

3）系统化评价指标

即对原来笼统、繁冗的评价指标，去繁从重，突出主要评价内容，将评价指标系统优化为"采收率评价、储量动用状况评价、注水有效性评价、井网适应性评价"四大类，重点突出"采收率、可采储量采出程度、水驱储量控制程度、水驱储量动用程度、水驱波及系数、压力保持水平、存水率、耗水量、含水上升率、递减率、储层连通系数、注采井数比"12个单项，优化后的指标体系更加系统化，评价内容也更具针对性，大幅提升了注水效果评价的工作效率。

4）定量化评价标准

为准确评价油藏及单砂体开发效果，须定量化各项指标的评价标准。开发经验表明，不同类型油藏开发效果差异较大，需要分别建立评价标准。为此，结合辽河油田注水油藏地质及开发特点，参考行业不同类型油藏开发效果分级评价标准，对没有评价标准的指标新建立量化标准，如不同沉积类型水驱波及系数分类评价标准（表4-2-1），进而发展形成一套适合辽河注水油藏开发效果评价的量化标准，为开展精细效果评价提供参考依据。

表4-2-1　不同沉积类型含水率98%时水驱波及系数分类评价标准表

沉积类型	Ⅰ类	Ⅱ类	Ⅲ类
河流相	≥0.70	0.50～0.70	<0.50
三角洲相	≥0.75	0.55～0.75	<0.55

5）分阶段动态评价

任何油藏在水驱开发不同阶段都需要采取相应的技术对策，而且不同阶段开发指标也存在差异。因此，开发效果评价要与重大调整对策紧密结合，实施分阶段动态评价，得出时效、准确的评价结论，认清不同阶段开发主要矛盾，为油藏开发调整提供有力依据。

（二）层系井网重组原则与方法

层系细分与井网重构是高、特高含水油田提高采收率的重要措施，重建井网结构的核心是提高水驱控制程度和水驱动用程度，其目的是依据油藏不同地质特点，把性质相似的油层组合在一起，形成一套或几套开发层系，以获得较高的采收率和较好的经济效益。老油田特别是进入特高含水阶段的老油田，开发层系的划分、组合方式与新油田不同。新油田开发层系组合，主要考虑能够充分动用主力油层、层系储量丰度高、稳产能力强、经济效益好等方面。油田开发进入了高、特高含水开发阶段，以单砂体及内部构型为核心的精细储层表征和剩余油精细刻画技术进步为开发层系井网划分赋予新的含义，具体表现为三个突出特色，强调立体协同优化，实现新井与老井、直井与水平井的综合利用和在细分层系的基础上进行立体优化。强调将动用程度和水淹状况相近的油层组合在一起，实现单纯靠静态特征向动静结合的方向转变。强调以单砂体作为基本单元、完善单砂体注采关系作为层系、井网重组的核心，实现储量控制程度与动用程度的本质提高[9]。

层系重组的基本原则重点考虑以下几方面因素，不同层系之间要有稳定发育的隔层，同一层系内储层性质基本类似，单井具备经济可采储量。特高含水阶段层系组合要重点考虑储层的动用和水淹状况，一套开发层系的各层水淹程度尽量相近。井网重组的基本原则要在考虑同一层系内各单砂体发育的情况下，立体优化井网井型（直井和水平井），实现井网水驱控制程度的最大化。尽可能实现渗流能力均匀的井网设计，完善单砂体注采关系、建立油井多向受效关系是井网优化重组的核心。

（三）层系井网优化重组技术界限

依据多层砂岩油藏特点建立实际油藏三维非均质地质模型，利用 Eclipse 数值模拟技术，结合油藏工程、矿场统计等方法，以经济效益为约束，分类分项研究建立了层系重组、水平井部署、直平组合井网空间配置关系等细分层开发技术界限，有效指导细分层开发注采井网设计。

1. 细分层系技术界限

油藏开发后期，层系的划分与重组不仅要考虑储层地质条件，还要考虑储层目前的开发特征和水淹状况等因素。而依据传统层系划分与组合考虑的主要因素，结合开发实践，研究认为层间渗透率级差、压力系数差值、含油饱和度差值、油层叠合厚度及组合层数等参数是开发后期层系细分与重组最关键因素。利用正交试验设计方法设计多套数值模拟方案，对比研究各单因素影响层系重组的敏感程度，结果表明重组开发单元时其主控因素的敏感性由强到弱次序为：层间渗透率级差＞油层叠合厚度＞层间饱和度差值＞层间压力系数差值＞组合层数。

根据层系重组影响因素敏感性强弱，建立多层砂岩非均质模型，在假设其他条件一致的前提下，设计不同渗透率级差、组合厚度、层间含油饱和度差值、层间压力系数差值及组合层数等层系重组方案开展数值模拟研究，确定出注水开发后期开发层系细分重组技术界限。

结合传统分层系开发已有技术界限以及单套层系开发对储量丰度的要求，建立一套适合辽河多层砂岩油藏特点的细分开发层系技术界限（表4-2-2），为注水开发后期的多层砂岩油藏实施聚类重组细分调整提供依据。

2. 复合井网组合方式

井网组合方式研究主要是采用数值模拟与油藏工程相结合方法，优化确定油藏纵向不同开发单元不同井网组合方式（直直组合、直平组合）的合理井距及平面注采配置关系，有效指导分层开发新井部署及井网调整[10]。

表 4-2-2 细分层系技术界限表

主要指标	界限标准
渗透率级差	<7
组合厚度 /m	7~20
层间饱和度差值	<0.2
层间压力系数差值	<0.2
组合层数 / 层	<8
储量丰度 /（10^4t/km^2）	>100

合理注采井距应在水驱开发条件下，能有效地控制和动用绝大多数的油层和储量，保证较高的注水波及系数。以辽河油田典型多层砂岩油藏雷 11 块为例，根据其纵向不同开发单元的储层条件及开发状况，运用数值模拟结合曲线交会法，确定该块 I 类储层的直直组合、直平组合的合理井距为 200m 左右；II 类储层的直直组合、直平组合的合理井距为 150m 左右。从老井的生产状况分析，区块不同开发单元采用 150~200m 的注采井距基本不存在井间干扰。

开展直平组合配置关系研究，依据典型油藏雷 11 块 I 类储层实际油藏参数，建立一口直井注与一口水平井采的机理模型。对比研究注水井平行于水平井脚尖、与水平井脚尖成 45°、垂直于水平井脚尖、垂直于水平井腰部、垂直于水平井脚跟、与水平井脚跟成 45°、平行于水平井脚跟共 7 套不同直平组合注采平面配置方案。结果表明：平面上直井（注）与水平井（采）脚尖成 45° 角的注采配置关系最优，水驱波及体积最大，水驱效果最好。

综合上述研究，建立一套适合辽河多层砂岩油藏特点的分层井网组合技术界限（表 4-2-3），为细分调整复合井网优化设计提供了理论依据。

表 4-2-3 分层井网组合技术界限表

井网组合方式	界限标准
直平组合井距 /m	150~200
直直组合井距 /m	200
水平井布井方式	平行于构造、位于同一有利相带
水平井注水部位	脚尖 45° 角

3. 井网井距优化设计

完善的注采系统是精细注采调整的重要条件，进行合理注采系统调整完善，吸水能力与产液能力协调平衡，建立起有效驱替压力系统，水驱波及系数较高，纵向平面压力保持水平较高且相近，油井生产能力充分发挥。

整装油藏采用面积注采井网,依据沉积特点个性化设计井网形式,形成沉积物源侧向驱。考虑到不同驱替方向对生产效果的影响,设计顺向驱、垂向驱和侧向驱三种不同驱替方向的机理模型,对比三种不同驱替方向水驱采收率,其中顺向驱、垂向驱、侧向驱采收率分别为44.2%、45.7%、47.1%,侧向驱水驱采收率最高,顺向驱采收率最低,因此选择侧向驱井网开发。沙坝沉积,河道宽,采用均匀井网,顺物源适当拉大井距。对于分流河道,河道窄,采用矢量化井网,顺物源大井距、横物源小井距,确保新井尽量钻遇有利相带。

水驱开发对油层连通要求较高,只有设计采用符合地质特点的合理井网井距,才能充分控制油层,达到较高的水驱控制程度。水驱井网后期调整主要是立足于现有井网,充分利用老井,同时达到油井多向受效的目的,在相同的井网密度下,五点法井网要好于其他井网,与其他井网相比,五点法井网提高采收率值最高,达到18.2%。注采井数比1:1,与其他井网相比,五点法井网的注采井数比最合理。

运用数值模拟、油藏工程、矿场统计等多种方法,确定合理注采井距。通过数值模拟,锦16块在150m井距下,提高采收率最佳,为18.9%。通过经济评价,在不同井距复合驱情况下,150m井距内部收益率24.7%,为最高,财务净现值最高、投资回收期最短(表4-2-4)。按照水驱控制程度行业标准,针对不同区域油藏特点,确定合理注采井距,要求整装油藏水驱控制程度达到80%、要求复杂断块油藏水驱控制程度达到70%。

表4-2-4 不同井距复合驱经济评价对比表

井距/m	100	150	180	210	250
内部收益率/%	20.50	24.77	19.27	7.43	10.66
财务净现值/万元	8289.9	10549.2	5976.3	−3208.5	−1119.5
投资回收期/年	4.51	4.64	5.28	6.89	6.88

(四)细分区多元开发注采井网重建技术

针对水驱II类油藏采用一套层系、单一注水开发平面动用不均问题,依据不同区域储层条件、开发状况,平面分区,重选开发方式、重建井网模式、重构全过程防砂控砂配套工艺,实现了在同一区块实施多种开发方式,有效改善开发效果,解决老油田持续开发和工作量不足问题。

1. 分区评价,明确开发主控矛盾,重选有效开发方式

采用相关性分析方法,对于可与产量直接量化的因素,如渗透率、原油黏度、出砂强度等因素,可以将各井的参数和产量建立散点图,并根据相关分析方法确定各因素与产量的相关系数;对于不可与产量直接量化的因素,如开发方式、井网、井距等因素,采用分区建模进行数模机理计算或根据经验公式进行计算等方法,分析各因素与产量的相关系数。相关系数越大的因素表明对产量影响程度越大,为影响开发效果的主控矛盾。

例如曙三区，针对平面上不同区域的储层条件、流体性质、开发状况的差异性，在主控矛盾分析时，平面上分为五个区域，确定不同区域各地质、开发因素与开发效果的相关性，从而确定各区域的主控矛盾（表4-2-5），进而优选下步有效开发方式。

2. 整体优化配置，不同方式区别对待，个性化设计井网井距

以曙三区为例，北部重建井网恢复注水区域，主要借鉴杜21井区全过程防砂重建井网先导试验经验，采用200~250m井距近正方形五点法面积注采井网；中部深部调驱区域，构造相对平缓，主要考虑沉积影响，采用170~230m近正方形五点法面积注采井网，顺物源方向井距拉大，为210~230m，横切物源方向井距为170~180m；东部化学驱区域，地层倾角较大，考虑沉积和构造的双重影响，采用180~250m近正方形五点法面积注采井网；南部重建井网精细注水区域，断层发育、构造相对复杂，主体部位采用200~250m近正方形五点法面积注采井网，断层集中区域采用200~300m不规则面积注采井网。

表4-2-5　曙三区各个区域主控矛盾分析结果

区域	主控矛盾	开发方式
北部井区	强出砂、井控程度低	重建井网恢复注水
中部井区	厚度大、强水淹、动用不均	完善井网深部调驱
东部井区	层薄单一、强水淹	重建井网化学驱
西部井区	油稠、井控程度低	重建直平井网热采
南部井区	断层多、井距大	重建注采井网精细注水

二、细分层精细注水技术界限

精细分层注水方案设计，首先要确立精细注水层段划分标准[2]，实现从经验定性划分向标准化定量划分转变，为进一步量化层段组合标准，以曙三区杜16块、大洼油田中高渗透油藏为例，建立合理的细分层精细注水界限标准，为精细注水调整方案设计提供依据。

（一）影响油藏动用程度主要因素分析

影响油层动用程度主要因素包括层间非均质性、段内小层数、段内砂岩厚度、层段跨度[5]。现以大洼油田、曙三区杜16块为依托，研究渗透率级差、层间变异系数、单层突进系数、段内主力小层数、段内砂岩厚度、层段跨度等与动用程度关系。

1. 层间非均质性对动用状况的影响

1）渗透率级差

渗透率级差是层段内最大渗透率与最小渗透率的比值，是反映非均质程度的一项参数。

$$渗透率级差 = \frac{K_{\max}}{K_{\min}} \tag{4-2-1}$$

式中 $K_{\max}$——段内最大渗透率，mD；

   $K_{\min}$——段内最小渗透率，mD。

依据曙三区杜 16 块水驱动用程度与渗透率级差关系散点图可得，渗透率级差小于 8 时，水驱动用程度在 80% 以上；当渗透率级差大于 8 时，层间非均质性强，随着渗透率级差的增大，动用程度降低，规律性明显（图 4-2-1）。当渗透率级差大于 8 时，渗透率级差成为影响砂岩动用状况的主控因素。

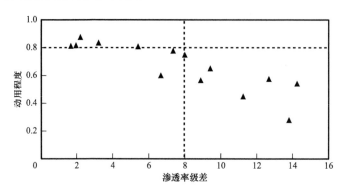

图 4-2-1　杜 16 块水驱动用程度与渗透率级差关系散点图

2）层间变异系数

层间变异系数是指统计层段内各油层渗透率的均方差与平均渗透率之比。渗透率变异系数值越大，说明层间非均质性越强。

$$\overline{K}=\left(h_1K_1+h_2K_2+\cdots+h_nK_n\right)/\left(h_1+h_2+\cdots+h_n\right) \tag{4-2-2}$$

式中 $\overline{K}$——平均渗透率，mD；

   K_1，K_2，$\cdots$，K_n——各小层渗透率，mD；

   h_1，h_2，$\cdots$，h_n——各小层有效厚度，m。

$$\sigma=\sqrt{\left[\left(K_1-\overline{K}\right)^2+\left(K_2-\overline{K}\right)^2+\cdots+\left(K_n-\overline{K}\right)^2\right]/n} \tag{4-2-3}$$

式中 σ——标准方差；

   n——段内小层数。

$$K_v=\sigma/\overline{K} \tag{4-2-4}$$

式中 K_v——层间变异系数。

依据曙三区杜 16 块水驱动用程度与层间变异系数关系散点图可得，层间变异系数小于 0.9 时，层间差异较小，动用程度相近；当层间变异系数大于 0.9 时，层间非均质性强，随着层间变异系数的增大，动用程度降低，规律性明显（图 4-2-2）。变异系数大于 0.9 时，变异系数成为影响砂岩动用状况的主控因素。

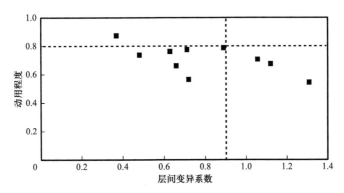

图 4-2-2　杜 16 块水驱动用程度与层间变异系数关系散点图

3）单层突进系数

单层突进系数反应的是段内油层的均质程度，其值越大，层间非均质性越强。

$$单层突进系数 = K_{max}/\overline{K} \tag{4-2-5}$$

式中　K_{max}——段内最大渗透率，mD；

　　　$\overline{K}$——平均渗透率，mD。

依据曙三区杜 16 块注水井相对吸水比例与单层突进系数关系散点图可得，随着单层突进系数的增大，砂岩相对吸水比例逐渐降低，当单层突进系数大于 3 时，相对吸水比例均小于 10%（图 4-2-3）。因此，当单层突进系数大于 3 时，单层突进系数成为影响砂岩动用状况的主控因素。

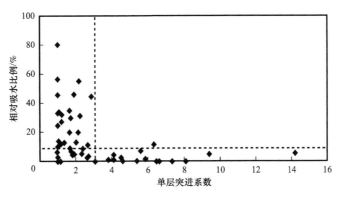

图 4-2-3　杜 16 块相对吸水比例与单层突进系数关系散点图

从渗透率级差、变异系数、突进系数与动用程度的关系散点图中可以看出，曲线在一定范围内，规律性明显，反映出分层段内的油层均质程度是影响油层动用程度的主要因素。根据理论公式所反映意义，渗透率级差为层段内最大渗透率与最小渗透率之比，反映了储层非均质程度对动用程度的影响；变异系数均衡地考虑了每一个小层渗透率、有效厚度相对于平均状况下的波动状况；而突进系数重点考虑的是渗透性最好的油层对层段整体状况的影响。

按照主力油砂体渗流阻力相近、级差相近的原则，进行注水层段的优化组合，可以有效缓解层间矛盾，促进油层均衡动用。可以确定曙三区杜16块要达到80%以上的动用程度，段内主力小层间渗透率级差应控制在8以内，段内主力小层间变异系数应控制在0.9以内，段内小层间单层突进系数应控制在3以内。

2. 段内小层数对动用状况的影响

油层非均质性影响动用程度的因素偏重，因此按渗透率级差小于8、层间变异系数小于0.9、单层突进系数小于3的情况研究小层数的变化规律。从曙三区杜16块动用程度与段内小层数关系散点图中可以看出，随着段内小层数的增加，砂岩动用程度逐渐变低（图4-2-4）。因此，当段内主力小层数大于6个时，段内主力小层数成为影响砂岩动用状况的主控因素。

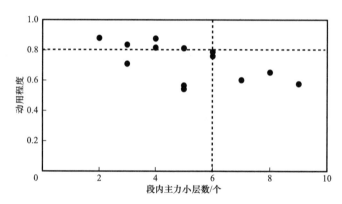

图4-2-4　杜16块动用程度与段内主力小层数关系散点图

（二）注水层段合理划分标准的确定

从段内渗透率级差、变异系数、突进系数和段内小层数四个因素量化确定曙三区杜16块细分层精细注水技术界限标准，水驱动用程度达到80%以上，段内主力小层间渗透率级差应控制在8以内，段内主力小层间变异系数应控制在0.9以内，段内小层间单层突进系数应控制在3以内，段内小层数应控制在6个以内（表4-2-6）。

表4-2-6　曙三区杜16块细分注水量化标准

细分注水量化标准	数值
注水段渗透率级差	≤8
注水段变异系数	≤0.9
注水段突进系数	≤3
注水段小层数/个	≤6

三、低效无效水循环精细识别技术

低效无效水循环是油田进入中高含水开发阶段普遍存在的现象，目前一种观点是把注入水从注入井流到采出井的整个流体流动储层空间看作一个整体，称为低效、无效水循环体；另一种观点是受物理学中电场、磁场等各类"场"概念启示，把这一开发现象称为低效、无效水循环场。两种说法都有一定优点，但是两种说法欠缺之处是最终把低效、无效水循环都归结到是由于储层中"大孔道"造成的，单从静态角度理解，缺乏动态循环的概念。

调研已有的资料总结认为，当注水开发油藏进入中高含水期，受高渗条带或裂缝等因素的影响，注入水从注入端到采出端波及体积变小，在储层空间内产生无效或低效驱替现象，这种现象被称为低效无效水循环。

通过近年的研究与实践，形成了适合辽河油田特点的低效无效水循环研究技术路线。通过储层渗流机理研究，分"三步走"识别低效无效水循环，刻画无效水循环展布特征，明确低效无效水循环界限标准，并提出合理分类治理对策。

（一）低效无效水循环的危害及研究意义

低效无效水循环现象的存在对油田开发具有较大的危害，通过对中高渗透水驱砂岩油藏的研究，将其主要的危害归纳为以下几点。

成本巨大：当油藏进入高含水期后，由于大量低效无效水循环的存在，造成注入端、采出端需要处理大量的低效无效水，吨油生产成本将急剧上升。

稀释有效：由于层间和层内的非均质性，当油藏中出现低效无效水循环时，会进一步加剧层间或层内差异，造成原本有效驱替的小层吸水能力下降，水洗效率低。

抑制低渗：物模实验表明，渗透率差异越大，在含水率达到90%以后，吸水和产液能力差异越大，对低渗透层抑制能力越强。

辽河油田水驱油藏储量规模 11.4×10^8t，水驱产量稳定是保持千万吨稳产的重要组成部分。截至2021年12月，辽河油田水驱油藏综合含水率86.2%，已整体进入高含水开发阶段。低效无效水循环成为高含水期开发的主要矛盾，严重影响了油田开发效果和经济效益。因此开展低效无效水循环识别与预测研究，提高注水利用率、改善注水效果、降低开采成本，对油田效益发展具有十分重要的意义。

（二）低效无效水循环成因机理

油田注水开发后，注入水优先进入高渗透油层（高渗透部位、高渗透方向），其注水倍数增长快、含油饱和度下降快。随着高渗透层含油饱和度的快速下降，其水相渗透率大幅上升，与低渗透油层之间的渗透率差异、吸水和产液能力差异进一步加大。因此，无效水循环的现象是比较普遍的，对于砂岩油藏而言，储层非均质性是客观条件，长期注水冲刷是形成低效无效水循环的根本原因。

储层本身的发育特征是内因，我国大部分砂岩油藏为陆相沉积，以泥质胶结为主，且较疏松，储层非均质性严重，油水黏度比大。在长期高压注水条件下，受注入水的浸泡、冲刷作用下，储层温度、压力发生变化，其他储层参数也随之改变，岩石的胶结作用逐步减弱，喉道空间扩大、孔喉变光滑，孔喉配位数增加，部分储层渗透率增大，从而形成水相高渗条带。

长期注水冲刷是外因，强注强采的开发模式容易导致无效水循环的形成。模拟不同注采速率条件下的压力变化特征和出砂情况表明，注采强度越大，作用在岩石颗粒上的压力梯度越大，砂粒越容易脱落，出砂量越大，越容易形成高渗条带，从而形成无效水循环。

（三）低效无效水循环表现特征

根据无效水循环的机理研究，从微观到宏观，从测井到生产特征开展对比，综合对比发现无效水循环特征在岩心、测井曲线和生产动态三方面表现明显。

1. 岩心分析

通过分析典型区块的不同含水时期的两口取心井同部位岩心结果发现，高含水期相对于中含水期，水洗程度明显增大，由 29% 增加到 54%，增加了 25 个百分点。从扫描电镜上看，黏土含量降低，压汞曲线平直段增长，孔喉分布峰值右移，孔喉变大，特征显著（图 4-2-5）。

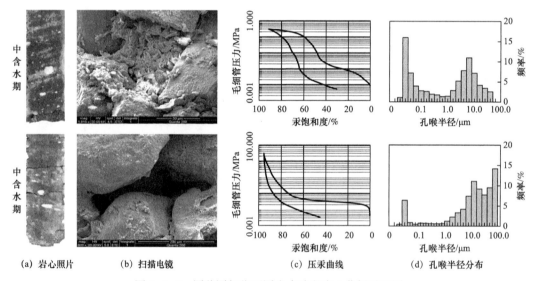

图 4-2-5　同井同部位不同含水阶段岩心分析对比图

2. 测井响应

1）微电极曲线幅度和幅度差下降

微电极曲线主要测量井壁附近冲洗带的电阻率，一般的水淹状况对它影响较小。其幅度值主要依赖于岩性骨架电阻率的贡献，孔隙内流体电阻的贡献较小。形成大孔道后岩性的润湿性由偏亲油转为偏亲水，降低岩石骨架的电阻率，在岩性相同的条件下，使微电极曲线幅度差明显下降。

2）自然电位曲线上升

自然电位曲线主要测量流体界面的离子交换能力，与油层的泥质含量和含油量有很大关系，幅度值升高表明油层内流体交换能力增强。一般的水淹状况下它的幅度会降低，但经过注入水长时间强力冲刷形成大孔道后，油层的泥质含量和含油量都大幅度降低，大大减少了离子交换的阻力，使水淹油层具有某些水层的特征，从而引起自然电位值上升。

3）R045 曲线电阻率值大幅度下降

R045 电阻率曲线主要反映距井眼较远处油层的电阻情况，电阻的主要贡献者是岩石骨架和孔隙流体中的石油。形成大孔道后孔隙流体中的石油被注入水替代，岩石的润湿性转变为偏亲水，降低了岩石骨架的电阻率，因此各电阻率曲线的幅度十分明显地降低。

4）声波曲线值升高

油层水淹后孔隙度升高，声波曲线就会升高。在形成大孔道后，声波曲线会继续相应升高，但升高的幅度较小，仅有个别层声波曲线出现异常高值。

5）井径曲线扩大

油层水淹后泥质含量降低，岩石骨架的部分胶结物质会被注入水冲刷带走，使岩石骨架的胶结程度降低，岩石变得疏松，容易造成井壁垮塌现象，造成井径扩大。

6）自然伽马曲线降低

油层水淹后，注入水会携带冲刷来的泥质流动，在能量降低的地方会发生泥质的堆积。因此油层水淹后自然伽马的升高和降低是随机的、不固定的。但在形成大孔道后泥质堆积的现象会大幅度减少。因此自然伽马的降低是大孔道形成的标志之一。

3. 生产动态

进入高含水开发阶段若出现无效水循环，在生产动态上，油水井表现特征也很明显，注水井的表现特征为注入量上升，注入压力下降，注水启动压力下降，指示曲线斜率变小，采油井出现无效水循环后，日产液水平和含水量明显升高，动液面快速上升，供液能力增强。其在生产动态资料上的变化体现在以下几个方面。

吸水剖面上反映出单层突进严重：非均质储层存在水流优势通道时，吸水剖面表现为吸水能力差异大，强吸水层厚度比例很小，但是吸水量很大，而其他层吸水量很小甚至不吸水。造成大部分注入水沿着水流优势通道高倍数水洗，降低注水波及体积。

示踪剂监测表现出个别方向突进：由于平面非均质性的存在，注采井组中，注入水主要沿高渗透带发生突进，这样的位置受水洗冲刷倍数更高，容易形成大孔道。

碳氧比测试反映出含水饱和度差值大：干层原始含水饱和度与实际含水饱和度差值和渗透率值均较小，而弱水淹层、中水淹层到强水淹层渗透率值差别不大，但原始与实际含水饱和度差值逐渐增加。

产出剖面上反映出层间差异大：存在水流优势通道的层位产液量很大、含水率很高，而其他层产液量很小甚至不产液。

压力方面表现为注水井流压降低，油井的井底流压升高：在水流优势通道形成前，流动趋于稳定，压力保持稳定；水流优势通道形成以后，流体在近乎管流的状态下流动，渗流阻力小，因此出现注水井的注入压力降低和油井井底流压升高的特征。

（四）低效无效水循环识别方法

经过长期的注水开发，使得油层的非均质性加重。鉴于目前监测技术的局限，要搞清低效、无效循环部位，仅靠单一资料很难实现，而随着精细油藏描述技术的成熟及其成果的广泛应用，创新建立了"三步走"识别方法，实现无效循环量化评价，建立识别水流优势通道及低效无效水循环通道流程（图 4-2-6）。

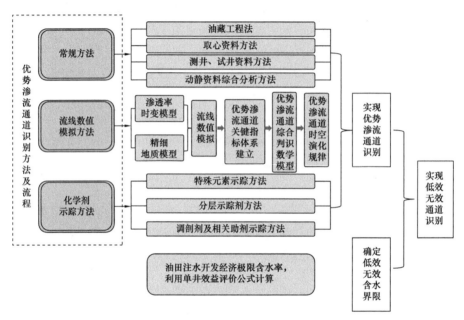

图 4-2-6　识别水流优势通道及低效无效水循环通道流程

根据目前常用的方法通常分为岩心分析法、油藏工程法、测井响应法、试井测试法、动态监测法等，通过总结，综合认为目前无效水循环的识别主要有五大类方法。

1. 岩心分析法

该方法主要有饱和度分析法、微观驱油实验法。

饱和度分析法是通过岩心资料进行室内测试，直接得到取心含水阶段饱和度的测试值，是唯一能够直接测量油藏岩石参数和流体特性的方法，与原始状态同部位相比较，差值可以表征不同水淹程度下的饱和度差值，从而实现量化表征。该方法要求相对较高，要求在同部位不同含水时期均有取心井，方可进行对比分析。

微观驱油实验法是通过微观物理模型上的微观驱油实验来研究水驱油的微观驱油机理，可以通过图像分析驱替特征，并可以利用该方法对不同渗透率级别的驱油效果产生直观的可视效果，从而可以模拟地下实际流动状态下容易产生无效水循环的渗透率分布区间。

2. 油藏工程法

该方法包括水驱特征曲线法、生产动态分析法、耗水率曲线法、数值模拟法。

1）水驱特征曲线法

根据曲线上翘确定出现无效水循环的大体时间。水驱特征曲线上翘的原因是进入高含水后，随着注入水不断增加，油相由大块的连片状油不断被分割冲刷，逐渐向分散的油柱、油滴、油膜等状态转化，油相由连续相转变为非连续相，而水相则转变为由注水井底到生产井底的连续相。水变为连续相后流动能力变强，而驱油效果则变差，最终将会有部分注入水在地层中基本起不到驱油作用而直接流入生产井底形成无效水循环，特高含水期这种特殊的油水流动状况打破了产出液组成结构，进而引起水驱特征曲线出现上翘的现象。

2）生产动态分析法

该方法是通过无效水循环油井和注水井的生产动态反应判断无效水循环井的一种方法。低效、无效循环的油水井在实际中具有明显的动态特征，该方法是通过注采井组的生产曲线特征，将压力、产量、动液面以及注水量等各种数据进行组合分析，利用注采联动反应判断无效水循环井的措施手段。

3）耗水率曲线法

耗水率是指注水开发油田每采出 1t 原油所伴随采出的水量。它是衡量注入水利用率的一个有用指标。耗水率低说明注入水利用率高。低效无效循环一旦形成，严重影响开发效益。随着低效无效循环的加剧，油田耗水率急剧上升，耗能成本大幅增加，降本增效压力增大。

4）油藏数值模拟法

油藏数值模拟全面推演了油层开发过程、不同开发时期的油层动用状况及当前剩余油分布情况，可直接了解单砂体采出程度，为判断低效、无效循环层提供了一种直观的、有效的便捷方法。因此，利用油藏数值模拟数据及含油饱和度成果表可直接判断低效、无效循环层。

3. 测井响应法

该方法包括电性参数分析和水淹层测试结果资料。

电性参数分析主要利用新钻井与老井测井曲线形态变化特点及水淹特征判断孔道层。利用更新井或加密井测井曲线对比分析，低效、无效层受注水长期冲刷影响，呈现明显的高水淹特征，其微电极电阻率值明显低于老井。再经动静结合综合分析后，证明孔道确实存在。

水淹层测试资料主要是依据测井解释结果定性判断无效水循环的部位。

4. 试井测试法

低效、无效循环油井测压具有出现流动系数变大、表皮系数大幅度减少、相同关井时间的末点压力升高的特点，水井具有压力降落速度加快、表皮系数出现负异常、相同关井时间的末点压力下降的特点。依据低效、无效循环油水井试井资料特征，通过对比分析可疑井测压历史资料，确定低效、无效循环井。该方法目前常用的主要有压降曲线法、水力探测技术、干扰试井、注水指示曲线等方法。

5.动态监测法

该方法目前常用的主要有示踪剂测试、吸水剖面测试、产液剖面测试、井间微地震测试等方法。

剖面监测资料是分析、判断低效、无效循环注采循环层的重要依据之一。在应用储层精细描述成果搞清低效、无效循环层砂体类型、发育情况、连通状况的基础上，利用油水井剖面监测资料对可疑井进行验证，可以定性地判断低效、无效循环层。井间微地震测试方法监测出井间裂缝的展布方向，无效水循环通常沿着井间裂缝形成水窜。

（五）低效无效水循环识别标准

结合矿场实际生产特征和理论分析结果，确定影响低效无效水循环的主要影响参数。以曙三区为例，通过统计分析单砂体突进系数、累计采液强度、视吸水指数、单位厚度累计注水量、吸水强度等与含水率的关系，明确各项参数低效无效循环界限。如无效水循环层界限为，单砂体突进系数大于1.6，累计采液强度大于$2.0 \times 10^4 m^3/m$、水洗效率大于29%、视吸水指数大于$11 m^3/MPa$、单位厚度累计注水量大于$5 m^3/MPa$、吸水强度大于$52 m^3/m$、注入倍数大于1.5；低效水循环层界限为，单砂体突进系数介于0.8~1.6之间，累计采液强度介于$(1.0~2.0) \times 10^4 m^3/m$之间、水洗效率介于23%~29%之间、视吸水指数介于3.0~11m^3/MPa之间、单位厚度累计注水量介于2.6~5m^3/MPa之间、吸水强度介于14~52m^3/m、注入倍数介于0.5~1.5之间（表4-2-7）。

表4-2-7 曙三区水循环判别标准

井别	选层参数	无效循环	低效循环	正常生产
采/注井	单砂体突进系数	>1.6	0.8~1.6	<0.8
采油井	累计采液强度/（$10^4 m^3/m$）	>2.0	1.0~2.0	<1.0
	水洗效率/%	>29.0	23.0~29.0	<23.0
注水井	视吸水指数/（m^3/MPa）	>11.0	3.0~11.0	<3.0
	单位厚度累计注水量/（m^3/MPa）	>5.0	2.6~5.0	<2.6
	吸水强度/（m^3/m）	>52.0	14.0~52.0	<14.0
	注入倍数	>1.5	0.5~1.5	<0.5

（六）低效无效水循环治理对策

针对不同地质条件和低效无效水循环的展布特征，按照"遏止无效水、抑制低效水、调整有效水"的治理方针，分别采用适合的治理对策。

1.细分注水

呈条带状分布且隔夹层发育的薄互层，实施细分注水，单卡限注或控注。通过数值模拟方法分别建立按照地质分层的细分段注水和依据低效无效水循环分布状态细分质注水两个机理模型。分析结果表明,总体注入量相同的情况下,细分质注水模型限注无效、控注低效、增注有效,具体配注参数见表4-2-8,模拟结果表明,细分质注水较细分段注水提高采收率增幅2%(图4-2-7)。

表4-2-8 机理模型配注量

自然层	水循环分级	配注量/m³	
		细分段	细分质
1	有效	9.0	6.0
2	无效		4.0
3	低效		4.0
4	无效	9.0	8.0
5	低效		8.0
6	低效		8.0
7	低效	9.0	6.0
8	有效		6.0
合计		24.0	24.0

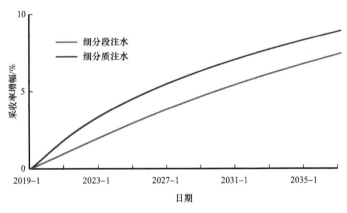

图4-2-7 细分段和细分质模型提高采收率幅度对比

2. 化学调剖

针对低效无效水循环呈网状特征,且具备细分条件的井,在细分基础上,实施化学调剖。

通过室内三管并联物模实验可以证明,在做好细分层基础上的选层调剖效果优于大段笼统调剖。现设计两套渗透率参数相同的物模方案,实验结果表明相比于笼统调剖,选层注入后水驱吸水剖面改善效果更好,抑制高渗透层相对吸水量提高31%。

3.深部调驱

对于常规注水调整治理难度较大的片状、网状低效无效循环场，通过井区整体深部调驱，控制高渗透层和高渗透部位低效无效注水，扩大波及体积，改善开发效果。

通过建立一个机理模型，分别以连续注剂和交替注剂两套方案运行。数值模拟结果表明，交替注剂较连续注剂采收率增幅提高 2.6%（图 4-2-8）。

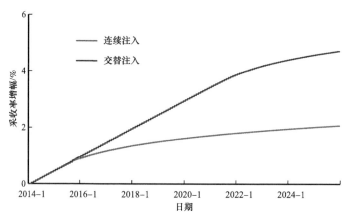

图 4-2-8 连续注入和交替注入采收率增幅对比

4.采油井配套措施

在做好注水井低效无效循环治理的同时，优化采油井措施组合，通过实施采油井堵水、挤灰重射、轮替采油等措施，控制低效无效产出。针对采油井有无接替层的情况下，分别考虑隔夹层发育状况和物性优劣，结合低效无效水循环分布状态，提出轮替采油、挤灰重射和补压结合等 7 项采油井配套措施。

四、出砂储层精细注采调整技术

辽河油田中高渗透注水油田受储层疏松、泥质含量高、原油黏度大、注采强度大等多种因素影响，部分油藏油层出砂严重，导致套管损坏严重，致使油井不能正常生产，甚至报废，油水井利用率低，注采井网极不完善，如曙三区受出砂影响油井开井率仅为 65.2%，注水井开井率仅为 59.2%，油井频繁冲检，平均冲检周期 5 个月，年平均冲检井次 219 井次，出砂年影响产量 8000t。通过统计分析单井、井区的出砂规律，建立包含完井、地质、开发等多因素评价方法，明确影响出砂主控因素，制订不同出砂强度的合理注采参数，完善形成中高渗透出砂储层精细注采调整技术对策。

（一）储层出砂状况评价

按照油井出砂强度以及对生产造成的影响，将出砂状况分成以下四类。大于 $4m^3/10^4m^3$ 归为严重出砂类；出砂强度处于 $2\sim4m^3/10^4m^3$ 之间定为中等程度出砂类；出砂强度处于 $0.5\sim2m^3/10^4m^3$ 为轻微出砂类；$0.5m^3/10^4m^3$ 以下视为不出砂（表 4-2-9）。

表 4-2-9　曙三区出砂强度分级表

级别	出砂强度范围 / m³/10⁴m³	井数 / 口	所占百分比 / %	特点
严重出砂	≥4.0	180	46.0	套损严重，大修、侧钻频率高
中度出砂	2.0～4.0	105	26.9	检泵频率2～3个月
轻微出砂	0.5～2.0	79	20.3	检泵频率5～6个月
不出砂	≤ 0.5	27	6.8	正常生产

（二）储层出砂影响因素分析

通过对曙三区储层特征和开发特点分析，该区域出砂严重主要受地质因素、开发因素和完井因素三部分影响。地质因素主要包括油藏埋深、沉积微相、矿物成分和流体性质四个方面。开发因素主要包括开发方式、注采参数和地层压降三个方面。完井因素主要包括完井方式、井筒影响和射孔参数三个方面。

1. 油藏埋深

通常地层埋深越浅，压实作用差，胶结程度疏松，则地层容易出砂。砂岩胶结程度是影响出砂的主要因素。胶结性能与接触方式、颗粒大小及形状等密切相关。研究表明，如果砂岩颗粒为点接触，地层则出砂严重。区块油藏埋深浅，北部油藏埋深为950m，南部为1550m，压实作用差，储层胶结疏松，岩石粒度中值范围为0.15～0.30mm，平均为0.16mm。从北部区域曙3-7-503井、曙3-8-503井铸体薄片样品可以看出，岩石主要为颗粒支撑，胶结类型为孔隙式胶结，接触关系为点状接触（图4-2-9和图4-2-10）。

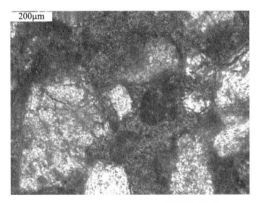 

图 4-2-9　曙3-7-503井铸体薄片　　　　　图 4-2-10　曙3-8-503井铸体薄片

出砂模拟实验表明：对于疏松砂岩，出砂过程的开始阶段是从胶结最弱处开始出砂，然后出现砂体结构变化和破坏，使得渗流场变化，形成高渗区域，流体集中在高渗区域流动，使砂体结构破坏而大量出砂，形成出砂通道，继而砂道进一步扩展增大形成砂窟。

2. 储层物性

研究表明，河道相带物性好于其他微相，油层物性越好，出砂越严重。在区块出砂强度研究基础上，结合河道相概率平面分布状况分析，河道相概率高的区域出砂相对严重。对比钻遇河道相概率不同的两口油井曙 3-8-503 井和曙 3-7-010 井（表 4-2-10），前者比后者出砂强度大。

表 4-2-10 钻遇河道相概率与出砂强度对比

井号	钻遇河道相概率 /%	累计出砂量 /m³	出砂强度 /（m³/10⁴m³）
曙 3-8-503	67	5.9	6.5
曙 3-7-010	25	0.9	0.5

3. 黏土矿物成分

黏土成分中蒙皂石含量高，遇水膨胀、溶解，导致岩石强度下降。根据曙三区不同区域的 9 口井黏土矿物含量分析结果（表 4-2-11），蒙皂石含量逐渐增加，导致出砂强度增大。

表 4-2-11 曙三区黏土矿物含量统计表

井号	泥质含量 /%	蒙皂石相对含量 /%	蒙皂石绝对含量 /%	出砂强度 /m³/10⁴m³
曙 3-11-06	14.9	52.8	7.9	7.9
曙 3-10-8	11.6	42.3	4.9	7.1
杜 22	16.4	19.9	3.3	7.5
曙 3-7-08	12.3	23.5	2.9	6.4
曙 3-4-001	8.9	24.2	2.2	4.5
曙 3-6-5	13.7	14.8	2.0	4.7
曙 3-6-06	14.7	14.6	2.1	3.2
曙 3-3-06	11.7	8.4	1.0	2.5
曙 3-7-9	11.6	6.9	0.8	1.9

4. 原油黏度

国内同类油藏模拟流体黏度与出砂量的室内实验表明，油层开始出砂的临界流速随流体黏度升高而降低。也就是说，流体黏度越大，越容易出砂。流体黏度越高，携砂、悬砂能力增强，流动过程中的拖拽力也就越大，对砂体的冲刷和剥蚀就更加严重，最终导致出砂加剧。

5. 注入倍数

同类型油藏室内实验（图4-2-11）也表明，注水倍数越大，累计出砂量越高；含水率越高，出砂量越高。曙三区也有相似的特点。断块投入注水后，出砂强度明显增加，开发后期油田含水率上升，出砂强度进一步加剧，并且由南向北逐步增大。

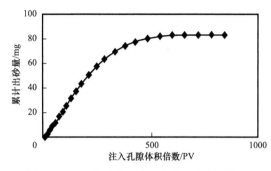

图4-2-11　室内模拟出砂与注入量关系曲线

6. 产液强度

产液剖面分析结果表明，产液强度高的层是容易出现套坏的部位，因而可以看出产液强度大的层位是主要出砂层位。生产动态分析表明，产液强度高的井其出砂强度也大，例如曙3-6-006井其平面采液强度为5.1m³/（d·m），出砂强度为5.8m³/10⁴m³，而曙3-9-009井其平面采油强度为1.8m³/（d·m），出砂强度为1.7m³/10⁴m³，表明产液强度大的井出砂强度也大。

7. 生产压差

生产压差增大，单位时间内通过套管炮眼横截面的流速加快，对砂岩基质的拖拽力也就增大。当速度高于临界流速时，也就是拖拽力克服了砂岩基质的阻力时，骨架砂开始松散变为自由砂，所以生产压差越大，出砂量越多。

除了上述分析的地质、开发等因素外，钻井、完井和射孔等工程因素也会影响出砂强度，在此就不一一阐述。总之，油藏出砂是多方面因素综合影响的结果，无论是受到外力还是内因都归结为岩石颗粒之间胶结变差，强度降低，从而导致油水井出砂。

（三）合理注采参数设计

1. 产液和注入强度界限

统计了曙三区防砂试验区新老井生产情况（表4-2-12），区内控液全过程防砂，检泵周期由65d提升至323d，表明全过程防砂能有效延长检泵周期。从新井产液强度及检泵周期关系图看（图4-2-12），检泵周期随产液强度的增加而降低，为保证检泵周期大于70d，产液强度应控制在1.5m³/（d·m）以内。从注水强度与出砂强度关系图看（图4-2-13），出砂强度随注水强度增大而增大，为保证出砂强度小于4m³/10⁴m³，注水强度应控制在2m³/（d·m）以内。

表4-2-12　不同阶段油井产量和出砂状况统计表（截至2021年12月）

区域	射孔厚度 / m	初期日产液 / m³	初期日产油 / t	初期产液强度 / m³/（d·m）	检泵周期 / d	出砂强度 / m³/10⁴m³	日产油 / t
老井	19.7	31.50	25.90	1.6	65	14.8	1.5
新井	9.4	10.12	4.64	1.1	323	8.5	2.2

2. 生产压差界限

（1）利用直井、水平井的合理产液量结合产能公式，推导出合理的生产压差。

假设均质、等厚、无穷大地层一口完善井，则由达西公式可导出油井的产量公式。

直井产能公式：

$$Q = \frac{2\pi Kh\Delta p}{\mu\ln\dfrac{r_e}{r_w}} \tag{4-2-6}$$

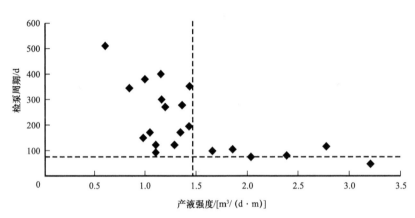

图 4-2-12　产液强度与检泵周期关系图

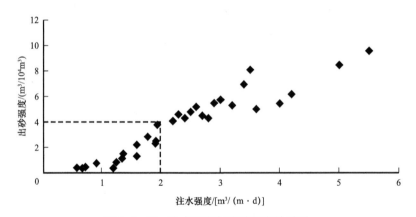

图 4-2-13　注水强度与出砂强度关系图

$$\Delta p = \frac{Q\mu\ln\dfrac{r_e}{r_w}}{2\pi Kh} \tag{4-2-7}$$

式中　Q——油井的产量，m^3/s；

　　　Δp——生产压差，MPa；

　　　K——地层渗透率，mD；

　　　h——油层厚度，m；

μ——地层原油黏度，mPa·s；

r_e——供给半径，m；

r_w——油井半径，m。

（2）水平井产能公式。

J.P.Borisov 给出的水平井产量公式为：

$$Q = \frac{2\pi Kh\Delta p}{\mu\left(\ln\dfrac{4r_e}{L} + \dfrac{h}{L}\ln\dfrac{h}{2\pi r_w}\right)} \qquad (4\text{-}2\text{-}8)$$

$$\Delta p = \frac{Q\mu\left(\ln\dfrac{4r_e}{L} + \dfrac{h}{L}\ln\dfrac{h}{2\pi r_w}\right)}{2\pi Kh} \qquad (4\text{-}2\text{-}9)$$

式中 L——水平井水平段长度，m。

若泄油区域不是圆形，可用式（4-2-10）计算等效的泄油半径：

$$r_e = \sqrt{\frac{A}{\pi}} \qquad (4\text{-}2\text{-}10)$$

式中 A——油井的泄油面积，m^2。

将出砂控制在轻微程度，经计算曙三区直井生产压差应该控制在 2.0MPa 以内，水平井控制在 1.5MPa 以内。

曙三区依托防砂技术升级，平面分区治理，开展全程防砂恢复注水，年实施油水井工作量 145 井次，防砂 29 井次，采油井防砂后已平均生产 290d，且仍在正常生产，整体实施效果好，实现了区块效益开发。

第三节 低渗透油藏有效注水开发技术

低渗透油藏是辽河油田注水开发油田重要组成，特别是近年低渗透油藏已成为辽河油田分公司增储稳产的主要领域。经过多年攻关探索、开发实践，针对辽河油田不同类型低渗透油藏开发特点，形成了低渗透油藏储层分类评价、水驱配伍性评价、细分层精细注水、缝网改造有效补能等关键技术，保证了辽河油田低渗透油藏经济有效开发。

一、低渗透油藏水驱适应性评价

低渗透油藏由于一次采收率较低，需要借助其他介质保持能量，获得更高的采收率。根据国内外矿场试验，注水注气等开采方式对低渗透油田均能实现有效开发。相对于注气等开采方式，注水开发是既经济又易操作的开发方式。低渗透油藏地质特征不同，注水开发效果存在较大差异，针对不同地质特征，开展储层分类精细评价研究是实现低渗透油藏有效注水的前提和基础[7]。

低渗透砂岩油藏一般具有以下地质特征，储层物性条件差（低孔隙度、低渗透率），常伴随孔隙结构的复杂化，孔隙度与渗透率匹配不均衡，储层物性非均质性明显，低孔低渗透地质控制因素多样，不同的主控因素导致具有不同开发特征。低孔低渗透油藏不均质的地层流体分布规律，造成油层产液状态复杂性和油藏特征多样性。

通过系统开展低渗—特低渗透储层室内注水实验评价，以开发需求为导向，建立阶梯递进实验评价理念。由于特低渗透、致密储层与常规低渗透储层特征不同，在常规低渗透储层实验基础上，增加了特低渗透、致密储层压敏、非达西渗流、动态渗吸和水锁等特性注水实验研究（图4-3-1），为储层精细评价及开发方式优化设计提供更加可靠的依据[7]。

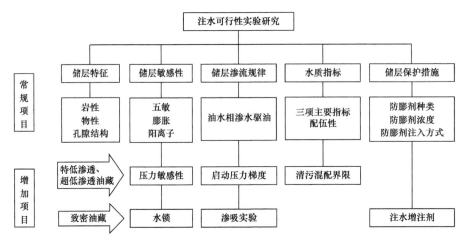

图4-3-1　低渗—特低渗透油藏注水可行性实验研究项目

综合评价储层物性、微观孔隙结构、储层敏感性、油水渗流特征、黏土矿物含量等与注水相关的参数，建立5类14项低渗透储层分类评价标准，将低渗透油藏分为五类。Ⅰ类、Ⅱ类为低渗透储层，Ⅲ类以特低渗透为主，Ⅳ类为特低渗透储层，Ⅴ类为超低渗透储层。Ⅰ类、Ⅱ类、Ⅲ类低渗透储层渗透率为10~50mD，以细孔喉为主，岩性较粗，渗流特征表现为达西流，驱油效率主要为40%~50%，可实现注水；Ⅳ类特低渗透储层渗透率1~10mD，孔喉结构以特细孔喉为主，驱油效率低，水敏性强，常规注水开发效果差、注水难度大；Ⅴ类超低渗透储层渗透率小于1mD，孔喉结构以特细孔喉为主，驱油效率小于30%，致密储层以纳米孔喉为主，岩性主要为碳酸盐岩及油页岩等，敏感性很强，渗流特征表现为渗吸排油困难，难以注水（表4-3-1）。

二、低渗透储层注水配伍性评价

低渗透油藏普遍具有渗透率低、孔喉细小、压实作用强、孔喉结构复杂、敏感性矿物多等特点，储层承受损害能力差，极易诱发储层损害，低渗透储层注水配伍性评价尤为重要。通过系列实验开展低渗透储层敏感性和注水水质指标评价，为低渗透油藏注水开发提供关键保障。

表 4-3-1　低渗—特低渗透油藏注水难易程度分类表

参数		Ⅰ类 （低渗透）	Ⅱ类 （低渗透）	Ⅲ类 （特低渗透为主）	Ⅳ类 （特低渗透）	Ⅴ类 （超低渗透）
注水效果		较好	较差	很差	极差	不予注水
储层物性	渗透率 /mD	30～50	20～30	10～20	1～10	<1
	孔隙度 /%	>20	18～20	17～18	15～17	<15
微观孔隙结构	排驱压力 /MPa	<0.04	0.04～0.06	0.06～0.08	0.08～0.13	0.13～0.4
	中值压力 /MPa	<3.5	3.5～4.3	4.3～5.7	5.7～6.5	6.5～8.2
	平均孔喉半径 /μm	2.9	2.0～2.9	1.6～2.0	0.9～1.6	0.7～0.9
	最大孔喉半径 /μm	>16.4	12.7～16.4	9.7～12.7	4.9～9.7	4.7～4.9
	均质系数	<0.16	0.16～0.17	0.17～0.19	0.19～0.20	0.20～0.21
	孔喉比	<11	11～16	16～20	20～35	35～45
	退汞效率 /%	>58	53～58	50～53	47～50	37～47
	特征结构系数	>0.9	0.7～0.9	0.6～0.7	0.4～0.6	0.17～0.4
储层敏感性	水敏指数	<0.3	0.3～0.5	0.5～0.7	0.7～0.9	>0.9
油水渗流特征	驱油效率 /%	>50	40～50	35～40	30～35	<30
	启动压力 /MPa	<5	5～10	10～15	15～20	>20
黏土矿物	蒙皂石绝对含量 /%	0.5	2.0	4.0	6.0	8.0

（一）潜在损害因素

油气层损害机理是指在油气井作业中油气层受到损害的原因及物理化学变化过程。不同油气层具有不同的储集特征，发生的损害机理也不相同；造成油气层损害的原因很多，主要损害机理包括以下四个方面：外来液体与储层岩石矿物不配伍造成的损害，外来液体与储层流体不配伍造成的损害，毛细现象造成的损害，固相颗粒堵塞引起的损害[8]。

无论哪一类损害，储层内在条件均是主要因素，当储层不能适应外界条件变化时，就会导致储层渗透率降低。因此要了解储层损害机理，首先要搞清储层潜在损害因素。凡是受外界条件影响而导致储层渗透性降低的储层内在因素，均属于储层潜在损害因素，主要包括储层敏感性矿物和储渗空间（表 4-3-2）。

（二）水敏性评价

水敏性是指较低矿化度的外来流体进入储层后引起黏土矿物膨胀、分散、运移而导致储层岩石渗流能力发生变化的现象。岩心中岩石的水敏性程度主要与岩石中水敏性矿物的类型和含量有关。水敏性矿物主要有蒙皂石、伊蒙混层和伊利石。水敏性矿物含量高时水敏性就强,岩石的阳离子交换容量及膨胀率就大;水敏性矿物含量低时,水敏性弱,岩石的阳离子交换容量及膨胀率就小。因此,通过测定岩石的阳离子交换容量及膨胀率就可间接评价岩心水敏性的强弱。

表 4-3-2　常见黏土矿物潜在敏感性损害

黏土类型	潜在损害	主要潜在敏感性
高岭石	微粒运移,堵塞孔喉	速敏,酸敏
蒙皂石	水化膨胀,分散运移	水敏,速敏
伊利石	水化膨胀,分散运移,增大束缚水饱和度	速敏
绿泥石	分散运移	酸敏
伊蒙混层	水化膨胀,分散运移	水敏,速敏
绿蒙混层	水化膨胀,分散运移	酸敏,水敏

1. 实验方法

取具有代表性的岩样,经洗油处理后,做黏土膨胀率测定的样品经研磨后过 0.154mm 的标准筛,做黏土阳离子交换容量测定的样品经研磨后过 0.250mm 标准筛,在 105℃ 下烘干,放入干燥器中备用。分别进行黏土阳离子交换容量和膨胀率的测定[9]。

2. 实验数据评价

通过对辽河油田致密储层大量的实验结果统计分析,研究发现储层水敏性程度与黏土阳离子交换容量和黏土膨胀率存在一定对应关系,并建立了利用阳离子交换容量和黏土膨胀率来评价储层水敏性程度数学模型。阳膨法水敏性评价图版如图 4-3-2 所示。

辽河油田储层岩石阳离子交换容量和黏土膨胀率存在线性关系,以黏土膨胀率为 x 轴,阳离子交换容量为 y 轴,线性关系见式(4-3-1):

$$y=0.227x+2.185 \tag{4-3-1}$$

垂直于式(4-3-1)中所述的线性关系作两条直线 $y=-4.4x+55.91$ 和 $y=-4.4x+89.27$,将其划分出弱—中、中等偏强和强水敏三个区域。黏土膨胀率值和黏土阳离子交换容量值对应数据点所落得区域表明该样品的水敏程度。

(三)盐敏性评价

目前国内外通用的敏感性评价方法为岩心驱替法,通过测定不同盐浓度下岩心的渗透率,找出引起渗透率明显下降的盐溶液临界盐度。对于一些低渗透、水敏性较强的岩样,需要的驱替压力较高,而且盐度较低时往往由于系统超压而无法得到完整的盐度曲线,采用絮凝法评价盐敏可以大大地缩短实验周期[10],节省岩样,不受岩心渗透率大小的影响。

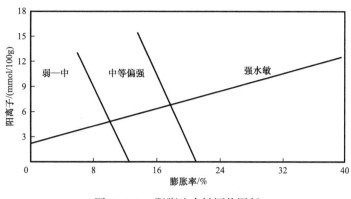

图 4-3-2　阳膨法水敏评价图版

1. 实验方法

将已洗油洗盐的岩样或其他固体试样研磨、过 180 目标准筛，于 80 ℃下烘干；按 0.3g/100mL 的固液比配制试液，摇匀后放置水化 24h；将试样充分摇动，以蒸馏水作参比液，在波长 500nm 处连续测定 60min 内的透光率值；按式（4-3-2）计算絮凝值：

$$I=\left[\int_0^{60} T(t)\mathrm{d}t\right]/60 \tag{4-3-2}$$

式中　I——絮凝值，%；

　　　t——时间，min；

　　　$T(t)$——t 时刻的透光率值，%。

2. 结果判定

以盐度为横坐标，以絮凝值为纵坐标绘制絮凝值—盐度曲线。按从高盐度到低盐度的顺序，相邻两个盐度点的絮凝值下降幅度大于 10% 时，高一点的盐度值为临界絮凝浓度值，即临界盐度值。当入井流体的盐度低于临界盐度值时，将产生盐敏。

（四）碱敏评价

低渗透油藏储层结构复杂、孔喉狭小，毛细管压力高，采用常规的敏感性流动实验方法受应力敏感性影响难于实现。在不破坏岩石结构，符合岩石渗流规律的情况下评价岩心渗透性和损害程度。

1. 实验流程

压力衰减法实验流程示意图如图 4-3-3 所示，该流程同样使用压力系统、中间容器、岩心夹持器等，它是在常规流程基础上的进一步改进，在岩心夹持器前端增加了一个微小容器，该微小容器的作用是起到一个控制流体体积的作用。

2. 实验方法

采用与地层水相同矿化度的氯化钾溶液，无地层水资料时可选择 8%（质量分数）氯化钾溶液作为实验流体。用稀 HCl 或稀 NaOH 溶液调节其 pH 值，来配制不同的碱液。

pH 值从 7.0 开始，调节氯化钾溶液的 pH 值，并按 1～1.5 个 pH 值单位的间隔提高碱液的 pH 值，一直到 pH 值为 13.0。将岩心装入岩心夹持器，加上围压（一般为 3MPa），用 N_2 或平流泵驱替实验流体，使岩心前端压力达到设定的初始压力（一般为 1.2MPa），停止驱替并关闭中间容器出口端阀门，采集不同碱液岩心两端压力衰减一半时所用时间。

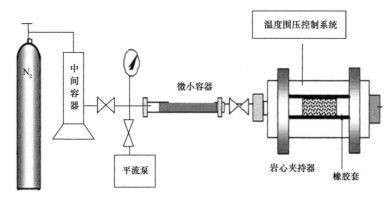

图 4-3-3 压力衰减法实验流程示意图

3. 数据处理

由 pH 值变化引起的岩样半衰期变化率按式（4-3-3）计算。

$$I_{aln} = \frac{T_n - T_i}{T_i} \times 100\% \qquad (4-3-3)$$

式中　I_{aln}——不同 pH 值碱液对应的岩样半衰期变化率；

T_n——半衰期（不同 pH 值碱液所对应的），min；

T_i——初始半衰期（初始 pH 值碱液所对应的），min。

（五）酸敏性评价

对于无法开展流动实验的低渗透储层，可通过酸溶失率测定筛选酸化配方体系，通过酸溶性离子分析，结合这些离子实际所处的环境来判断发生沉淀的可能性。

1. 酸液的筛选

1）酸液选择

实验酸液如无特殊要求可选择盐酸或土酸，碳酸盐岩储层直接选用盐酸。

盐酸按 5%，10%，15%，20%，25%，28% 系列配制酸液。

土酸：固定其中的盐酸浓度为 12%，调整氢氟酸分别为 1%，2%，3%，4%（或按要求的浓度）系列配制酸液。

2）实验方法

按固液比为 1.5g 岩样 /10mL 酸液，酸液体积不超过 30mL，称取两份岩样，置于 50mL 塑料离心管中，同时称量滤纸和空称量瓶的质量；离心管中分别选定酸液后，加盖防止挥发；将离心管放入恒温水浴振荡器中，反应温度为酸敏实验设定温度，以一定频率振荡，每 10～30min 手工振荡离心管一次，经 1h 后取出的离心管在 3000r/min 下离心 5～10min；用浓度约 0.1% 的 NaOH 溶液洗涤分离出的滤渣至接近中性后，用蒸馏水洗涤至中性，碳酸盐岩岩样可直接用蒸馏水洗涤；用已称量的滤纸过滤反应物，滤渣连同滤纸一起置于已称量的称量瓶中，在 80℃ 下烘干至恒重，计算滤渣的质量。

3）结果计算

按式（4-3-4）计算溶失率。

$$R_w = (W_0 - W_1)/W_0 \times 100\% \tag{4-3-4}$$

式中　R_w——溶失率，%；

　　　W_0——岩样与酸液反应前的质量，g；

　　　W_1——岩样与酸液反应后的质量，g。

4）最佳酸液浓度选择

砂岩样品最佳酸浓度的选择原则是溶失率在 20%～30% 之间。

2. 沉淀可能性判断

1）酸敏性离子的测定

岩样与酸液反应 1～2h 后，测定残酸的酸度，以及残酸中钙、镁、铁（二价）、铁（三价）和铝、硅等离子的浓度。

2）碱敏性离子的测定

通过酸溶性离子分析得到的粒子浓度值，判断可能发生的沉淀物，依据沉淀物的溶度积常数计算发生沉淀的 pH 值。例如：$Fe(OH)_3$ 溶度积常数为 1.1×10^{-37}，以 Fe^{3+} 的浓度为 1mol/L 计算，$Fe(OH)_3$ 大约在 pH 值为 2 时就开始沉淀，pH 值为 3.7 时就沉淀完全。以此类推，$Fe(OH)_2$ 开始沉淀和沉淀完全的 pH 值为 5.85～8.35，$Al(OH)_3$ 开始沉淀和沉淀完全的 pH 值为 3.0～4.7。

（六）注入水水质指标评价

对于注水开发油田，特别是低孔低渗透及非均质性较强的低渗透油田，一旦与储层及储层流体不配伍的水注入储层后，将直接影响注水井的吸水能力，导致严重的储层伤害，最终影响注水开发的效果[14]。因此评价注入水的水质及其与储层的配伍性是实现低渗透油藏"注好水"的重要前提。

1. 水质指标体系

注水引起油层损害的实质是造成储层渗流能力的下降。根据注水水质对储层损害机理的不同，可将其指标分为三大类：堵塞类、腐蚀类和综合类，共包括悬浮物、含油、细菌等 8 个水质指标特征参数，具体分类见表 4-3-3。

2. 结垢量预测

由于油田水通常矿化度较高，含有各种成分的离子，不同的水混合或回注过程中随着环境条件如温度、压力等热力学条件的变化，使原来稳定的水体系失稳，即水体中的成垢阳离子和成垢阴离子相遇，在岩石孔隙表面产生沉淀，形成无机垢，从而堵塞油层孔道。在大多数生产井和注水井中，无机垢是最主要的损害原因，如碳酸钙、硫酸钙、硫酸钡是最普遍但不容易被发现的井下堵塞情况之一。只有在管柱内结垢才会立即发现。然而理论研究表明，结垢还会在井筒以外的地层内部形成，处理这类结垢比处理管柱内结垢更难。因此必须在注水之前开展结垢机理研究，预测结垢趋势和程度，采取早期预防措施。

表 4-3-3 注入水水质指标分类

种类	堵塞类			腐蚀类		综合类
指标名称	悬浮物	悬浮物颗粒中值	水中含油	细菌	硫酸盐还原菌	总铁含量
					腐生菌	
					铁细菌	溶解氧

1）碳酸钙垢结垢量

按式（4-3-5）计算。

$$W = \left[m_1 + m_2 - \sqrt{\left(m_1 - m_2 \right)^2 + 4K_{sp}} \right] / 2 \tag{4-3-5}$$

式中 W——最大沉淀量，mol/L；

m_1——二价盐 MA 的正离子的初始浓度，mol/L；

m_2——二价盐 MA 的负离子的初始浓度，mol/L；

K_{sp}——溶度积常数。

2）硫酸盐垢结垢量

按式（4-3-6）至式（4-3-8）计算。

$$K_{spBaSO_4} = \left(m_1 - \Delta m_1 \right) \left[X - \left(\Delta m_1 + \Delta m_2 + \Delta m_3 \right) \right] \tag{4-3-6}$$

$$K_{spSrSO_4} = \left(m_2 - \Delta m_2 \right) \left[X - \left(\Delta m_1 + \Delta m_2 + \Delta m_3 \right) \right] \tag{4-3-7}$$

$$K_{spCaSO_4} = \left(m_3 - \Delta m_3 \right) \left[X - \left(\Delta m_1 + \Delta m_2 + \Delta m_3 \right) \right] \tag{4-3-8}$$

式中 X——SO_4^{2-} 的初始浓度，mol/L；

m_1——Ba^{2+} 的初始浓度，mol/L；

m_2——Sr^{2+} 的初始浓度，mol/L；

m_3——Ca^{2+} 的初始浓度，mol/L；

Δm_1——$BaSO_4$ 的沉淀量，mol/L；

Δm_2——$SrSO_4$ 的沉淀量，mol/L；

Δm_3——$CaSO_4$ 的沉淀量，mol/L。

3.悬浮物的评价

水中的悬浮颗粒是指水中的不溶性物质。一般包括地层颗粒（粉砂、淤泥、黏土等）、腐蚀产物（氧化铁、硫化亚铁、氢氧化铁）、细菌产物、水垢等。据有关资料介绍，当水中的悬浮颗粒直径小于1/7孔道直径时，颗粒可以随流体自由通过；当悬浮颗粒直径为孔道直径的1/7~1/3时，就可以形成堵塞；当悬浮颗粒直径大于1/3孔道直径时，会产生严重堵塞。同时，悬浮物损害地层程度的大小与悬浮物浓度还有密切关系，悬浮物浓度也是注水过程中主要的损害因素之一，是影响注水井吸水能力大小的重要指标。均质性差的油层、低渗透油藏对水质要求更高。悬浮颗粒伤害评价实验可以判断注入水中悬浮物的存在是否对储层造成伤害及伤害程度。

开展实验评价，首先用地层水在临界流速以下对岩心进行驱替，测定不同注入量下的基础水相渗透率；其次用地层水配制不同颗粒粒径（或不同浓度）的模拟污水测定不同注入量下的岩心渗透率，比较两者渗透率的变化情况。若两者渗透率变化基本相同，说明注入水中的悬浮物基本未对储层造成伤害，即注入水与储层配伍性较好；若后者渗透率值明显小于前者，说明悬浮物堵塞了岩心部分孔隙，注入水与储层配伍性差。

通过实验评价确定颗粒粒径指标上限，图4-3-4为某低渗透油藏空气渗透率为6mD岩心样品、悬浮物浓度为1.0mg/L，颗粒粒径分别为0.8μm、1.5μm和2.0μm的模拟水评价实验结果曲线。

实验结果表明，三种粒径悬浮物的注入水对岩心的伤害率分别为4.25%、18.18%和38.82%。当粒径达到2.0μm时，岩心伤害率明显增大，达到38.82%。以渗透率保留率80%为判别标准，确定该区块注入水中悬浮物颗粒粒径上限为1.5μm。

通过实验评价确定悬浮颗粒浓度指标上限，图4-3-5为某低渗透油藏空气渗透率为10mD岩心样品、悬浮物颗粒粒径为1.5μm、浓度分别为1.0mg/L、2.0mg/L、3.0mg/L的模拟水评价实验结果曲线。

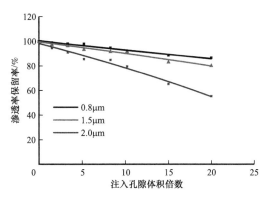

图4-3-4 不同悬浮颗粒粒径对岩心渗透率伤害的评价曲线

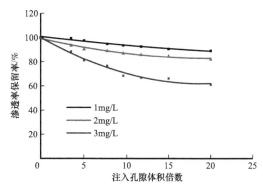

图4-3-5 不同悬浮物浓度对岩心渗透率伤害的评价曲线

实验结果表明，三个悬浮物浓度的注入水对岩心的渗透率有不同程度伤害。当悬浮物浓度达到 3.0mg/L 时，岩心伤害率明显增大，达到 32.6%。以渗透率保留率 80% 为判别标准，确定该区块注入水中悬浮物浓度上限为 2.0mg/L。

4. 含油量的评价

油田水中含油是指在酸性条件下，水中可以被汽油或石油醚萃取出石油类物质，称为水中含油。国外对乳化油滴对地层的伤害进行过大量研究，早期的研究者把油珠和固相颗粒对地层伤害影响认为相同，他们所依据的理论是广泛引用的"深层过滤"理论。事实上后来大量的研究表明，油珠和微粒对地层损害机理是不同的，乳化油滴与固相颗粒的显著区别在于乳化油滴是可变形粒子，在某一压力下油滴可能无法通过孔隙喉道，但当流动压力增加时，油滴可借助自身良好的变形特点通过喉道，这一特点使得油珠比颗粒具备更深的侵入深度。含油伤害评价实验可以判断注入水中油滴的存在是否对储层造成伤害及伤害程度。

评价实验首先用地层水在临界流速以下对岩心进行驱替，测定不同注入量下的基础水相渗透率；其次用地层水配制不同含油量的模拟污水测定不同注入量下的岩心渗透率，比较两者渗透率的变化情况。若两者渗透率变化基本相同，说明注入水中的含油基本未对储层造成伤害，即注入水与储层配伍性较好；若后者渗透率值明显小于前者，说明含油堵塞了岩心部分孔隙，注入水与储层配伍性差。

通过实验评价确定污水含油量指标上限，类似悬浮颗粒伤害评价的判定，以渗透率保留率 80% 作为判别标准。

5. 细菌的评价

油田污水中危害严重的细菌主要有：硫酸盐还原菌（SRB）、腐生菌（TGB）和铁细菌（FB）。地层条件下通常较适合细菌的生长、繁殖，在细菌进入地层后其活动就可强化，会迅速生长、繁殖，分泌黏性物质，与某些代谢产物累积沉淀可造成油气通道堵塞而降低渗流能力。对于低渗透油层，细菌造成的伤害会更为严重。

硫酸盐还原菌（SRB）是一种能够把 SO_4^{2-} 还原成 H_2S 而自身获得能量的各种细菌的统称，是以有机物为养料的厌氧菌，可以将储层中的有机物氧化，并将 SO_4^{2-} 还原成 H_2S。例如，在该细菌（主要是脱氧弧菌）作用下，乳酸钠和水中 SO_4^{2-}、Ca^{2+}、Mg^{2+} 作用，生成 $CaCO_3$、$MgCO_3$ 沉淀。

评价实验首先用地层水在临界流速以下对岩心进行驱替，测定不同注入量下的基础水相渗透率；其次用地层水配制不同浓度细菌的模拟污水测定不同注入量下的岩心渗透率，比较两者渗透率的变化情况。若两者渗透率变化基本相同，说明注入水中的细菌基本未对储层造成伤害，即注入水与储层配伍性较好；若后者渗透率值明显小于前者，说明细菌堵塞了岩心部分孔隙，注入水与储层配伍性差。

通过实验评价确定污水细菌含量指标上限，类似悬浮颗粒伤害评价的判定，以渗透率保留率大于 70% 为判别标准。

三、注采系统优化设计

（一）开发层系合理划分与组合

油田开发层系划分与组合得是否合理，是决定油田开发效果好坏的关键因素之一，对注水保持压力开发的油田尤为重要。

根据国内外油田开发实践经验和研究分析，低渗透油藏开发层系的划分与组合与普通油田开发基本都采用以下几点基本原则。

（1）一套开发层系中油藏类型、油水分析、压力系统和流体性质等特征应基本一致。

（2）一套开发层系中油层沉积条件应该大体相同。

（3）一套开发层系中油层不能太多，井段不能太长，根据目前的分层调整控制技术状况，一套层系中主力油层一般为2～3个。

（4）一套开发层系中要有一定的油层厚度、一定的油井生产能力和单井控制储量，以保证达到较好的经济效益。

（5）不同开发层系之间要有比较稳定的泥岩隔层。隔层厚度一般不小于3m。

由于低渗透油田单位厚度油层采油指数小，需要有足够的厚度才能保证油井经济产量的要求，因此，低渗透油藏的开发必须在产能落实较清楚的情况下，才具备细分层系的条件。

（二）井网井距优化研究

1. 井网优化

由于低渗透油田绝大部分油井需要压裂才能获得工业产能，因此，在油藏内部会产生人工裂缝，通常考虑采用菱形井网和正方形井网。

菱形井网的优点：① 延缓注水井排上油井的见水甚至水淹；② 使位于裂缝侧向上的油井比正方形井网见效快；③ 水驱动用程度高；④ 采油井压裂规模大、人工缝长，有利于油井稳产高产。

菱形井网的缺点：对压裂缝方向的认识精度要求高，一旦认识失误，调整难度大。

正方形井网的优点：在一定程度上考虑了压裂缝对注水开发的影响（井距/排距=2），并便于后期调整。

正方形井网的缺点：① 若井距过大，垂直压裂缝方向难以见到注水效果；② 若井距过小，则限制了压裂规模，难以最大限度发挥油井产能。

根据油田实际的油藏参数及静态模型，建立不同井网和井距模型，给定相同的初始条件，进行对比优选合适的井网。

2. 合理井距、排距确定

1）方法一：经验公式法

根据低渗透油层有效动用注采井距计算。

假设在均质无限大地层中有不同产量的A、B两口井，其中A为注水井，注水量

为 $-q_w$；B 为生产井，产油量为 q_o，两口井之间的距离为 R，则 A、B 两井主流线上的任意一点 M 距离注水井为 r，通过推导得到 A、B 两井主流线上任意一点 M 处的驱动压力梯度表达式：

$$G_D = \frac{p_e - p_{wf}}{\ln(R-r)/r_w} \times \frac{1}{R-r} + \frac{p_{inf} - p_e}{\ln(r/r_w)} \times \frac{1}{r} \qquad (4-3-9)$$

式中　G_D——驱动压力梯度，MPa/m；

　　　p_e——地层压力，MPa；

　　　p_{inf}——注水井井底压力，MPa；

　　　p_{wf}——生产井井底压力，MPa；

　　　R——注采井距，m；

　　　r——任意一点到注水井的距离，m；

　　　R_w——井筒半径，取 0.1m。

2）方法二：井间干扰测试法

根据现场油井同一层位相互之间的井间干扰测试证明，可确定不存在井间干扰现象的合理井距。例如：奈 1-58-54 井和奈观 1 井相距 160m，同采九下 Ⅱ$_3$，奈观 1 井于 2008 年 9 月 22 日投产后，日产油量一直按日递减率为 0.28% 的指数递减类型递减，2009 年 3 月 3 日奈 1-58-54 井投产，投产后距离其 160m 的奈观 1 井产液量和产油量均没有变化，证明该井距合理，未发生井间干扰现象。

3. 合理井网密度的确定

合理的井网密度对低渗透油田至关重要，应以经济效益为中心，合理利用地下资源，力求取得较好的开发效果。一般考虑以下几个原则：

（1）适应油层的分布特征，每套开发井网控制一定的水驱储量，水驱控制程度要达到 80% 以上，水驱动用程度达到 70% 以上；

（2）充分考虑油层的特点，使注入水能够发挥有效的驱替作用、生产井能够见到较好的注水效果，保持较长的稳产时间；

（3）保证一定的采油速度和稳定的产量；

（4）获得较高的最终采收率；

（5）井网密度要有一定的灵活性，为以后的调整留有余地；

（6）要进行优化和筛选，综合分析选择最合理的井网密度。

通常采用以下几种方法。

1）方法一：水驱控制程度法

对于注水开发油田来说，要想获得好的开发效果，最主要的是要提高水驱控制程度。水驱控制程度是指注入水所波及的含油面积内储量与总储量之比。在实际工作中一般以油水井连通厚度与总厚度之比来表示。显然水驱控制程度越高，油田注水开发效果越好。石油勘探开发科学研究院根据我国 37 个开发单元或区块的实际资料，回归分析得出不同类型油藏井网密度与水驱控制程度的关系。根据开发实际经验，要取得较好的开发效果，水驱控制程度一般应达到 70% 以上。

2）方法二：流度分类法

石油勘探开发科学研究院根据我国 144 个开发单元或区块的实际资料，根据流度的分布范围，划分五种油藏类型。对每一类油藏的采收率与井网密度进行回归，得出表 4-3-4 中的井网密度与采收率的回归公式。

表 4-3-4　不同类型油藏井网密度与采收率关系表

类别	流度 / [mD/（mPa·s）]	油藏个数	回归公式
Ⅰ	300～600	13	$E_R = 0.6031 e^{-0.02012S}$
Ⅱ	100～300	27	$E_R = 0.5508 e^{-0.02354S}$
Ⅲ	30～100	67	$E_R = 0.5227 e^{-0.02635S}$
Ⅳ	5～30	19	$E_R = 0.4832 e^{-0.05423S}$
Ⅴ	<5	18	$E_R = 0.4015 e^{-0.10148S}$

3）方法三：类比法

寻找国内外油藏条件相近的区块矿场试验进行类比，得到较为合理的井网密度。

（三）注采参数确定

1. 注水时机的确定

据低渗透储层研究结果，低渗透储层弹塑性比较突出，地层的压力下降导致孔、渗急剧下降，且很难恢复，渗透率损失 70%～80%。即使压力回升，渗透率也恢复不到 20%～30%。因此要求此类油藏必须早期注水，保持地层压力开发。

从国内朝阳沟油田和榆树林油田现场试验结果可得出，早期注水效果优于晚期注水，长庆靖安油田超前注水的油井单井产量相对较高。

2. 合理注采井数比的确定

经多数油田开发实践证明，在面积注水和选择性注水条件下，合理注采井数比可近似等于流度比的平方根：

$$C = \sqrt{M} \qquad (4-3-10)$$

$$M = \frac{\mu_o K_{rw}(S_w)}{\mu_w K_{ro}(S_{wi})} \qquad (4-3-11)$$

式中　C——合理注采井数比；

　　　M——流度比；

　　　μ_o——油相黏度，mPa·s；

μ_{w}——水相黏度，mPa·s；

K_{rw}（S_{w}）——含水饱和度为 S_{w} 时水相相对渗透率；

K_{ro}（S_{wi}）——束缚水饱和度为 S_{wi} 时油相相对渗透率。

$$f_{\mathrm{w}} = \frac{1}{1 + \dfrac{\mu_{\mathrm{w}} K_{\mathrm{ro}}}{\mu_{\mathrm{o}} K_{\mathrm{rw}}}}$$

（4-3-12）

式中　f_{w}——含水上升率，%。

根据注水开发经验，推荐先采用反九点注水方式，待含水率达到 75%～80% 时转线状注水，即注采井数比为 1∶1。

鉴于低渗透油藏自然产能低，常伴生天然裂缝，不压裂可注得进水的注入井尽量直接投注，实在注不进水的注入井可实施小规模压裂，监测注水效果控制压裂规模，防止人工裂缝与天然裂缝沟通引起水窜，达不到有效注水驱替效果。

3. 注水压力的确定

根据油层注水压力的经验公式确定：

$$p_{\text{井口}} = 0.13 \times H \times 0.0981 + p_{\text{管}} + p_{\text{水嘴}}$$

（4-3-13）

开发实践证明，低渗透油藏采用超前注水的方式开采效果最佳，地层压力应保持在原始压力的 105%～115%。

四、缝网改造油藏补能方式设计

水力压裂是现阶段低渗透油藏经济有效开发的关键技术。水平井体积压裂技术采用分级多簇压裂及转向材料等技术，形成主缝与分支缝相互交织的压裂缝网，增大了储层改造体积，使致密储层形成裂缝网络系统[11]，提高单井产量和油藏可采储量，对储层进行三维立体的改造。实践证明，水平井体积压裂是低渗透油藏实现有效开发的关键技术。

（一）水平井优化设计

低渗透油藏普遍具有储层物性差、地层能量不足、产能低、常规压裂有效期短且产量递减快等特点，针对低渗透储层开发难点，提出"井控储量向缝控储量、线性流向复杂缝网渗流、地质工程一体化"部署设计思路，建立体积压裂水平井部署技术界限，薄互层、厚层油藏分类优化井型、井网井距设计，合理优化压裂方式、压裂参数等工艺设计，确保缝控储量最大化，实现储量有效动用。

以辽河外围交 2 块为例，区块地质储量 455×10^4t，平均孔隙度 20.2%，平均渗透率 39.6mD，属于中孔、低渗透储层，纵向上发育三个油层组，油层埋深 1600～1850m，含油井段一般在 200m 左右，单层厚度一般为 1～5m，单井油层厚度为 5.4～8.4m，油层分布集中在 Ⅱ 油组、Ⅲ 油组，储层砂体发育，连通性好。由于储层渗透率较低，区块天然能量不足，油井自然产能不高，压裂可以有效提高油井产量。直井开发阶段，采用 200m 井距、正方形井网开发，油井初期压裂投产后产量上升较快，由于地层能量不足，油井产量递减较快，于1996年采用反九点面积井网全面注水开发，注水井网相对完善，初期见到一定效果，但储层物性差，注水效果较差，有效注水时间短，处于长期低速低效开发状态，采油速度低于0.3%，采出程度仅为8.9%。

2019年采用体积压裂水平井整体二次开发，通过精细储层表征、储层分类评价，明确油藏适合水平井体积压裂开发，通过动静结合，优化体积压裂水平井实施有效厚度、有利砂体厚度、单层各层厚度、砂地比、单控地质储量、含油饱和度六个关键参数，建立体积压裂水平井部署技术界限（表4-3-5），优化水平井设计，确保缝控储量最大化，有效提高单井产量。

表 4-3-5　交 2 块体积压裂水平井部署参数

优选参数	标准
有效厚度 /m	≥5
有利砂体厚度 /m	≥20
单层隔层厚度 /m	<3
砂地比	≥0.6
单控地质储量 /10^4t	≥20
含油饱和度 /%	≥45

1. 水平井方位优化

通过调研水平井体积压裂后裂缝几何形态与最小主应力方向匹配关系可知，水平井眼与最小主应力夹角小于30°，可形成横切缝，实现改造体积最大化，即水平井应垂直最大主应力方向部署。该区最大主应力方向为东西向，因此水平井方向应该为南北向。由交2-H1水平井压裂缝监测资料可知，该区裂缝方向为北东向，为最大限度做到储层全动用，设计水平井方向为南北向，以实现改造油藏的目的。

2. 水平井长度优化

考虑水平井段长度分别为600m、700m、800m、900m、1000m、1100m、1200m建立相关模型，开展数值模拟研究，对比分析不同水平井段长度时累计产油量变化规律，可以得出随着水平井长度的增加，累计产油量先增加后变缓，结合经济评价结果，确定水平井长度为900～1100m，并根据油层实际情况进行优化。结合压裂缝半缝长约100m，设计新井位于老井之间，水平井排距为200m。

3. 水平井纵向位置优化

根据体积压裂试验水平井交2-H1井微地震监测资料，压裂缝半缝长43～136m，压裂缝半缝高33.5m，由于Ⅱ油组、Ⅲ油组纵向跨度较大且隔层发育，单层水平井不能完全动用，水平井部署在各油层组中部有利于体积压裂时压裂缝的延展，实现储层的有效动用，因此综合考虑，确定分Ⅱ油组、Ⅲ油组两套层系在各油层组的中部部署水平井开发。

分上下两套层系部署，设计水平井平面排距 200m、纵向垂距 60m。

（二）体积压裂后能量补充方式研究

水平井压裂投产后产量递减较快，针对如何对油藏补能增效，调研了国内外同类型油藏合理开发方式。目前体积压裂水平井主要以注水吞吐、重复压裂以及注水吞吐 + 重复压裂等技术补能及提高采收率（表 4-3-6），不同油田开展相关现场试验在不同程度上取得了一定效果。吉林油田注水吞吐试验区平均渗透率 1～3mD，平均单井日增油 1t 左右，长庆安平注水吞吐试验区平均渗透率 3～5mD，平均单井日增油 3～5t，长庆油田在华庆、环江、姬塬等区块开展了重复压裂现场试验，试验区渗透率 0.8～8mD，平均单井日增油 5～6t，吐哈油田在三塘湖油田开展注水吞吐 + 重复压裂现场试验，平均单井日增油 10.1t。

表 4-3-6　国内同类型油藏补充能量方式调研结果

油田	渗透率 /mD	补充能量方式	日增油 /t
吉林油田	1.00～3.00	注水吞吐	1.0
长庆安平	3.00～5.00	注水吞吐	3.0～5.0
长庆华庆、环江、姬塬	0.80～8.00	重复压裂	5.0～6.0
吐哈三塘湖	0.36	注水吞吐 + 重复压裂	10.1

1. 补能方式

针对交 2 块如何实现有效补能，论证了注水、注气、蓄能压裂等方式，得出该条件下仅注水补能方式适用于该块。

1）注水开发

开发实践表明，注水开发是保持油田高产稳产、提高油田最终采收率的有效手段。注水和其他补充能量方式相比，具有投资少、见效快、物源充足等优点。

该块交 58-46 井室内实验驱油效率达 41%，可以实施注水开发。储层为中等偏强水敏，膨胀率平均为 16.9%，临界矿化度为 6000mg/L，注水时需注意注水水质，加强防膨处理即可。

2）注气开发

注气或气辅助泡沫是有效的补能方式，具有调剖、洗油作用等优势，能扩大低渗透储层波及体积、提高驱油效率。目前主流的气驱介质主要有 CO_2、N_2、减氧空气等[12]。但气驱混相压力较高，同类型油藏混相压力均在 20MPa 以上，交 2 块地层压力仅 8MPa，达不到混相，因此也达不到理想的驱替效果。同时，该块顶部距水平段垂向距离过小，易发生气窜，不利于驱替。另外缺乏稳定、充足、廉价的气源供应，且存在防腐、防渗透、防窜等生产安全问题，预防处理费用大，操作困难。

3）蓄能压裂补能

蓄能压裂一般采用先大排量注水吞吐补充地层能量，然后再压裂改造。注水吞吐增油机理以渗吸置换和恢复地层压力为主，缝网搭接后形成渗析 + 驱替；增能压裂主要机理是注水增能后，通过暂堵压裂开启老缝，延伸新缝，扩大渗吸置换接触面积。调研西部油田采用多轮次吞吐增能重复压裂，效果较好。但在交 2 块蓄能压裂费用较高，单口井费用在 500 万元以上，经济评价 50 美元油价下投入产出比仅为 1∶1.6，效益远低于注水。

2. 注采井网井距设计

交 2 块井网较完整，从节约成本合理利用资源角度考虑，可充分利用老井网及地面系统，采用直平组合注采井网，即直井注水、水平井采油。同时尽量多选取一些注水井点，注水强度适当降低，即点弱面广，保证水驱控制程度，力争多向受效。对井网井距的设计，遵循以下原则：（1）分段水平井体积压裂改造后，作为块状体进行整体补能设计；（2）利用老井网及地面系统，设计"直注平采"注水开发井网；（3）立足点弱面强底部注水方式，多井点温和注水，稳定区块产量。

采用 Eclipse 数模软件，结合压裂监测资料，建立水平井体积压裂井组模型，模拟不同注采井距和不同注采高差对水平井累计产油的影响，优化出最佳的井网井距，优化注采井网。数值模拟显示，注采井距大于 120m，注采高差 40m 最为理想。

3. 纵向注水部位设计

如果选择顶部注水，注入水通过重力作用自上而下驱油，中高角度裂缝易造成注入水沿着裂缝快速下窜，使处于油藏下部的水平井水淹，注水波及体积小；如果选择对应位置注水，注入水会沿压裂人工裂缝快速窜流，造成水平井水淹，部分注入水也会向油层下部窜流，产生多相渗流，造成剩余油分散[13]；如果选择底部注水，通过形成人造底水，向上托进，有利于减弱油水窜流和剩余油零散分布。为减少窜流和剩余油分散，选择底部注水（图 4-3-6）。因此应充分利用直井老井，采用直井底部注水，合理设计注水层段。根据裂缝与监测结果，纵向上半缝长为 35m 左右，应选择距离压裂裂缝底部构造高差 10m 内层段进行射孔注水，并根据注水见效情况及时调整。

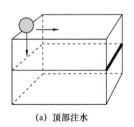 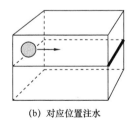 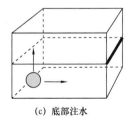

(a) 顶部注水　　　　　　(b) 对应位置注水　　　　　　(c) 底部注水

图 4-3-6　注入水位置示意图

4. 注采比设计

通过数模计算并结合生产情况，注采比为 1∶1 时水平井累计产油最高，所以设计井组初期注采比为 1∶1。按照以采定注的方式确定注入量，双向受效油井产液量对等劈分，设计注水井单井初期日配注约 20m³。现场及时跟踪动态变化，如果发现水窜现象，及时停注或调控。

5. 注入方式设计

考虑到体积压裂裂缝较为发育，注水时严格控制注水强度，平面上尽量利用较多的直井注水，点弱面广，尽量温和注水，保证多向受效。同时根据生产动态，不同方向注水井可轮替注入，并辅以周期、脉冲的注水方式，防止水窜。

为确保注水效果，提高储量动用程度，应遵循以下设计原则：① 以水平井补能为主、兼顾直井补能恢复产量；② 注水井尽量避开水平井入口点部位，防止水窜；③ 平面优选注水井，确保油井多向受效；④ 优选井况良好的井转注，保证注入效果。根据以上分析，充分利用老井，采用直井底部温和注水方式注水。设计 24 注 64 采，其中采油水平井 17 口、直井 47 口（图 4-3-7）。

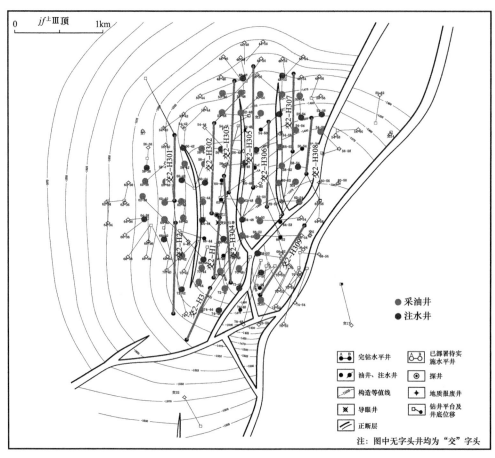

图 4-3-7　交 2 块设计注采井别图

第四节　特殊岩性油藏多元注水开发技术

辽河油田特殊岩性油藏开发始于 20 世纪 80 年代，储量达到千万吨规模，开发方式以常规注水开发为主。近年通过在双重介质储层水驱渗流机理、注水方式优化设计、不稳定注采调控等方面的攻关，探索形成了特殊岩性油藏注采井网优化设计、多元注采调控等多元注水关键技术，为辽河油田特殊岩性油藏持续有效开发提供技术保障。

一、双重介质储层水驱渗流机理研究

双重介质油藏就是通常所说的孔隙—裂缝性油藏。潜山油藏多属该类油藏，是常见的油藏类型。它在储层特征、驱油机理等方面与常规砂岩油藏有很大的不同，室内分析和物模试验研究的方法也存在很大差异。近几年来，通过在双重介质油藏渗流特征及驱油机理方面开展大量的研究工作，解决了双重介质油藏等复杂油藏渗流实验的难题，形成了双重介质油藏渗流实验系列配套测试技术。

（一）概述

双重介质油藏的岩石类型、微观孔隙结构、油气富集区域与常规孔隙性油藏相比，差别很大。对于双重介质来说，由于存在裂缝和基质两种不同的储集渗流空间，油、气、水一般共存于双重介质中[14]。从渗流规律特征可以将其分为两大系统：基质系统和裂缝系统。基质系统是由被裂缝所切割成的大小不等的岩块组成，储集空间主要为粒间孔隙和与之相通的微细裂缝，它属于低渗、低产和低效的渗流系统，但其孔隙度往往相对较高[15]；其导流能力和导压能力低，导致其产油能力低，束缚水和残余油饱和度高。能量交换通常在小孔小缝和缝洞发育的次生孔隙中进行，驱油主要依靠毛细管力的自吸和较高的外加压力梯度，重力作用比较弱。裂缝系统主要是由较大的裂缝和与之相连的大孔和大洞构成的网络系统，它属于高渗、高产和高效渗流系统，但其孔隙度较低。它的导流能力和导压能力远远高于基质系统，因此产油能力高。裂缝系统的原始含油饱和度很高，有的能接近100%，而束缚水和残余油饱和度很低，驱油效率可达90%以上，驱油主要依靠压力梯度的作用，水驱油过程接近于活塞式推进，驱油效率高。

由此可见，基质系统和裂缝系统的渗流特征和驱油机理差别很大，但它们又相互联系，形成一个完整的储集渗流综合体，其中裂缝系统处于主导地位。它不仅是自身油气的流动通道，而且还是基质系统的自吸排油通道。因此，在双重介质油藏的水驱开发过程中，要充分利用油藏的内部和外部天然能量，充分发挥基质系统和裂缝系统的驱动力、黏弹力、重力和毛细管力的综合作用来提高裂缝和基质的生产潜力，从而改善油藏的整体开发效果。

（二）实验方法

1. 相对渗透率测定原理

双重介质油藏相对渗透率的测定常用的方法为非稳态法，它是以 Buckley-Leverett 一维两相水驱油前缘推进理论为基础。忽略毛细管压力和重力作用，假设两相不互溶流体不可压缩，岩样任一横截面内油水饱和度是均匀的。实验时不是同时向岩心中注入两种流体，而是将岩心事先用一种流体饱和，用另一种流体进行驱替。在水驱油过程中，油水饱和度在多孔介质中的分布是距离和时间的函数，这个过程称为非稳态过程。按照模拟条件的要求，在油藏岩样上进行恒压差或恒速度水驱油实验，在岩样出口端记录每种流体的产量和岩样两端的压力差随时间的变化，用 JBN 方法计算得到油—水相对渗透率，以及油—水相对渗透率与含水饱和度的关系曲线。

2. 模型的设计

双重介质油藏由于裂缝的存在，导致在进行常规钻、取样的过程中很难取到有代表性的成型柱状岩心；而双重介质特殊的储层特征要求在进行室内实验时，双重介质物模必须具有典型的代表性，在正确的实验条件下，使实验结果真实反映储层的渗流物理特征。为达到上述目的，设计加工了新型的"方形全直径双重介质模型"，解决了该类储层的模型制作难题。该种"方形全直径双重介质模型"具有下述几点创新：① 具有灵活选择各类裂缝性双重孔隙介质岩心重点部位的优势，可以任意切割能够代表储层真实特征的双重孔隙介质岩心；② 克服了以往圆形小直径岩样采样困难、成功率低、不具代表性的弊端。

3. 相似准数的选择

相似准数实质上就是要求物模的毛细管力与驱动压差的比值恒等（实验驱动压差 Δp 与实际生产压差相似），是驱油实验最为重要的一项模拟指标。裂缝性双重介质模型的相似准数，经过反复摸索实验得出：具裂缝性双重介质的驱油模型的相似准数 $\upsilon L\mu$ 值不同于传统的一般砂岩油藏。砂岩油藏相似准数 $\upsilon L\mu$ 一般为 1.5～2.5；而裂缝性双重介质的驱油模型 $\upsilon L\mu$ 则在 1.0～1.3 范围内。因为 $\upsilon L\mu$ 值越大则预示着驱替压力越高，而裂缝性双重介质模型的驱替压力一旦高，其模型的围压也相应提高，导致了岩块裂缝的闭合，减少了油流通道的横截面积，反映不出真实的渗流特征。

4. 驱动条件的确定

为求取合理的相渗曲线形态及端点特征值，减少末端效应影响，使所得的相对渗透率曲线能代表油层内油水渗流规律，合理的驱动条件必不可少。除了所用岩样、油水性质、驱油历程等与油层条件相似外，在选择水驱油速度或驱替压差实验条件方面，还必须满足以下关系。

1）恒速法

恒速法实验按式（4-4-1）确定注水速度：

$$L \times \mu_w \times v_w \geq 1 \qquad (4-4-1)$$

式中　L——岩样长度，cm；

　　　μ_w——实验温度下的水黏度，mPa·s；

　　　v_w——渗流速度，cm/min。

2）恒压法

恒压法按照取值不大于0.6确定初始驱替压差，按式（4-4-2）确定：

$$\pi_1 = \frac{10\Delta p_o \times \sigma_{ow}}{\Delta p_o \sqrt{K_a / \phi}} \qquad (4-4-2)$$

式中 π_1——毛细管压力与驱替压力之比；

        σ_{ow}——油、水界面张力，mN/m；

        K_a——岩样的空气渗透率，D；

        ϕ——岩样的孔隙度，%；

        Δp_o——初始驱动压差，MPa。

5. 实验程序

1）岩心的处理

根据设计原则，在全直径岩心上选取有代表性的部位，钻切成"方形全直径模型"，将钻切成型的"方形全直径模型"进行包封处理（图4-4-1）。实验时，对模型进行抽提洗油，然后将洗好油的岩心放入烘箱中，在100~105℃条件下进行干燥处理。将干燥后的岩样放入抽真空饱和装置中进行抽真空，直至样品室内压力降至 -0.1MPa，再连续抽真空4h后饱和实验用水，待实验用水浸过样品后再连续抽真空4h后停止。抽真空饱和后的模型就可以装入夹持器中进行实验。

图4-4-1 方形全直径双重介质高压模型

2）束缚水饱和度的建立

束缚水饱和度的建立采用油驱水法，先用低流速或低压进行油驱水，逐渐增加驱替速度或驱替压力直至不出水为止。束缚水饱和度按式（4-4-3）计算：

$$S_{wi} = \frac{V_p - V_w}{V_p} \times 100\% \qquad (4-4-3)$$

式中 S_{wi}——束缚水饱和度，%；

        V_p——岩样有效孔隙体积，cm^3；

        V_w——岩样被驱出的水的体积，cm^3。

3）测定束缚水状态下的油相渗透率

在束缚水状态下连续驱油至压差稳定后，记录产油量、时间、压差，计算束缚水条件下油相渗透率，连续测定三次，相对误差小于3%。束缚水条件下岩心油相渗透率按式（4-4-4）计算：

$$K_o\left(S_{wi}\right) = \frac{q_o \times \mu_o \times L}{A \times \Delta p} \times 10^2 \qquad (4-4-4)$$

式中 $K_o\left(S_{wi}\right)$——岩心束缚水条件下的油相渗透率，mD；

q_o——油的流量，mL/s；

μ_o——实验用油的黏度，mPa·s；

L——岩心的长度，cm；

A——岩心横截面积，cm^2；

Δp——岩心两端的压差，MPa。

4）油水相对渗透率测定

按照驱替条件的要求，选择合适的驱替速度或驱替压差进行水驱油实验，测定油水相对渗透率。准确记录见水时间、见水时的累计产油量、累计产液量、驱替速度和岩样两端的驱替压差。见水初期，加密记录，根据出油量的多少选择时间间隔，随出油量的不断下降，逐渐加长记录的时间间隔。含水率达到99.9%时或注水30倍孔隙体积后，测定残余油下的水相渗透率，结束实验。按非稳态法油水相对渗透率测定方法计算相应参数。

（三）渗流曲线特征

1. 油水相对渗透率曲线特征

实验测得的油水相对渗透率曲线是基质系统和裂缝系统共同作用后的综合渗流特征体现。从不同岩性双重介质油藏相对渗透率指标来看，各类岩性之间部分指标差别较大，与普通砂岩油藏比较差别也较大，具体特征参数见表4-4-1。

表4-4-1　不同岩性双重介质油藏油水相对渗透率参数表

油藏岩性	束缚水饱和度/%	油水两相跨度/%	交点相对渗透率/%	残余油时水相值/%
东胜堡变质岩	49.24	24.74	10.53	39.03
冷124花岗岩	31.77	32.66	14.34	35.74
沈257白云岩	37.71	35.39	6.07	41.99
小22粗面岩	47.30	22.05	6.75	41.49
欧48粗面岩	37.39	29.41	11.30	28.62
坨33流纹岩	45.63	23.07	5.00	25.50
平均	41.51	27.89	9.00	35.40

从油水相对渗透率参数可明显看出，虽然不同岩性双重介质油藏部分相对渗透率指标差异较大，但交点含水饱和度、残余油饱和度及残余油时的最高水相值指标都非常相似。这说明，具双重介质的裂缝性油藏虽然岩性不同，但基本都反映出了裂缝性油藏渗流特征的共有特性，即"束缚水饱和度高、油水两相跨度小、残余油时的水相值高"（图4-4-2）。

束缚水饱和度偏高，这主要是由双重介质性质所决定的，具双重介质的裂缝性储层孔隙结构非常复杂，破碎又较强烈，非均质性严重，油气运移过程中很难将原生水驱替出来，导致了束缚水饱和度偏高。油水两相跨度较窄，是因为双重介质的孔隙类型较为复杂，共分为裂缝、碎裂质孔隙、溶蚀孔隙，虽然裂缝孔隙是油、水渗流的主要通道，但储集空间则是以微细裂缝、碎裂质溶蚀孔隙为主。这样只有较宽的裂缝开度能允许油水共同流动，从而使水驱范围被限制在较少孔道内，使波及效率不可能高。残余油时的水相值高，是因为随着含

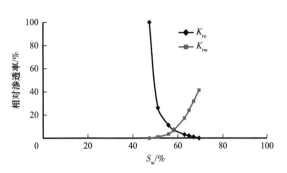

图 4-4-2　双重介质典型相对渗透率曲线

水饱和度的增加和含油饱和度的下降，水迅速占据了主要的流通喉道，致使油相下降与水相上升的幅度较大，残余油时的最高水相值较高。以上几项指标都明显反映出了裂缝性双重孔隙介质的油水相对渗透率曲线特征，即"油相下降迅速、水相上升急剧陡峭"。

2. 水驱油特征

不同岩性双重介质油藏水驱油效率指标充分体现了双重介质油藏的驱油规律[11]。但各类岩性之间部分指标差别较大，与普通砂岩油藏比较差别更大，具体数值见表 4-4-2 和图 4-4-3。

表 4-4-2　不同岩性双重介质油藏驱油效率与含水规律参数表

油藏岩性	无水期驱油效率 / %	最终驱油效率 / %	低含水期含水上升速度 / %	中含水期含水上升速度 / %
东胜堡变质岩	4.49	46.16	11.44	9.69
冷 124 花岗岩	10.31	47.77	13.04	13.32
沈 257 白云岩	15.46	51.27	15.96	11.23
小 22 粗面岩	21.05	41.59	44.07	24.46
欧 48 粗面岩	26.80	41.80	30.10	25.21
坨 33 流纹岩	6.06	42.42	13.16	8.00
平均	14.03	45.17	21.30	15.32

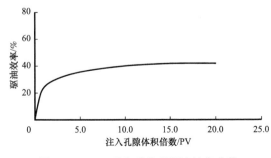

图 4-4-3　双重介质典型驱油效率曲线

虽然不同岩性双重介质油藏部分驱油效率指标差异较大，但中、高含水期的阶段驱油效率，中、高含水期的含水上升速度，以及注入 1～2 倍孔隙体积时的驱油效率指标都非常相似。这说明，双重介质油藏虽然岩性不同，但基本都反映出了双重介质油藏渗流特征的共有特性，即"无水期驱油效率低、含水上升速度快、注水利

用率低、最终驱油效率低"。分析其原因，无水期、低中含水期的驱油效率之所以如此偏低，是由于裂缝性双重介质油藏的油水渗流状态主要受相对较大裂缝的控制，注水初期水沿大裂缝迅速窜流到岩样的出口端，从而大幅度降低了该阶段的驱油效率。高含水期的驱油效率之所以高，是由于其他较小的裂缝、微裂缝逐渐参与了流动，在驱替压力和毛细管力的作用下，不断将较小裂缝、微裂缝内的油排驱到相对较大的流通孔道中。因此，使得高含水采油期较长，中低含水期较短。低、中含水阶段的含水上升速度远远快于一般的砂岩油藏，因为裂缝性双重介质油藏一旦见水，水首先沿裂缝系统迅速推进，其"指进"现象要比砂岩油藏严重得多，所以就极易产生"见水早、突破快、水窜严重"的情形。

（四）水驱油机理

对于双重介质油藏来说，注水开采过程中的主要驱油动力是注水压力梯度、毛细管力和重力作用。对于基质系统和裂缝系统来说，这三种驱动力的作用是不同的。

1. 基质系统水驱油机理

对于基质系统来讲，其注水驱替对象为基质中细小孔隙及微缝微洞中的原油，其驱油动力来自毛细管力作用的渗吸驱油和外加压力下的压力梯度驱油。但是，在双重介质油藏的实际注水开发中，裂缝系统需要的注水压力梯度很小，而基质系统需要的注水压力梯度则很大，在两者共存时，在裂缝系统处于主导地位的情况下，基质系统在外加压力梯度作用下的水驱过程很难发生，它主要以毛细管力作用为主渗吸排油。因此，依靠毛细管力作用渗吸排油是双重介质油藏基质系统在水驱开发条件下的重要驱油机理。微裂缝越发育，基质与裂缝的接触面积越大，毛细管力渗吸排油的作用越强。此外，重力也可以起到一定作用，但其作用的大小主要取决于基质体的高度大小，基质体越高体积较大，重力驱替发挥主要作用；基质体体积较小，毛细管力发挥主要作用。

2. 裂缝系统水驱油机理

对于裂缝系统来讲，在注水采油过程中，注水压力梯度发挥了主要作用，流体符合达西流动条件。由于裂缝宽度远大于一般孔隙尺寸，因此其毛细管力较小，可以忽略不计；裂缝系统的油水相对渗透率曲线并非完全呈线性关系，且与基质系统的油水相对渗透率曲线有明显的不同，水驱油过程接近于活塞式推进，其束缚水饱和度和残余油饱和度都很低，驱油效率较高。

如果裂缝为垂直裂缝，那么在水驱油过程中，则重力也会发挥重要作用。在水驱过程中，驱替速度对驱油效率影响至关重要，因此，在双重介质油藏注水开发过程中，应注意控制合理的注水速度和合理的采油速度，以求取最大驱油效率。

3. 渗吸驱油机理

国内外资料表明，在亲水型的双重介质油藏中，水的毛细管力的自吸排油作用是含油岩块的重要采油机理。渗吸采油现象是指"有非润湿相油的岩石，与润湿相水相接触后，单纯在毛细管压力的作用下，水自发渗入含油岩石孔隙中，从而将其中的油驱替出岩石的过程"。影响渗吸驱油作用的因素很多，如基质体的大小、基质体的物性（孔隙度、渗透率）、流体性质（密度、黏度和表面张力）、润湿性、初始油水饱和度以及边界条件等。静态渗吸实验结果表明：原油黏度越低，渗吸作用越强；油水黏度比越小，初始含油饱和度越大，渗吸作用越强；裂缝系统越发育，基质体越小，基质与裂缝间的渗吸作用就越强；基质与裂缝接触的面积越大，基质与裂缝间的渗吸作用就越强；岩石水润湿程度越大，渗吸作用也越强。

岩心渗吸过程一般分为两个阶段：自吸段和扩散段。在自吸段，岩心表现出强烈的吸水能力，进入岩心的水先占据最小的孔隙，然后逐渐在孔隙表面形成润湿相薄膜。这种过程反复进行，直到整个岩心的孔隙表面都被润湿相覆盖，即自吸速率达到最高点；随后，由于岩心内表面都已经覆盖了润湿相，自吸能力大大降低，仅靠润湿相的扩散作用继续占据岩心剩余孔隙，直至自吸完成。

4. 周期注水采油机理

一般情况下，采用常规注水方式开采双重介质油藏容易使注入水沿裂缝流窜，造成油井暴性水淹，而储油量较大的基质中的大部分原油被窜流的水圈闭，无法采出，导致油藏稳产时间短，开发效果差。因此如何合理有效地开发双重介质油藏是急需解决的关键问题。周期注水是一种适合于双重介质油藏注水开发的有效方法，它既能降低裂缝水窜，又能有效驱出基质中的原油，提高注水开发效果。周期注水之所以能大大提高双重介质岩心的驱油效率，原因在于：周期注水实际上是一种不稳定的注水采油方法，其实质是充分利用油藏的内部和外部天然能量，充分发挥注水压力梯度、重力和毛细管力的综合作用来提高裂缝和基质的生产潜力，从而改善油藏的整体开发效果。周期注水由于形成不稳定的压力脉冲，当其力量小于毛细管压力时，注水采油则主要依靠毛细管力作用，使裂缝中的水进入基质岩块中渗吸排油，基质孔隙度越小，渗吸排油作用越强。在注水的升压阶段，裂缝压力高于基质，促使水从裂缝进入基质；在停止注水的降压阶段，裂缝压力低于基质，流体由基质流向裂缝，从而置换出一部分油进入裂缝，使之采出更多的原油。

双重介质油藏开展周期注水必须具备三个基本条件。① 油藏必须具有发育的相互连通的裂缝系统；这些裂缝系统可以提供良好的油流通道；同时有利于基质系统和裂缝系统之间建立足够大的驱替压差和渗吸接触面。② 具有相对封闭的边界条件，能够建立起足够大的压力扰动。在注水升压阶段，能够使油藏压力很快恢复到预定的足够大的压力水平，使裂缝系统的压力高于基质系统的压力；而在降压阶段，又能很快降低裂缝系统的压力，加大裂缝系统与基质系统间的压差；边界条件的封闭性越好，周期注水取得的效果就越好。③ 要有足够的含油饱和度或剩余油饱和度作为周期注水提高开发效果的基础。

二、注水方式优化设计技术

对于大部分变质岩潜山油藏而言，如果采用衰竭式开采，虽油井投产初期具备一定产能，但因油藏天然能量不足，地层压力不断下降，油井产量递减较快，一般稳产期较短或无稳产期[16]。在衰竭式开采过程中，流固耦合效应极为突出，存在极强的压力敏感性，即随着地层压力的下降，裂缝和基质系统所承受的有效压力增加，裂缝和基质系统发生弹塑性变形，导致裂缝变形闭合、基质孔隙与喉道缩小，使孔隙度、特别是渗透率急剧降低，从而降低油井产能。国内外同类型油藏开发实践表明，注水仍是该类油藏补充地层能量、提高采收率的主要开发方式（表4-4-3）。

表4-4-3 同类油藏注水方式对比表

油藏名称	岩性	裂缝倾角	注水方式	标定水驱采收率/%	采出程度/%
委内瑞拉 LAPAZ	花岗岩，片麻岩	中高角度为主	底部注水	39.0	32.2
利比亚 AUGILA	花岗岩	中高角度为主	底部注水	29.0	21.2
东胜堡	混合花岗岩	中高角度为主	边底部注水	31.8	25.8
静北	石灰岩，石英岩	中高角度为主	边底部注水	26.1	21.6

在裂缝性油藏常规注水开发过程中，虽可通过补充地层能量在一定程度上改善开发效果，但受双重介质储层非均质性强影响，注入水首先灌满裂缝，并沿裂缝发育方向运移，基质中的油被水封闭而无法采出，多出现油井水窜、水淹严重的问题，导致水驱波及体积小、储量动用程度低，采收率相对较低。针对辽河油田变质岩潜山油藏注水开发实践中出现的具体问题，以减缓水窜、扩大水驱波及体积为目的，开展注采井型组合、注采空间配置、注入方式等优化设计。

（一）注采井型组合优化设计

1. 直井注采井网存在的主要问题

在水平井技术发展成熟之前，油田开发主要依赖于直井井网，对于变质岩潜山油藏而言，亦是如此。但开发实践表明，这种依赖于直井注采井网的注水开发过程中，出现了以下主要矛盾。

1）油井产能与储层裂缝发育状况的矛盾

受裂缝性油藏储层非均质性的影响，裂缝倾角以中高角度为主，直井钻遇裂缝概率相对较小，采用直井开发油井初期产能多未达到高产标准，属中产范畴（表4-4-4）。

表4-4-4 油井初期产能评价表

产能分类	千米井深产量标准/t/（d·km）	边台南潜山产量/t/（d·km）	牛心坨潜山产量/t/（d·km）
高产	>15		
中产	5~15	11.2	7.5
低产	1~5		
特低产	<1		

2）开发井网与资源有效动用、提高采收率的矛盾

裂缝性油藏依托直井注采井网注水开发过程中，注入水起到一定补充地层能量的作用，见到一定效果，但受储层非均质性影响，见效状况存在差异。平面上注入水多沿裂缝发育方向窜流，位于裂缝发育方向油井含水上升较快（表 4-4-5）；纵向上不同注采高差注水效果存在差异，底部注水效果较好，对应注水和高注低采易发生水窜，油井水淹较快。造成水驱波及体积较小，动用状况较差，实际井网条件下采收率难以提高。

表 4-4-5　牛心坨潜山注入水驱替方向与油井见效方向关系统计表

油井与水井方位	受效井数 / 口	低含水井		中含水井		高含水井	
		井数 / 口	比例 /%	井数 / 口	比例 /%	井数 / 口	比例 /%
北东和北西	40	10	16.1	19	30.6	11	17.7
东西和南北	22	5	8.1	13	21.0	4	6.5

注：裂缝发育方向主要为北东、北西向。

2. 直平组合、平平组合重建注采井网

在裂缝性油藏中水平井可以最大限度钻穿裂缝，增大井筒的泄油面积，采用直井注水、水平井采油的直平组合井网及水平井注水、水平井采油的平平组合井网可实现注采井网由"点对点"向"点对线、线对线"的转变（图 4-4-4），扩大注水控制面积，波及效率更高，获得更好的开发效果。

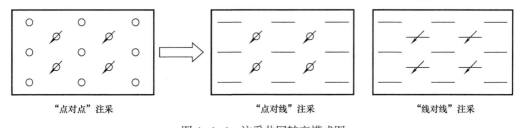

"点对点"注采　　　　　"点对线"注采　　　　　"线对线"注采

图 4-4-4　注采井网转变模式图

以牛心坨潜山为例，通过数值模拟方法研究，对比不同井型注采组合方式下的开发效果。结果表明（图 4-4-5），水平井注—水平井采与直井注—水平井采的组合方式十年采出程度均高于直井注—直井采的组合方式，水平井注—水平井采的方式效果最佳。考虑到水平井的钻井成本相对较高，直井注水—水平井采油的井网组合方式也是一种较为经济合理的注采井网形式，具体油藏设计中在边台南潜山采用了直井注水—水平井采油的井型组合方式，而在牛心坨潜山主要尝试了水平井注—水平井采的方式。

（二）注采空间配置优化设计

老区二次开发进行注采井网空间配置时要充分考虑原直井井网，另外要以剩余油分布规律研究为基础，平面上选择有利部位、纵向上选择有利层段进行水平井优化配置。

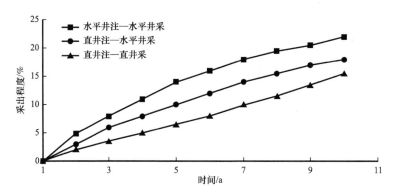

图 4-4-5　不同井型注采组合十年采出程度对比曲线

1. 平面注采配置

平面上水平井尽量部署在原直井井间,通过数值模拟优化,水平井平面井距为200~300m储量动用更为充分。为了更多地钻穿裂缝,水平井的方位尽量与裂缝呈一定角度;注水井与采油井在平面上的配置即注采方位要尽量与裂缝发育方向存在一定角度,以避免注入水沿裂缝方向过早水窜。

2. 纵向注采配置

无论是利用直井注水还是水平井注水,都可以将纵向上的注采配置关系划分为三种形式。

顶部注水:注水层段高于采油层段,该方式利用重力作用自上而下驱油,并借助各物性隔层扩大水驱波及体积,但是由于受裂缝影响,注水波及体积小。

对应注水:注水层段对应采油层段,该方式由于潜山内部物性隔层分布范围和阻隔能力都存在不确定性,同时受裂缝影响,注水波及体积也较小。

底部注水:注水层段低于采油层段,可形成人造底水,渐次托进,有利于减弱油水窜流和剩余油零散分布,但对于较厚油藏其上部存在见效滞后的问题。

通过数值模拟研究,结合国内外同类型油藏注水开发实践得出,对于裂缝性油藏而言,虽顶部注水及对应注水方式补充地层能量相对较快,但是受裂缝影响,含水上升快、产量下降快、最终采收率较低,而底部注水的方式效果最优。

开发实践表明,注采井在纵向上的垂直距离也是影响注水效果的主要因素,距离过小易发生水窜,距离过大也影响注水效果。研究中纵向注采高差的确定,主要采用数值模拟方法进行优化。如牛心坨潜山,数值模拟计算结果结合前期直井井网注水开发实际,确定纵向上注采高差为150m左右为最佳。

另外由于变质岩潜山油藏一般纵向上含油井段较长,如牛心坨潜山,含油最高部位 -1700m,出油最低部位 -2600m,油藏跨度达 900m。因此在具体部署中,为实现油藏最大限度动用,根据不同部位含油井段大小,考虑分层部署水平井。距潜山面厚度大于400m的主体部位,纵向上分三段部署水平井,上、中部各部署采油井,下部部署注水井,水平井纵向距离为150~170m;距潜山面厚度小于400m的区域,分两段部署,上部部署

水平采油井，下部为注水井（图4-4-6）。形成
了水平井底部注水，水平井辅以直井中上部采油，
纵叠平错的立体注采开发井网。

（三）注水方式选择优化设计

1. 块状底水油藏注水方式应选择边缘底
部注水

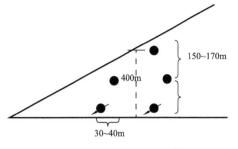

图4-4-6　水平井纵向配置示意图

对于天然能量较充足的潜山油藏，充分利用
天然能量可以大大提高油田开发经济效果，辽河油区一部分小型潜山油藏的天然能量充
足，如曙光潜山、曙103块潜山，其水体的体积和油体体积比值可达50～100倍，对这种
类型的潜山油藏如果能选择与其能量补充相适应的采油速度，则油藏压力及产油量可以相
对稳定。当天然能量不能满足中含水期开发、排液量大大增加的需要时，可实行晚期注
水。如能量一直较充足，则可不注水，完全依靠天然能量开发。对于与油藏连通的边底水
区裂缝均很发育且相互连通很好的块状底水油藏，注水方式选择边缘底部注水，即把注水
井部署在油水边界附近，注水井段在原始油水界面以下一定距离，这种注水方式有如下
优点：

（1）油藏内所有油井均能受到明显效果，位于注水井附近的前排油井对后面的油井没
有影响，油井见效后压力稳定或回升，产油量保持稳定上升；

（2）采取底部注水能充分利用重力分异作用抑制注入水沿裂缝上窜，有效地控制注入
水向生产井突进，使油水界面上升比较均匀，使注入水和底水的波及系数提高，从而能延
长油井无水采油期，有利于稳产提高最终采收率；

（3）采取底部注水单井注入量可以较大，达到注采平衡时所需的注采井数比低，如东
胜堡潜山在开采过程中，采用"顶密边稀"的布井方式，延长了油井的无水及低含水采油
期，采用边底部注水方式提高了注水利用率，采油速度高达2%左右，仍稳产9年，取得
了好的开发效果。

2. 层状边水油藏注水方式应选择边部注水

裂缝发育的层状边水油藏采用内部注水方式时必须十分慎重，不能像块状底水油藏
那样，为及时补充油藏能量，在初期注水时就选用多口注水井以较大注入量注水，这样油
井见水快，甚至造成个别油井暴性水淹，如静北潜山为层状油藏，采用内部注水方式后，
一口内部注水井安23-25井投注6个月后，相距300m的油井安21-25井见水，三天后
水淹，使注水效果变差。另一口内部注水井安19-23井注水后，位于下倾方向距注水井
1000m和500m两口生产井（安19-25井、安20-26井）被水淹，安19-25井日产油量
由见水前70.2t下降到58.0t。因此对于裂缝发育的层状油藏，若边水能量不足需要注水开
发时，注水方式最好采用边部方式。若面积较大，内部需要注水补充能量时，可采取边外
与边内注水相结合的方式，内部注水井应控制注水量和注入强度，采取温和注水和间歇注
水方式。

三、不稳定注采调控技术

在潜山裂缝性油藏开发中，普遍采用注水开发的方式来补充地层能量。与常规砂岩油藏相比，潜山裂缝性油藏的存储介质为基质和裂缝双重介质，其裂缝空间结构复杂、发育不规则，因此具有较强的非均质性。基质同样具有较为复杂的结构，主要由大量微裂缝和少量溶蚀孔隙构成，因此，其渗透率较低，水驱过程中极易导致注入水沿裂缝窜流，并使基质中的原油难以动用，油藏水驱效率降低[17]。常规注水体系已不能满足特殊岩性油藏高效开发的要求。为了使储层的裂缝和基质能够得到有效动用，避免开发过程中出现产量大幅递减的问题，针对辽河油田特殊岩性油藏进行了非常规注水体系优化研究。

辽河油田潜山油藏储层厚度一般为 300～1000m，储层厚度大，油藏类型多样、地质条件复杂，既有块状油藏特征又有层状特征（图 4-4-7 至图 4-4-10），受双重介质（基质＋裂缝）的影响，注水受效方向复杂，注水易水淹水窜（图 4-4-11），基质储量难以有效动用，常规水驱很难达到标定采收率。

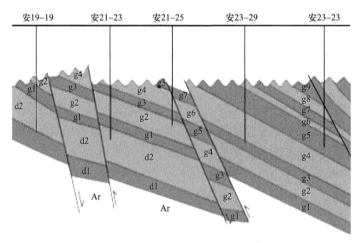

图 4-4-7　静北碳酸盐岩裂缝型潜山

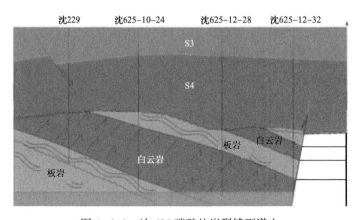

图 4-4-8　沈 625 碳酸盐岩裂缝型潜山

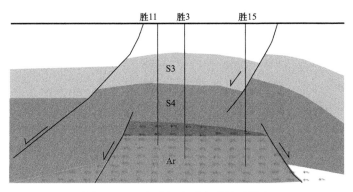

图 4-4-9 东胜堡变质岩裂缝型潜山

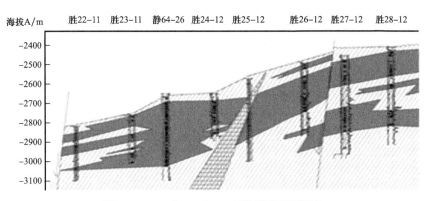

图 4-4-10 安 1- 安 97 变质岩裂缝型潜山

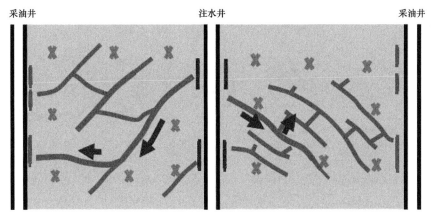

图 4-4-11 裂缝型油藏水窜示意图

通过对潜山油藏的"五个认识"，提出了潜山油藏注水方式的"五个转变"。建立了直平组合注水、关联交互注水、周期轮替脉冲注水等多元化注水调控技术，全面实现潜山油藏稳油控水。

（一）关联交互注水调控技术

关联交互式不稳定注水是不稳定注水方式中的一种，主要针对两个注采井组，设计两

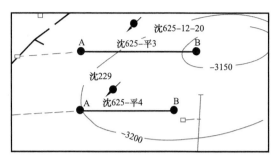

图 4-4-12　关联交互式不稳定注水方式试验井组平面示意图

口注水井的注水量呈交互式波动，以达到注采井组区域油藏内部压力波动并重新分配的目的，从而扩大水驱波及体积，改善开发效果。

以沈 625 潜山开展的关联交互式不稳定注水试验井组为例，由于该块采用的是直平组合注采井网，因此试验井组中为两口直井（注水井）和两口水平井（采油井），试验井组平面示意图如图 4-4-12 所示。设计注水井沈 625-12-20 井与沈 229 井的注水量为交互式波动，即当沈 625-12-20 井注水量为 70m³/d 时，沈 229 井注水量为 60m³/d，反之当沈 625-12-20 井注水量为 60m³/d 时，沈 229 井注水量调整为 70m³/d，以此类推，周期进行。试验井组实施后，见到了较好的阶段增油效果，其中一口采油井沈 625-平 3 井日产油由 65t 提高到 74t，另一口采油井沈 625-平 4 井日产油由 35t 提高到了 46t（图 4-4-12 和图 4-4-13）。

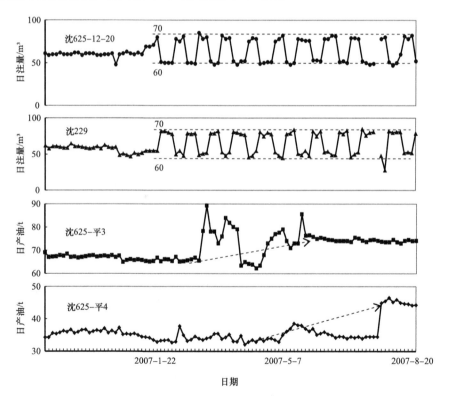

图 4-4-13　关联交互式不稳定注水方式试验井组曲线

（二）异步注采周期注水

异步注采是周期注水方式的一种，异步注采即注时不采，采时不注。在注水井注水时，关停油井，防止注入水沿裂缝水窜，注入水在驱替压差、渗析作用下向基质运移，从而扩大基质岩块的注水波及体积，提高驱油效率。注水井停注后，油井复产，裂缝压力首先下降，基质中的原油在压差作用下流向裂缝。实际上，异步注采主要是进一步强化基质岩块渗吸排油的速度与深度，改善周期注水的增产效果（图4-4-15）。

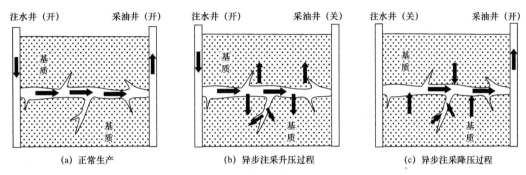

图 4-4-14　异步注采周期注水原理示意图

在沈625潜山开展了一口水平井注水的异步注采试验，注采井组示意图如图4-4-15所示，取得了较好的阶段效果（表4-4-6和图4-4-16），阶段累计增油达14688t。

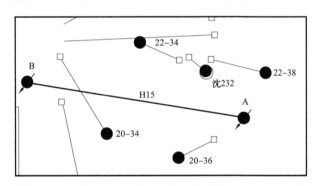

图 4-4-15　异步注采周期注水方式试验井组平面示意图

表 4-4-6　异步注采周期注水方式试验井组阶段实施情况统计表

周期	阶段			累计		
	注时不采 / d	不注不采 / d	采时不注 / d	H15 井注水 / $10^4 m^3$	增油 /t	节电 / $10^4 kW·h$
一	58	7	466	14527	7920	55
二	100	10	365	16134	3460	112
三	64	63	288	9574	3308	108
合计				40235	14688	275

（三）直平组合调配技术

在油气田生产中，井网的选择和部署是油藏开发的关键，井网形式主要受油气田的地质特点控制。对于块状厚层油藏，采用直平组合开发可以有效提高储量动用程度，但由于区块非均质性依然严重，注水后仍会存在部分部位注入水沿裂缝水窜导致注水波及体积小等问题，通过合理设计注采井网，摸索适合油藏的注采参数，根据不同注采见效关系及时调控，确保注水效果，是实现该类油藏合理有效开发的关键。

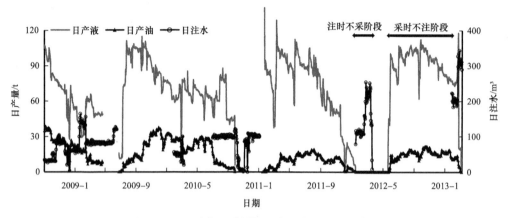

图 4-4-16 异步注采周期注水方式试验井组曲线

边台潜山是具有层状特征的块状油藏，由于层状特征明显，裂缝非均质性强，依据油藏储层特征，采取南块底部注、北块分段、分层注的方式（图 4-4-17），形成"直平组合注水"井组 19 个，通过周期注水、脉冲注水、温和注水等方式，年实施动态调配 45 井次，增油 1670t，区块日产油稳定在 280t 以上。

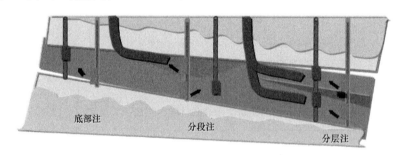

图 4-4-17 注采关系示意图

1."直平组合"调配

边 34-23 注水井对应 3 口水平井，采取"一级两层"对应注水，2019 年针对该井组含水率波动变化大，及时开展立体直平组合注水调配，井组含水率由 90% 下降到 85%，日产油由 13.5t 上升到 17.6t，阶段增油 168t。

2."脉冲注水"调配

边 29-25 井对应多口油井注水，采取脉冲注水，既补充了地层能量，又有效地控制含水上升速度。井组内油井液量上升明显，增油效果显著。边 29-125 井日增油 4.5t，边台 -H213 井日增油 2.0t，阶段增油 193t。

第五节 应用实例

一、静安堡油田沈84—安12块应用实例

（一）油藏概况

沈84—安12块是静安堡复式油气聚集带油气富集区块，区块构造上位于辽河盆地大民屯凹陷静安堡构造带中段，整体为受南北断层夹持、向西倾没的复杂背斜构造，断层十分发育。开发目的层沙河街组三段，油藏埋深1239~2375m，含油面积12.7km²，油层有效厚度48.7m，地质储量6374×10⁴t，标定采收率27.6%。

该块含油目的层属辫状河三角洲前缘亚相沉积，物源来自北东方向，砂体以辫状河道砂和河道间薄层砂为主，呈条带状分布，河道宽度70~200m，单砂体厚度一般3~5m。储层平均孔隙度22.1%（主力层段22%~24%），平均渗透率为412.8mD（主力层段900~1200mD），为中孔中高渗储层。孔隙结构以中孔高渗中喉、中孔中渗细喉为主。纵向发育多套油水系统，油水分布复杂，含油井段长，一般400~600m，油层呈中—薄层状分布，单层厚度0.4~10.6m，平均3.4m，层多、层薄，油藏类型为岩性—构造油藏。油品属高凝油，地面平均原油凝固点46.3℃、析蜡温度58℃，含蜡量35.6%，原油密度0.865g/cm³，原油黏度13.2mPa·s；油田水类型为$NaHCO_3$型，气层气为干气。地层温度62~75℃，地温梯度3℃/100m，原始地层压力19.5MPa，压力系数1.017，饱和压力8.7MPa，截至2021年12月，地层压力12.6MPa，压力系数0.65。

区块1986年编制开发方案正式投入开发，动用含油面积12.7km²，动用地质储量4434×10⁴t，基础井网采用上、下两套层系300m正方形井网反九点面积注水开发，共部署实施开发井182口。1989—2000年经历了五次重大加密调整：1989年为提高上层系水驱控制程度进行第一次井网加密调整，上层系井距缩小到210m；1991年为缓解层间矛盾，对下层系细分层系实施第二次井网加密调整，原下层系细分为两套开发层系，共分三套开发层系开发；1992年，为提高三层系水驱控制程度，实施第三次井网加密调整；1995—2000年，根据油藏中含水期剩余油分布特点，按照不规则加密方式实施第四次、第五次井网加密调整，层系逐步合并为上、下两套层系，井距均缩小到150m。2000年以后，整体合并为一套层系长井段分注合采，水驱开发矛盾加剧，区块进入高含水低速开发期，仅在局部实施了以侧钻为主的井网调整。2010年以来，为改善注水效果，在主体部位静67-59井区以S_3^4亚段为目的层实施24个井组的深部调驱，见到一定效果。历经30年开发，区块已进入双高开发期，整体处于Ⅱ类开发水平，主体部位接近Ⅰ类水平。

截至2021年12月，该块共有油井541口，开井438口，日产油570t，综合含水率94.5%，采油速度0.32%，累计采油1660.61×10⁴t，采出程度25.79%，可采储量采出程度

93.5%；注水井 246 口，开井 222 口，日注水量 13698m³，累计注水 10089.14×10⁴m³，累计注采比 0.98，累计地下亏空 667.0×10⁴m³，地层压力 11.3MPa。

（二）精细注采调控方案设计

截至 2021 年 12 月，沈 84—安 12 块处于"双高"阶段，综合含水率 94.5%，采出程度 24.9%。针对沈 84—安 12 块油藏特点及开发状况，按照上层系精细注水、下层系化学驱重建井网的"二三结合"开发思路，以精细注水、有效注水为目标，按照突出重点，有序实施的原则，平面上分区域治理，纵向上分层系开发，持续开展注采调控工作。同时提出靶向治理对策：（1）化学驱井区纵向上分层系进行开发，按照轻重缓急分 3 年进行治理；（2）边部治理区继续强化细分注水，降低注水无效循环；（3）新井投产与老井措施并重，实现区块高效注水开发。

按照上述分层系开发思路，整体部署新井 197 口，老井措施 199 井次，同时在区块西部实施扩边开发，实施新井 22 口。预计区块采收率较原方式提高 10% 以上。

（三）实施效果及取得认识

沈 84—安 12 块沙三段油层经过近三年的分层系精细注水、化学驱重建井网开发实践，已规模实施新井 219 口，年产油由 15×10⁴t 上升至 21×10⁴t，实施油井措施工作量 56 井次，累计增油 17271t，完成水井工作量 143 井次，累计增油 14898t。其中静 67-59 断块自然递减率已由 19.3% 降至 10.7%，递减率得到控制，实现了油藏有效开发。

沈 84—安 12 块油层分层精细注采调控的成功，为同类型油藏开发调整积累了宝贵经验，主要取得了以下几点认识。

1. 储层非均质性强，缩小注采井距有助于提高储层连通及控制程度

细分层系开发通过聚类重组开发单元、优化设计层系井网，实现单砂体均衡动用，从根本上缓解层间矛盾，必须综合地震、地质、测井、油藏等多学科知识，精细描述单砂体及隔夹层空间展布特征，分类评价单砂体连通质量、动用状况及剩余油潜力，为细分层系开发提供可靠地质基础。该区属于辫状河三角洲前缘沉积，河道频繁摆动，储层非均质性强，新井测井解释统计分析，油层组内层间非均质性较强，小层层间非均质性中等（表 4-5-1 和表 4-5-2）。

表 4-5-1 新井测井解释储层非均质性参数表（油层组）

层位	渗透率级差	突进系数	变异系数
S_3^3Ⅲ	387.71	3.51	1.07
S_3^4Ⅰ	237.76	3.22	0.95
S_3^4Ⅱ	158.77	2.67	0.66
S_3^4Ⅲ	147.08	2.43	0.62

表 4-5-2　新井测井解释储层非均质性参数表（小层）

层位	渗透率级差	突进系数	变异系数
$S_3^4 II_1^1$	37.97	2.12	0.74
$S_3^4 II_1^2$	10.67	2.17	0.72
$S_3^4 II_2^3$	15.22	2.22	0.63
$S_3^4 II_2^4$	43.07	1.88	0.66
$S_3^4 II_3^5$	57.38	2.34	0.58
$S_3^4 II_3^6$	14.79	1.63	0.54
$S_3^4 II_3^7$	35.58	1.56	0.59
$S_3^4 II_4^8$	18.16	1.47	0.62

统计试验区不同井距下连通系数，在 150m 井距时，连通系数为 72.2%；井距为 120m 时，连通系数提高到 79.2%。可见缩小注采井距明显提高了储层连通（表 4-5-3）。

表 4-5-3　不同井距下油层连通系数统计表

井距 /m	150	120	80～100
连通系数 /%	72.2	79.2	83.2

2. 深化剩余油分布研究，进一步夯实开发潜力

通过深化地质及开发认识，进一步夯实开发潜力。分析认为，试验区剩余油普遍存在、局部富集。剩余油类型平面上分为平面非均质、注采不完善型和断层控制型，以平面非均质型为主；纵向上分为层间动用不均型和层内动用不均型，以层间动用不均型为主（表 4-5-4），同时量化了不同类型剩余油潜力层厚度。

表 4-5-4　剩余油类型

剩余油类型		剩余油成因	潜力层厚度 /m
纵向	层间动用不均	因纵向非均质性导致局部层动用差而形成剩余油富集	531
	层内动用不均	受层内非均质影响，形成剩余油富集	161
平面	平面非均质	因平面非均质性导致局部剩余油富集	422
	注采不完善型	局部层段存在有采无注现象，导致未控制层段动用程度低而形成剩余油滞留区	152
	断层控制	断层附近井网控制程度低、注水驱替不到或水驱程度低形成剩余油	117

3. 合理制订射孔方案，有效提高单井产量

从沈检3井单层试采资料可以看出（表4-5-5），前三次射孔层电阻为40～50Ω·m、时差约280μs/m，电阻曲线形态呈箱形、指形，含水率都小于80%；而后三次射孔层电阻比前三次高，都在75Ω·m以上，电阻曲线为椅背形，但避射强水淹段不够，导致含水率较高。由此初步制订了"电阻大于40Ω·m、时差约280μs/m"的潜力层识别标准。

表4-5-5　沈检3井测井曲线及单层试油阶段生产效果

次数	电阻/(Ω·m)	形态	含水率	厚度/层数
1	40	指形	<80%	5.0m/1层
2	40	指形	<80%	8.7m/3层
3	45	箱形	<80%	7.0m/1层
4	75	椅背形	>80%	4.5m/1层
5	50	箱形	>90%	3.5m/1层
6	75	椅背形	<80%→>80%	9.1m/2层

综合近年调整井生产动态、测井以及新井录井、气测等资料，进一步完善了选层标准（表4-5-6）。

表4-5-6　潜力层识别及射孔标准

参数	"二三结合"选层射孔标准
电性	电阻大于40Ω·m，时差280μs/m左右
	中薄层电阻呈指形、箱形
	厚层电阻呈箱形、椅背形，避射强水淹段
气测	峰基比大于6
	全烃与C_1存在幅度差
	气测组分齐全
组合厚度	潜力层组合厚度大于10m

4. 精细分层开发，完善注采系统是减缓递减的重要手段

区块长期采用一套层系大井段合采，注水井纵向注入井段跨度达200～500m、层数20～40层、厚度50～80m，导致纵向储量动用程度极不均衡。一套层系分注合采阶段注水井历年吸水厚度比例基本为50%左右，累计吸水厚度比例上升非常缓慢，基本维持在75%左右。

为改善水驱动用状况，按照上层系精细注水、下层系化学驱重建井网"二三结合"开发思路，强化细分注水，整体部署新井210口，层系井网由原来的一套100～350m井距

不规则面积井网，转变为 100～150m 井距五点法注采井网，实施水井措施 143 井次，其中转复注 41 井次，新增分注 22 井次，层段重组 18 井次，细分注水 13 井次，调剖 10 井次，动态调配 152 井次，区块水驱储量动用程度由 50.0% 提升到 77.1%，阶段年增油 $8.5 \times 10^4 t$，自然递减率由 11.4% 减缓到 8.9%，取得了良好的开发效果。

二、交力格油田交 2 块应用实例

（一）油藏概况

交 2 块地理上位于内蒙古自治区开鲁县境内，构造上位于辽河开鲁盆地陆家堡坳陷陆东凹陷西侧，主要含油目的层为九佛堂组（$K_1 jf$），纵向上发育三个油层组，油层分布主要集中在 Ⅱ 油组、Ⅲ 油组，储层砂体发育，油层连通性好；而 Ⅰ 油组由于储层发育较差，油层不发育，非均质性较强。含油面积 $7.3 km^3$，石油地质储量 $459 \times 10^4 t$，剩余地质储量 $419 \times 10^4 t$，其中 Ⅱ 组地质储量为 $267 \times 10^4 t$，剩余地质储量为 $241.1 \times 10^4 t$，Ⅲ 组地质储量为 $192 \times 10^4 t$，剩余地质储量为 $178.3 \times 10^4 t$。

该块为发育多条南北断层的断鼻构造，发育近岸水下扇沉积，主要物源为西南向，次要物源为北东向。储层岩性主要以砂砾岩为主，其次为细砂岩及中粗砂岩，岩石颗粒较粗，分选差，储层孔隙度主要分布在 15%～20% 之间，平均为 20.2%，平均渗透率为 39.6mD，属于中孔、低渗储层。油藏原油属性为稀油，但黏度较大，地面原油密度 $0.929 g/cm^3$，黏度 180.55mPa·s，凝固点 15.27℃，含蜡 5.12%，胶质 + 沥青质 29.39%，地层水属于 $NaHCO_3$ 型，总矿化度平均为 5787.8mg/L。

截至 2021 年 12 月，该块共有油井 62 口，开井 46 口，日产油 141t，综合含水率 75.11%，采油速度 1.02%，累计采油 $57.06 \times 10^4 t$，采出程度 12.5%。

（二）开发调整方案设计

交 2 块直井开发阶段由于储层非均质性强，中强水敏，注水井注不进，主要依靠天然能量开发，长期处于低速低效开发阶段，采油速度低于 0.3%，采出程度仅为 8.98%。2019年采用水平井体积压裂方式开发，在有效厚度大于 5m 范围内，分两套层系，在直井井间设计水平井排距 200m，井距 100m，部署水平井 19 口，初期平均单井日产油 10.4t，采油速度由 0.28% 上升至 0.76%，实现了区块的二次开发。

体积压裂水平井投产后，由于地层天然能量较低，有效注水时间短，水平井生产一段时间后产量有下降趋势，亟须补能。2019 年进行直平组合底部温和注水试验，2020 年编制交 2 块注水开发调整方案，采用直平组合注采井网，底部采用温和注水、不稳定注水方式，注采井平面距离 100m、纵向注水高差 30m，共设计 24 个注水井组，预计采收率可达到 23.3%。

（三）实施效果及取得认识

截至 2021 年 12 月，交 2 块水平井已完钻 17 口，投产 16 口，开井 16 口，日产液 349m³，日产油 97.4t，含水率 72.1%，水平井阶段累计产油 6.6×10^4t，累计产水 17.9×10^4m³，二次开发效果较好。

2019 年 10 月开展直平组合底部温和注水试验。优选交 68-46 井注水，水平井与直井平面井距 90m，纵向注采高差 35m。2019 年 10 月 21 日开始试注，初期日注水 20m³，注入压力 0MPa，注水 10d 后，交 2-H1 井见到一定效果，表现为液油同增。油井见效前日产液 16m³，日产油 10t，含水率 37.5%，见效后日产液 18m³，日产油 12t，含水率 28.5%。截至 2022 年 7 月，已转 11 个注水井组，注水井平均单井初期日注 15～30m³，注入压力 3.7～10MPa。

交 2 块水平井直平组合注水补能效果较好，为同类型油藏开发调整积累了宝贵经验，主要取得了以下几点认识。

1. 平面注采井距设计合理

若注水井与水平井平面距离过大，由于储层渗透率低，会导致注不进；若注水井与水平井平面距离过小，由于压裂缝存在，会导致注入水水窜。油井能很快见到注水效果，并且未发生水窜，表明平面注采井距设计合理。

2. 纵向注采高差合理

若注水层段与水平井纵向距离过大，由于储层渗透率低，会导致注不进；若注水层段与水平井纵向距离过小，由于压裂缝存在，会导致注入水水窜。从 5 口井注水来看，注采高差在 30m 左右，油井见效明显且未发生水窜，表明纵向注采高差合理。

3. 注水井应及时调控，避免水窜

由于大量压裂裂缝存在，注采比过大注水容易沿裂缝发生水窜，通过交 2-H1 井液量油量变化可以看出水平井受到注水效果，注采比 1:1 可以起到稳液稳油的效果。但由于裂缝的存在，注入水容易发生水窜，当水平井含水率出现上升趋势时，注水井应及时动态调控，防止发生水窜。

参 考 文 献

[1]宋新民，王凤兰，高兴军，等.老油田特高含水期水驱提高采收率技术［M］.北京：石油工业出版社，2019.

[2]王渝明，罗凯，祝绍功，等.精细分层注水技术［M］.北京：石油工业出版社，2018.

[3]李伟强，尹太举，赵伦，等.辫状河储层内部建筑结构及剩余油分布研究［J］.西南石油大学学报（自然科学版），2018，40（4）：51-59.

[4]高博禹，彭仕宓，黄述旺，等.高含水期油藏精细数值模拟研究［J］.石油大学学报（自然科学版），2005，29（2）：11-15.

[5]陈元千.实用油气藏工程方法［M］.东营：石油大学出版社，1998.

[6]张玉荣，闫建文，杨海英，等.国内分层注水技术新进展及发展趋势［J］.石油钻采工艺，2011，33（2）：102-107.

[7]李道品.低渗透油田高效开发决策论［M］.北京：石油工业出版社，2003.

[8]张绍槐，罗平亚.保护储集层技术［M］.北京：石油工业出版社，1991.

［9］沈平平.油层物理实验技术［M］.北京：石油工业出版社，1995.

［10］田玉玲，朱斌.絮凝法快速评价砂岩地层岩样的盐度敏感性［J］.油田化学，1994.

［11］张海龙.CO_2混相驱提高石油采收率实践与认识［J］.大庆石油地质与开发，2020，39（2）：114-119.

［12］牟珍宝，袁向春，朱筱敏，等.低渗透油田压裂水平井开发井网适应性研究［J］.石油天然气学报，2008，330（6）：119-122.

［13］凌宗发，王丽娟，胡永乐，等.水平井注采井网合理井距及注入量优化［J］.石油勘探与开发，2008，35（1）：85-91.

［14］李洪霞.兴隆台潜山带油藏评价与开发方式研究［D］.大庆：东北石油大学，2010.

［15］杨丽娜，王欣然，史长林，等.潜山裂缝油藏不稳定注水体系研究［J］.重庆科技学院学报（自然科学版），2020，22（2）：5.

［16］张云峰，王磊，李晶.海拉尔盆地苏德尔特古潜山裂缝发育特征［J］.大庆石油学院学报，2006，30（5）：4-6.

［17］李云鹏，朱志强，孟智强，等.裂缝性油藏的注采模式研究［J］.特种油气藏，2018，25（3）：130-134.

第五章　双高期砂岩油藏化学驱提高采收率技术

辽河油田化学驱起步较早，20世纪70年代就启动室内研究工作，历经三次潜力评价，筛选出适合化学驱储量$3.03 \times 10^8 t$，现有技术条件下可动用储量$1.55 \times 10^8 t$。截至2020年12月，主力水驱砂岩油藏已开发超过30多年，均已进入双高开发阶段，20世纪90年代开展聚合物驱先导试验，取得显著效果，21世纪10年代聚合物—表面活性剂复合驱工业化试验又取得成功，因此确立了聚合物—表面活性剂复合驱为主、聚合物驱和三元复合驱为辅的技术发展思路。近年来化学驱技术在机理研究、配方设计、油藏工程设计与调控等方面取得显著进步，为辽河油田化学驱上产$50 \times 10^4 t$奠定了坚实的技术基础。

第一节　化学驱配方体系优化设计

化学驱现场试验成功与否，驱油体系是关键，从种类繁多的化学剂中筛选出性能良好的化学剂是发挥配方效果的关键。为了有针对性地评价化学剂各项性能，需建立从化学剂单剂筛选到复合体系性能评价一整套系统的配方评价技术和评价指标，从而科学合理地确定驱油体系，保障现场试验效果。

一、聚合物筛选与评价

聚合物驱就是把聚合物添加到注入水中提高注入水的黏度、降低水相流度的一种驱油方法。对常规水驱来说，由于油层的非均质性和较高的水油流度比，水相窜流和指进现象严重。波及系数较小，聚合物提高原油采收率作用主要表现为：（1）提高注入水的黏度，（2）降低水相渗透率，（3）调整吸水剖面，（4）聚合物的弹性具有洗油能力。

（一）聚合物理化性能评价

研究驱油用聚合物首先要确定其基本理化性能。通过这部分研究可以筛选掉大量不符合要求的聚合物产品，为聚合物下一步复杂的性能测试提供了质量保障。针对化学驱用聚合物产品特点，确定了11项理化性能评价指标，并利用不同仪器建立了相应检测方法（表5-1-1）。

（二）聚合物使用性能评价

聚合物在使用过程中主要是利用其增黏、高黏弹性等特点，提高化学驱过程中注入溶液的波及与驱油效率。因此，在评价聚合物使用性能过程中，主要是围绕黏性、黏弹性等指标进行评价，包括增黏性、阻力系数、运移能力、黏弹性、黏度损失等。

表 5-1-1　聚合物理化指标参数与方法（1200 万～1600 万）

序号	指标项目		沈 84—安 12 块	检测方法
1	固含量 /%		>88.0	失重法
2	粒度 /%	≥1.00mm	<5.0	筛网法
		≤0.20mm	<5.0	
3	水解度 /%（摩尔分数）		23.0～27.0	滴定法
4	黏均分子量 /10^6		12～16	外推法
5	特性黏数 /（dL/g）		>1756	外推法
6	表观黏度 /（mPa·s）		>40.0	黏度法
7	过滤因子		<2.0	时差法
8	水不溶物 /%		<0.2	沉淀法
9	溶解速度 /h		<2.0	黏度法
10	残余单体 /%		<0.05	色谱法
11	外观		白色粉末	观察法

1. 增黏性能评价

聚合物溶于水后，由于其高的相对分子质量和分子之间负电荷离子的互相排斥作用，促使在溶液中呈线形长链分子伸展，并在其溶液浓度增加的情况下发生分子链之间互相缠绕，使分子内摩擦阻力增长，产生高黏度。由于聚合物相对分子质量比水大很多，所以溶液黏度增大很多，并随着聚合物溶液浓度和其相对分子质量的增加，聚合物溶液黏度明显增大。

不同聚合物增黏性是不同的，有的聚合物增黏性好，有的聚合物增黏性差。一般来说在进行聚合物驱时，选择增黏性好的聚合物作为驱油剂，可以大大减少聚合物用量和降低化学剂费用。

2. 黏弹性评价

研究发现聚合物溶液在具有黏性特征的同时，在力学响应情况下还表现出弹性特性。其与黏性相结合的特性，被称为黏弹性。黏弹性是高聚物分子运动松弛特性的外在表现。具有黏弹性的聚合物溶液与具有相同黏度但不具备弹性的甘油相比，能够提高采收率 3～5 个百分点。

聚合物溶液黏弹性主要由动态剪切流动条件下的储能模量 G' 和损耗模量 G'' 表征，储能模量 G' 和损耗模量 G'' 分别表示聚合物溶液弹性和黏性的大小。储能模量 G' 和损耗模量 G'' 均随频率增加而增加，储能模量越高，线性黏弹性越强。

3. 阻力系数及残余阻力系数评价

阻力系数和残余阻力系数是描述聚合物流度控制和降低渗透率能力的重要指标。阻力系数是指聚合物降低水油流度比的能力，它是水的流度与聚合物溶液流度的比值。残余阻力系数描述了聚合物降低渗透率的能力，是聚合物驱替前后岩石水相渗透率的比值，即渗透率下降系数。在室内取有代表性的油层岩心并处理干净，以指定矿化度的水配制某一浓度的聚合物溶液，在恒定温度、恒定流速条件下往岩心中注水，记录下稳定的注水压力。接着，以不变的速度往岩心中注配制好的聚合物溶液，记录下稳定的注入压力，然后再以同样的速度再次注水，求得稳定的注水压力。经过多次岩心实验，求得各种条件下（不同渗透率、不同浓度、不同温度等）聚合物溶液的阻力系数和残余阻力系数。

4. 井筒及炮眼处剪切黏损评价

聚合物经配制、注入到由油井采出，要经过一个复杂的过程，受到机械剪切、微生物和氧化降解等多种因素的影响，使聚合物相对分子质量降低，溶液的黏度下降。矿场试验表明，聚合物溶液注入目的层过程中黏度损失最严重的位置在井筒附近及炮眼处。因此开展了应用实际套管及射孔枪来模拟聚合物经过炮眼后黏度损失情况。室内建立了一套井筒及炮眼处剪切黏损评价系统。主要包括：模拟固井过程中套管水泥环，利用真实射孔枪弹对套管进行射孔。过程与现场实际射孔一致。整体模拟聚合物流经井筒与炮眼处黏损情况（图5-1-1），利用该系统建立与模拟现场生产机制，评价聚合物溶液黏损。研究表明聚合物经过炮眼后由于机械剪切造成黏度损失在24.0%左右，结合地面工艺、井筒、地层剪切等黏度损失统计，总黏度损失为54%。该项评价参数的获取为方案设计中聚合物相对分子质量、使用浓度设计提供了重要依据。

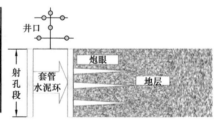

图5-1-1 聚合物流经井筒与炮眼处黏损示意图

其中柱状混凝土靶打靶实验通过对柱状混凝土靶单孔打靶，研究不同射孔参数条件下射孔孔眼直径、穿深、内表面积、孔容等数据，结合装弹工艺、套管强度影响、对聚合物剪切影响等因素分析，初步确定DP46RDX43-1、BH46RDX43-1两种射孔弹适合注入井，DP46RDX43-1穿深较深，较适合采出井。另外用优选出的2种射孔弹开展套管靶注聚黏损实验，研究套管—水泥环黏度损失情况。结果表明：总体来看，套管部分黏度损失不大，在0.14%~5.82%之间；相同孔径情况下，流速越大，黏度损失越大；相同流速下，孔径越大，黏度损失越小；在相同流速下，经过BH46RDX43-1射孔孔眼比经过DP46RDX43-1射孔孔眼的黏度损失要小。最后用优选出的2种射孔弹开展地层砂岩靶注聚黏损实验，研究炮眼黏度损失情况。结果表明，BH46RDX43-1过炮眼后黏损率较小为23.9%（DP46RDX43-1黏损44.5%），适合注入井射孔。另外通过射孔密度对套管强度影响分析，认为TP100H套管，采用BH46RDX43-1每米射30孔对套管外形变化以及强度的影响不大，综合考虑采用24孔/m。

5. 聚合物浓度检测评价

建立了聚合物浓度高效液相色谱测试法，该方法可以与可能的干扰物质进行有效分离，能够准确、灵敏、快速地检测复合驱注采液中聚丙烯酰胺含量。该法线性范围为2~100mg/L，最小检出量为2mg/L，完成一次分析只需5min，满足复合驱采出液中聚丙烯酰胺准确定量分析的目的。液相色谱法与常规的淀粉—碘化镉、浊度法进行对比（表5-1-2），液相法具有实效性强、精度高的优势。当现场一次送大批量样品时，液相色谱法一次可进行96个样品测试，保证了样品测试的效率与精度，为及时掌握聚合物在地下运移、波及情况，及时调整注入方案提供保障。

表5-1-2 不同聚合物浓度检测方法对比

序号	检测方法	检测范围/（mg/L）	应用仪器	检测样品
1	液相色谱法	0~100	高效液相色谱仪	采出液
2	淀粉—碘化镉法	10~100	紫外分光光度计	注入目的液
3	浊度法	100~300	紫外分光光度计	聚合物母液

二、表面活性剂筛选与评价

（一）理化性能评价

表面活性剂理化性能直接影响其使用性能，是评价其优劣的基本评价要求。针对化学驱用表面活性剂产品特点，确定了11项理化性能指标，包括：界面张力、pH值、溶解性等，利用不同仪器建立了相应评价方法（表5-1-3）。通过表面活性剂理化性能评价，不但准确掌握表面活性剂产品质量情况及变化特点，而且为进一步使用性能评价及产品筛选奠定重要认识。

表5-1-3 化学驱用表面活性剂产品理化指标参数与方法（沈84—安12块）

序号	项目	指标	检测方法
1	界面张力/（mN/m）	$< 1.0 \times 10^{-2}$	旋转滴法
2	有效物含量/%	$\geqslant 50.0$	色谱法
3	pH值	7.0~8.0	电位法
4	游离碱含量/（mg/g）	< 0.2	滴定法

续表

序号	项目	指标	检测方法
5	溶解性	溶解 1h 后，透射光强度变化不大于 5%	透光度法
6	闪点 /℃	≥60	闭口杯法
7	环保性	产品中不含 OP、NP	色谱法
8	流动性	原液黏度不大于 500mPa·s	黏度法
9	洗油效率	>30%	体积法
10	乳化系数	0.4～0.8	背散射光法
11	密度 / (g/cm³)	1.0～1.2	密度计法

（二）使用性能评价

表面活性剂在使用过程中主要是利用其高界面活性、润湿性等特点，提高化学驱过程中注入溶液的洗油效率。因此，在评价表面活性剂使用性能过程中，主要是围绕界面性等指标进行评价，包括：界面张力、CMC 值、乳化能力等。

1. 界面张力

界面张力也叫液体的表面张力，就是液体与液体间的作用张力，恒温恒压下增加单位界面面积时的体系自由能的增量，称之为界面张力，起源于界面两侧的分子对界面上的分子的吸引力不同。在化学驱研究过程中，评价驱油配方与地层中原油间的界面张力非常重要。实验室建立旋转滴法测试油水间界面张力，实现了软件自动控制拍照、保存图片、计算界面张力值、显示出测值，而无须人工干涉，从而有效避免了人为因素对测值的影响。建立了随时间、转速、温度变化而变化的界面张力值，并把所有测值直接导出为 EXCEL 文档，实时显示测值曲线图。

2. 临界胶束浓度（CMC）评价

表面活性剂分子在溶剂中缔合形成胶束的最低浓度即为临界胶束浓度（CMC），临界胶束浓度是衡量表面活性剂性能的一个重要指标，溶液在 CMC 浓度以上，形成的胶团可以增溶有机物（原油），且数目越多，增溶能力越强，提高采收率越有利。建立体系临界胶束浓度评价技术准确评价表面活性剂 CMC 值，为配方中表面活性剂浓度优化提供依据。

3. 乳化性能评价

乳化是一种液体以极微小液滴均匀地分散在互不相溶的另一种液体中的作用。乳化是液—液界面现象，两种不相溶的液体，加入适当的表面活性剂，在强烈的搅拌下，油被分散在水中，形成乳状液，该过程叫乳化。乳化是化学驱重要驱油机理之一，乳化能力可以用乳化综合指数表示，它是表面活性剂综合乳化性能的量度，由乳化力和乳化稳定性决定。

4. 配伍性评价

为了保证表面活性剂与地层水、其他溶液间具有良好的配伍性，保证体系在地层中能够充分发挥作用，需要评价配伍性。通过引进稳定性分析仪，建立评价体系透射光吸收值和沉降速率评价方法，表征体系稳定性，从而判断表面活性剂的配伍性。稳定性好的表面活性剂溶液不同部位透光率应小于 5%，沉降速度为 0。

5. 表面活性剂浓度检测

由于采出液成分复杂，常规方法无法检测采出液中表面活性剂浓度，因此，研制了用于分析检测锦 16 块用表面活性剂产品的专用气相色谱分析柱，建立了气相色谱检测方法，可与干扰物质进行有效分离，能够准确、灵敏、快速地检测辽河锦 16 块复合驱注入体系中表面活性剂浓度（图 5-1-2），该法线性范围为 2～100mg/L，最小检出量为 2mg/L，完成一次分析仅需 20min。

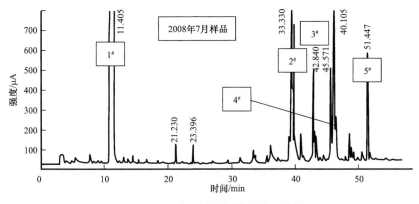

图 5-1-2　表面活性剂特征峰色谱图

三、化学驱油体系筛选与评价

化学驱配方评价以高黏弹性、高界面活性、高驱油性、中等乳化性能为主要指标。建立了黏弹性评价技术、传输运移能力评价技术、炮眼剪切黏损评价技术、体系活性评价技术、化学剂配伍性评价技术、乳化性能评价技术、物模优化评价技术等。

（一）黏弹性评价

黏弹性是评价体系扩大波及能力的基本指标。应用布氏黏度计等仪器对影响体系黏度因素进行研究，包括：聚合物分子量大小、聚合物浓度、油藏温度、时间及剪切对体系黏度保留率的影响等。应用流变仪测试不同剪切速率下的视黏度变化规律及对储能模量、耗能模量进行评价，从多角度综合评价化学驱油体系扩大波及体积的能力（图 5-1-3 和图 5-1-4）。

（二）传输运移能力评价

为了保证体系具有良好扩大波及体积能力，需要在近井及远井地带均能够建立一定的阻力系数及残余阻力系数，应用物理模拟手段，通过测试物理模型从注入端到采出端不同部位的阻力系数及残余阻力系数，表征体系的传输运移能力。注入端与采出端阻力系数及残余阻力系数差值越小（表5-1-4），表明体系在地层中传输运移能力越强，驱替作用越好。

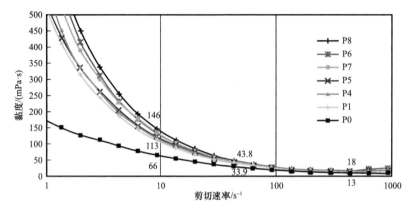

图 5-1-3　不同聚合物溶液流变曲线

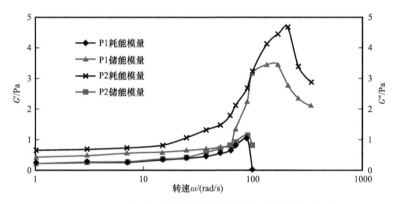

图 5-1-4　不同聚合物溶液储能模量、耗能模量曲线

表 5-1-4　不同部位阻力系数与残余阻力系数测试结果

聚合物	阻力系数		残余阻力系数		运移能力评价
	前半部	后半部	前半部	后半部	
P7	13.07	13.93	7.60	8.84	强
P2	115.35	3.58	32.66	3.13	弱

（三）炮眼剪切黏损评价

体系经过炮眼和多孔介质剪切后，黏度下降，客观评价黏度损失情况对配方体系设计至关重要。通过研制真实井筒黏度损失"打靶"实验装置，建立炮眼剪切黏损评价方法，模拟现场化学剂注入过程，量化了体系经过炮眼前后的黏度损失。表5-1-5实验结果表明：体系经过套管及水泥环黏度损失小于4%，经过炮眼后黏度损失为24%。

表 5-1-5 炮眼黏度损失实验结果

弹型	炮眼前黏度 / mPa·s	炮眼后黏度 / mPa·s	平均黏度损失 / %	最大压力 / MPa	稳定压力 / MPa
BH46RDX43-1	117.0	89.0	23.9	11.0	10.2

（四）体系活性评价

界面活性是二元驱主要指标，传统界面活性评价对象只针对低黏体系，缺乏高黏体系下界面活性评价方法，不能满足二元驱用表面活性剂产品筛选及配方体系设计要求。实验中发现，在高黏体系下，界面张力与体系黏度呈正相关性，不能真正反映体系界面活性，影响表面活性剂筛选与评价结果（图 4-1-5）。通过建立剪切评价高黏二元体系界面性评价方法，解决了无法准确评价高黏体系界面张力的问题，为配方体系中化学剂浓度设计提供科学依据。

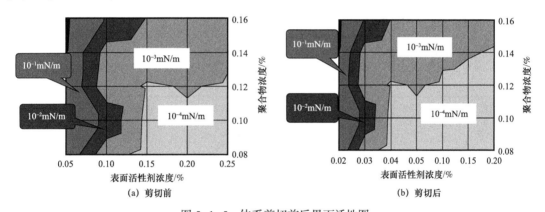

图 5-1-5 体系剪切前后界面活性图

（五）乳化性能评价

乳化是二元驱重要驱油机理之一，乳化能力可以用乳化综合指数表示（表 5-1-6），它是表面活性剂综合乳化性能的量度，由乳化力和乳化稳定性决定。乳化力是指乳化相中萃取出油的量与被乳化油的总量的质量百分比，以分水率（%）表示乳化稳定性能的优劣。

乳化力：

$$f_e = \frac{W}{W_0} \times 100 = \frac{c \times V \times \dfrac{50}{10}}{m \times \dfrac{10}{10+10}} \times 100 \qquad (5-1-1)$$

式中 f_e——乳化力，%；

W——乳化层中原油质量，g；

W_0——称取原油质量，g；

c——标准曲线上查的含油浓度，g/L；

V——称取乳状液体积，mL；

m——称取乳状液质量，g。

乳化稳定性：

$$S_w=（V_1/V_2）\times100\%$$（5-1-2）

$$S_{te}=1-S_w$$

式中　S_w——分水率，%；

V_1——乳化层静置后分出水体积，mL；

V_2——总含水量，mL；

S_{te}——乳化稳定性，%。

综合乳化系数：

$$S_{ei}=\sqrt{f_e\times S_{te}}$$（5-1-3）

式中　S_{ei}——综合乳化系数。

表 5-1-6　乳化综合指数等级

等级	强	较强	中等	弱	差
对应数值	75～100	50～74	30～49	15～29	0～14
评价	建议：乳化综合指数在 30 以上认为乳化性能较好				

（六）化学剂间配伍性评价技术

通过稳定性分析仪，评价体系透射光吸收值和沉降速率，表征体系稳定性，从而判断聚合物与表面活性剂之间配伍性。图 5-1-6 和图 5-1-7 表明透射光吸收值波动范围在 5% 之内，体系沉降速度为 0 时，两者间配伍性好。

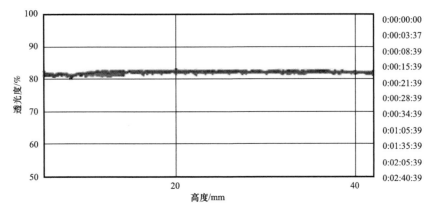

图 5-1-6　体系透射光吸收值

（七）体系与储层配伍性评价

为了确保体系与储层微观结构相匹配，需要评价体系与储层配伍性，特别是聚合物分子量与储层配伍性。

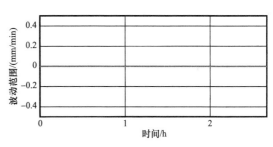

图 5-1-7　体系沉降速度

1. 理论计算方法

聚合物驱油溶液是聚合物稀溶液，其常用浓度不超过 0.2%。柔性链段聚合物分子在稀溶液中以单个的无规则线团形式存在。在层流中，受流速梯度的作用，线团裹带内部的包容水一边旋转一边沿着剪切方向运动，线团旋转时将扫过一定的球形空间。在理论研究中处理为流体力学等效球，其半径与线团的回旋半径 R_G 可通过理论计算。

$$R_G=0.62\times10^{-4}\left(\left[\eta\right]M\right)^{1/3} \tag{5-1-4}$$

式中　R_G——聚合物分子回旋半径，μm；

　　　$\left[\eta\right]$——特性黏数，mL/g；

　　　M——黏均分子量。

根据传统"架桥理论"（图 5-1-8），当 $R_h\geqslant0.46R$ 时，3 个聚合物分子形成稳定的三角"架桥"，形成堵塞；$R_h<0.46R$ 的情况下，形成不稳定的堆积堵塞，冲力稍大便易解堵。由此可以筛选出与储层孔隙结构相配伍的聚合物分子量（图 5-1-8）。

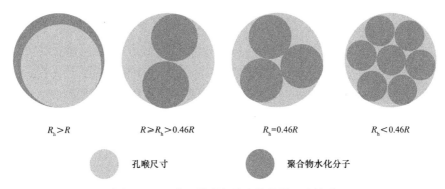

| $R_h>R$ | $R\geqslant R_h>0.46R$ | $R_h=0.46R$ | $R_h<0.46R$ |

孔喉尺寸　　　　聚合物水化分子

图 5-1-8　岩心孔喉与聚合物分子匹配关系

2. 激光散射法

利用动态散射光测得粒子因布朗运动而引起的平移扩散速率，确定单纯聚合物溶液中线团的形态和尺寸。图 5-1-9 提供的测试原理是入射光通过高分子链时发生散射，散射光产生多普勒位移，通过测定散射光频率与入射光频率之差，测得布朗运动产生的扩散系数，扩散系数有浓度依赖和分子量依赖性，根据 Stokes-Einstein 关系方程计算出水动力学尺寸。

该方法对样品及溶液的洁净度要求很高，优化建立了二级过滤＋离心的前处理方法，完成 4 种不同分子量聚合物水动力学尺寸测试。如图 5-1-10 所示，随着分子量增加，水动力学尺寸不断增加。

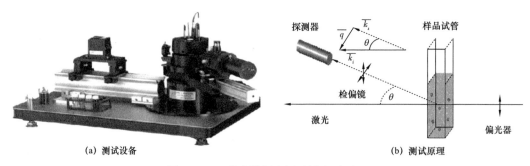

(a) 测试设备　　　　　　　　　　　(b) 测试原理

图 5-1-9　激光散射法测试设备及原理

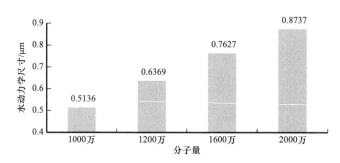

图 5-1-10　不同分子量聚合物测试结果（激光法）

3. 微孔滤膜法

使用实验室常见的不同孔径（0.10～3.0μm）的微孔滤膜，利用垫块将滤膜固定在岩心夹持器中部，实验过程中保持压差（0.20MPa）恒定不变（设备如图 5-1-11 所示），使不同水质配制的各种聚合物溶液通过不同孔径的微孔滤膜进行过滤，然后收集通过每种孔径滤膜的约 50mL 的聚合物流出液，测定聚合物溶液在过滤前后的浓度或者黏度，在直角坐标系中作聚合物流出液的浓度或黏度随微孔滤膜孔径的变化曲线图（图 5-1-12），通过以下分析可以确定聚合物的分子尺寸：如果聚合物溶液能够在恒压条件下顺利通过某种孔径的微孔滤膜且不破坏该滤膜孔径，并且流出液的黏度或者浓度尚未发生明显降低，那么该微孔滤膜的孔径就是所能通过的聚合物溶液的水动力学直径。再与确定的孔喉尺寸对比，分析判断聚合物溶液在不同条件下的过孔能力。

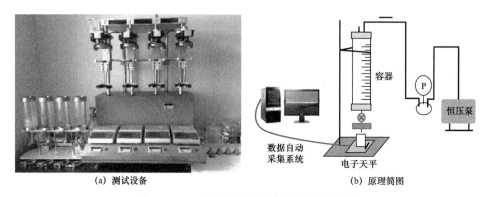

(a) 测试设备　　　　　　　　　　　(b) 原理简图

图 5-1-11　不同分子量聚合物测试设备图

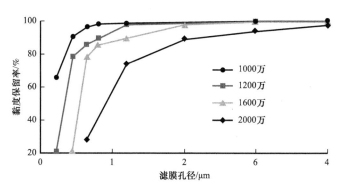

图 5-1-12　不同分子量聚合物测试结果（微孔滤膜法）

（八）吸附性能评价

1. 吸附量测定

建立表面活性剂浓度检测方法，测量表面活性剂吸附前后的浓度，利用公式计算吸附量（图 5-1-13）：

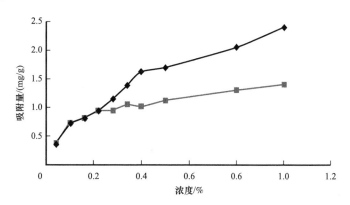

图 5-1-13　体系在油砂上的吸附量

$$A_s = 9 \times (c_o - c_e) \tag{5-1-5}$$

式中　A_s——吸附量，mg/g；

　　　c_o——吸附前表面活性剂浓度，mg/L；

　　　c_e——吸附后表面活性剂浓度，mg/L。

2. 吸附性间接评价

对于未知组分表面活性剂吸附性评价，可采用评价吸附前后溶液界面性能间接反映吸附性能（图 5-1-14）。

四、驱油体系参数优化与效果评价

大量的室内实验和现场经验表明，除油层条件外，驱油剂注入参数对驱油效果也有不同程度的影响。通过利用系列物理模型开展室内物理模拟实验可优化驱油剂中聚合物相对分子质量、化学剂浓度、注入量、转注时机、段塞尺寸及组合等注入参数及预测复合体系驱油效果。

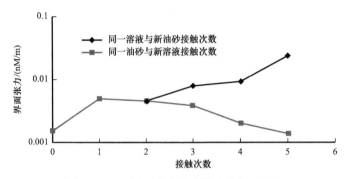

图 5-1-14　界面张力随吸附次数变化规律

（一）注入参数优化

1. 驱油用聚合物相对分子质量选择

在油层条件允许的注入压力下，相同用量的聚合物，相对分子质量越高，增黏效果越好，残余阻力系数越大，驱油效果越好；相同相对分子质量的聚合物，相对分子质量分布越宽，残余阻力系数越大，驱油效果越好。但是相对分子质量过大也会给注入带来困难，甚至造成油层堵塞。因此，可以认为在可行的注入压力及聚合物相对分子质量与油层渗透率相匹配的条件下，应最大限度地采用相对分子质量分布宽的高相对分子质量的聚合物。

2. 驱油用化学剂浓度

就化学驱而言，在保证体系性能的前提下，高浓度的段塞驱油比采用低浓度的段塞驱油效果要好，对于非均质越严重的油层，更是浓度越高效果越好。但随着段塞浓度提高，注入液黏度增大，注入压力升高，驱油体系注入会变得更加困难。由此看来，驱油剂浓度的提高是有限的。

3. 注入量

衡量化学剂驱油效果的重要指标是化学驱比水驱提高采收率值的大小。研究表明，当其他条件相同时，驱油剂用量越大，驱油效果越好；但是当达到一定用量后，驱油剂增油量就呈下降趋势。因此，应选择最佳的化学剂用量，使得采收率提高幅度和单吨驱油剂增油量都较大。

4. 化学驱转注时机

不同开发时机进行化学驱，由于地下剩余油不同，开采效果也不同。转入化学驱的时机越早，驱替效果越好。化学驱时的含水率越低，地层剩余油饱和度相对越高，化学剂溶液注入地层后，越容易形成原油富集带，见效早，化学剂利用率高，效果更好。同时，早期转入化学驱开发，能有效地缩短开采时间、提高经济效益。

5.段塞尺寸及组合

化学驱提高采油率的原理主要有两个方面：一是提高注入液的黏度，改善油水流度比，提高波及系数；二是降低油水界面张力。但是当驱油剂注入地下时会受地下水的侵污，体系浓度下降，驱油效果变差，为了保持注入油层的驱油剂能保留较高的浓度，在主段塞前后分别注入一定量的保护段塞。

大量室内实验结果表明，合理地将不同段塞进行优化组合，可以提高驱油效果并节约化学剂用量，对于段塞组合优化应采用物理模拟的手段进行段塞组合筛选，根据实验结果确定最佳的化学驱段塞组合注入方式。

（二）驱油效果评价

根据区块地质、油藏条件筛选出化学驱配方体系后，需要预测该配方体系的驱油效果，为开发指标预测提供参数。目前室内研究中可通过系列物理模型进行化学驱油体系驱油效果评价，同时对饱和度场、压力场进行量化评价。

1.驱油效果评价

经过静态性能评价、注入参数优化等实验，最终确定最优的驱油体系，需对配方体系进行驱油效果评价。室内实验中一般采用天然岩心填充单管或多管填砂模型评价驱油效果，模拟储层真实渗透率，同时由于采用天然岩心进行实验，模型具有与真实储层一致的矿物组成，可在一定程度上模拟储层对驱油体系的吸附性，驱替效果更接近真实驱油效果。

2.含油饱和度场监测

室内为了解驱油剂注入地下后的使用情况，需要对驱油效果进行预测。

由于在驱替过程中，整个驱油体系的动态特征是无法直接进行计量，需要一个间接的数据进行描述。通过资料调研可知，通常储集油气层的基质是不导电的，而岩石中的水溶解了盐分，盐在水中电离出正、负离子，在电场的作用下，离子运动，从而形成电流。盐浓度越大，导电率越大，电阻率越小。因此，驱替过程中含油饱和度可由电阻率进行量化，分析化学驱过程中的动态特征，预测驱油效果（图5-1-15）。

图5-1-15是利用饱和度监测仪绘制的化学驱过程中的饱和度云图。从图5-1-15中可以看出，化学驱前，水驱虽然波及中、高渗储层，但储层含油饱和度依然较高，仍有未被波及的剩余油，而低渗层含油饱和度很高，几乎未被波及；化学驱后，高、中、低渗储层的含油饱和度均明显下降，中、高渗层剩余油被驱出，启动了低渗层。在实验中通过含油饱和度云图不仅可以直观地看出化学驱前后储层的对比情况，还可以观察驱替过程中的动态特征，这也有效地预测了驱油效果。

3.压力场评价

前面提到的平面物理模型不仅可以设置含油饱和度监测点，还可设置压力监测点（图5-1-16）。通过对驱替过程中压力的监测，可对比出化学驱前后不同点地层压力上升幅度，分析化学驱油剂推进方向及地下压力场变化，判断是否实现深部液流转向，进而可分析出驱油剂是否有效封堵高渗层。

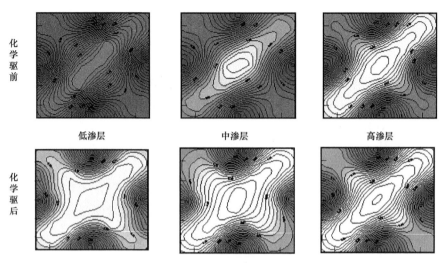

化学驱前　　　　　　低渗层　　　　　中渗层　　　　　高渗层

化学驱后

图 5-1-15　化学驱前后含油饱和度场对比

在实验过程中，仅需要在平面岩心上布置压力监测点，就可以在驱替过程中读取不同位置、不同时间的压力，绘制压力曲线，进而分析化学剂推进过程中压力的变化规律。根据测压点读取的压力值分析流体运动方向（图 5-1-17），根据地层压力增加的幅度，可直观地评价高渗地层的封堵情况，判断化学驱油体系是否有效地封堵了高渗地层，实现了液流转向。

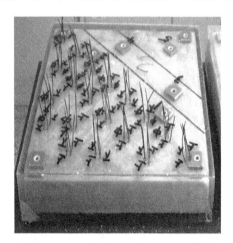

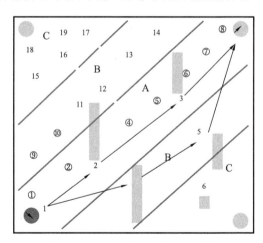

图 5-1-16　带压力监测点的平面模型　　　　图 5-1-17　流体运动方向示意图

第二节　不同类型油藏化学驱优化设计

从驱油机理和室内实验来看，化学驱均能大幅度提高各类油藏采收率，但是不同油藏有不同的静态参数及动态生产特点，导致水驱开发效果存在很大差别，因此在化学驱油藏工程方案设计中，需根据具体开发单元特点，以取得经济效益最大化为目标，设计不同化学驱油藏工程方案。

一、整装油藏化学驱优化设计

整装油藏地质构造相对简单、连通质量较好，纵向层多，开发动态上一般水驱采收率较高、注入采出能力较强，因此其化学驱优化设计主要针对井位部署进行优化设计，考虑小断层、沉积形成渗流屏障对化学驱的影响，以"细分段、小井距、侧向驱"为技术特色，从"部署区域、层段组合、井网井距、新井井位、老井利用"五个方面个性化进行优化设计。

（一）部署区域优化设计

部署区域需从单控厚度、距边水位置两个方面考虑，单控厚度小于极限值，该井将难以收回成本；边水推进速度一般大于化学药剂推进速度，为了让药剂能够更好地向采油井推进，部署区域需要远离边水 150～200m。

（二）层段组合优化设计

层段组合需根据油层及隔夹层发育状况，进行不同优化设计。如果储层为多套油层稳定发育、段间隔夹层稳定发育，需分段驱替进行开发，为了节约钻井及地面建设费用，考虑化学驱井使用寿命及化学驱开发年限，可以设计为一套井网驱替两套储层段，同时设计多套开发井网同时驱替不同储层段，同一驱替层段需满足驱替厚度和纵向非均质性条件；如果只发育单一油层，选取油层最发育、跨度和纵向非均质性小的段作为驱替层段。

可以通过数值模拟研究不同驱替厚度与单位厚度累计产油量之间的关系（图 5-2-1），并根据不同油价下不同厚度化学驱投入产出比的关系（图 5-2-2），得到不同区块合理的驱替厚度。

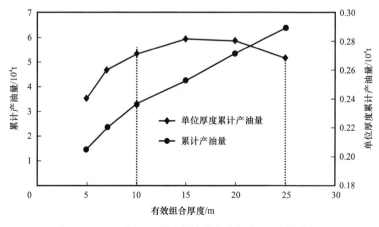

图 5-2-1　化学驱累计产油量与有效厚度关系曲线

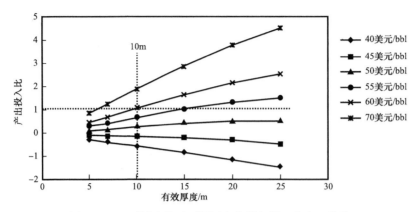

图 5-2-2　不同油价下不同厚度化学驱投入产出比曲线

　　纵向非均质性可以通过层间渗透率级差和层内渗透率变异系数来表示，驱替段内的层间渗透率级差不宜过大，试验证明，如果层间渗透率级差控制在 2.5 以内，驱替溶液的推进速度比较缓慢，利于各层均匀推进，而且油藏的最终采收率变化不太大；如果层间渗透率级差大于 2.5，驱替溶液的推进速度大幅增加，宜形成单层窜进，而且油藏的最终采收率急剧减少（图 5-2-3 和图 5-2-4）。

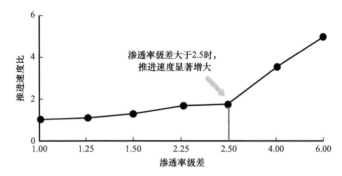

图 5-2-3　渗透率级差与推进速度比关系曲线

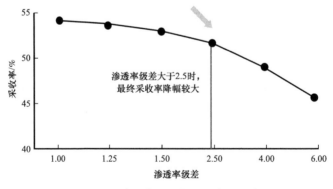

图 5-2-4　渗透率级差与采收率关系曲线

　　层内非均质性也会影响化学驱提高采收率，研究表明，层内渗透率变异系数最好控制在 0.6～0.8 范围内（图 5-2-5）。

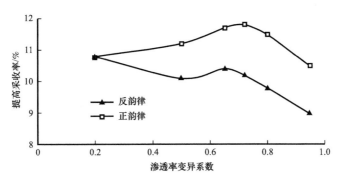

图 5-2-5　渗透率变异系数与提高采收率的关系曲线

（三）井网井距

1. 井网井距确定原则

针对化学驱特点，重点考虑化学驱控制程度和动用程度对化学驱效果的影响，确定合理的井网井距，同时用技术经济指标优选最佳方案。具体原则如下：

① 力争追求较高的化学驱控制程度和平面动用程度；

② 力争达到较大的采收率提高值和较好的经济效益；

③ 应满足注入、采出速度对井网井距的要求，以达到较高的采油速度和较短的开采年限；

④ 要考虑化学剂注入过程中井距对注采能力的影响。

2. 合理注采井网的确定

通过数值模拟研究了相同井网密度条件下，四点法、五点法、七点法和反九点法四种井网方式的提高采收率值，结果表明，五点法提高采收率最大，主要原因是由于五点法注采井数比为 1：1，化学驱驱油流线面积大，滞留面积小（图 5-2-6）。

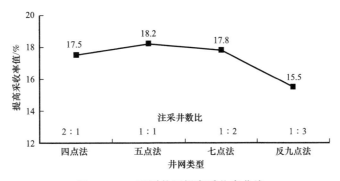

图 5-2-6　不同井网提高采收率曲线

3. 注入井排方向确定

注水开发油田，利用水驱替原油，油和水在地层中运动规律一般是，注入水顺着物源方向前进速度快，对应油井见水早、含水上升快、水驱采收率低；注入水逆着物源方向或者油水井在物源两侧，水前进速度慢、见水晚、含水上升慢、水驱采收率高（图 5-2-7）。因此化学驱井排应顺物源部署，可以对采油井形成侧逆向驱替。

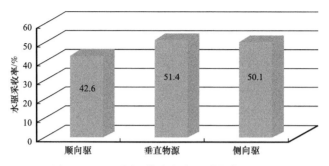

图 5-2-7　不同驱替方向水驱采收率对比图

4. 合理井距的确定

化学驱控制程度直接影响化学驱提高采收率值（图 5-2-8），化学驱控制程度越高，其提高采收率越大，为了保证化学驱效果，化学驱控制程度应尽量保证在 80% 以上。

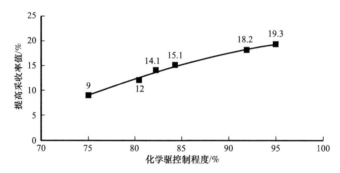

图 5-2-8　化学驱控制程度与提高采收率关系曲线

不同井距下的化学驱控制程度不一样，随着井距的增大，化学驱控制程度越来越小，可以根据化学驱控制程度需求，选择区块合理的化学驱井距（图 5-2-9）。

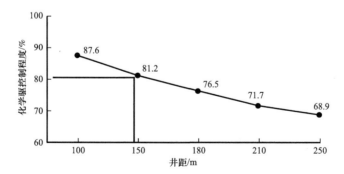

图 5-2-9　不同井距与化学驱控制程度关系曲线

5. 分层系井部署方式

对于多套层系油藏，不同开发层系注采井部署关系一般为注采井沿着物源方向平行移动 100m 进行部署，便于后期调整（图 5-2-10）。

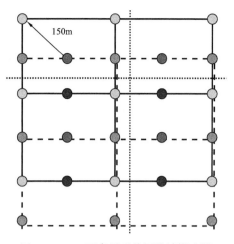

图 5-2-10　两套层系井网设计模式图

（四）新井井位

化学驱新井井位部署时必须考虑构造特征、油层发育状况、隔层发育状况、新井与老注水井关系，同时对于多段驱替的油藏，为了保证化学驱效果，注剂井及中心采油井最好部署新井。

① 由于断层附近构造普遍较低，可能为注水沉降区，建立有效化学驱驱替系统难度大。在区域构造精细研究基础上，靠近边部大断层的低部位区域适当回缩部署，距断层 30～50m；区内断层断距大于 20m，用油井收边；小断层及疑似断层避开部署；构造较低且平缓区域，考虑边水侵入和注水影响，避开部署。

② 必须保证新井单驱替段满足要求，单段厚度小的区域不部署新井；油层厚度够，但是油层发育规模小、不能形成多向驱替的区域不部署新井。

③ 新部署注入井避开天窗位置，保证注入剂不窜不漏。注入井部署尽量避开本层系上、下隔层开天窗部位，以防止注入化学剂向非注剂层位的窜流。

④ 新部署采油井应尽可能远离注水量较大的老注水井 50m 以上。

（五）老井利用

为了降低化学驱钻井建设成本，可以利用一部分老井，完善化学驱井网，老井合理利用可以遵循以下几点原则。

①位置、井况合适的老井可利用为化学驱井网。

②部分井况完好的、处于井间、产量较低的井利用为化学驱监测井网。

③处于反九点井网位置的井，可以不挤灰封堵，将来作为化学驱调整或引效井。

（六）射孔优化

1. 射孔原则

①注入井、采出井对应完善射孔，保证储量有效动用。

②根据目的层上下隔层状况优化射孔，保证注入剂不漏、不窜，得到有效利用。

③各井要根据实际情况留足坐封位置，便于后期措施调整。

④孔径、孔深、孔密、光滑程度等参数要能满足降低剪切和防砂的需要。

2. 射孔主要做法

① 在注入、采出井上、下隔层发育较好情况下，采出井目的层全部射开，注入井只射开注采对应连通层。

② 根据隔层发育状况，为避免聚合物漏失、外来水侵入并为下步分注堵水留有余地，

考虑预留封隔器位置。

③ 由于厚层顶部剩余油相对富集，注采井在厚层内夹层发育位置预留坐封位置；采出井厚层内同时从射孔密度加以考虑。

④ 根据实验结果，优化各类注采井射孔参数。

为最大限度降低化学剂的炮眼黏度损失，提高化学驱效果，且有效减轻油井出砂状况，开展了柱状混凝土靶打靶、套管靶注聚黏损、层砂岩靶注聚黏损三个实验，进行注入井、采出井射孔方式研究。并结合老井井况，制订出各类注采井射孔参数，见表5-2-1。

表5-2-1　锦16块化学驱试验注采井射孔参数表

井别	分类	枪型	弹型	孔密/（孔/m）	相位
注入井	新井	140	BH46RDX43-1	24	8
采出井	新井高阻段	140	DP46RDX43-1	16	4
	新井低阻段	140	DP46RDX43-1	8	4
	$5\frac{1}{2}$in 套管老井	102	DP44RDX38-1	射孔16	射孔4
				补孔8	补孔5
	7in 套管老井	127	DP46RDX43-1	射孔16	射孔4
				补孔8	补孔5

二、复杂断块油藏化学驱优化设计

化学驱油藏工程设计是化学驱开发最为重要的纲领性文件，对今后的化学驱开发具有重要的指导意义。设计的核心就是化学驱布井方案、驱油方案，这两个方案包括层段组合优化设计、井网井距优化设计和注入参数的优化设计，对化学驱的开发效果和经济效益有着直接和重要的影响，因此，需要应用多学科油藏研究方法，全面分析、综合论证，既有宏观整体的考虑和布局，又要满足局部或单井的个性化设计需求，使方案设计的结论、结果更加靠近实际、准确度更高。下面以沈84—安12块高凝油化学驱方案为例，详细介绍布井方案优化设计以及驱油方案优化设计。

（一）布井方案优化设计

一般来说，化学驱开发是在油藏进行水驱开发后，进入高含水阶段进行的，因此，化学驱布井方案设计就必须与水驱开发井网和层系相协调，如何减少与水驱井网交叉、降低层间矛盾就成为布井方案优化的核心。化学驱布井方案优化设计的主要内容就是层系组合方式和井网井距的论证。在层系组合方式优化中，重点考虑减小层间矛盾，使后续驱油方案设计注入配方体系时尽可能简单、不复杂，保证不同类型油层化学驱效果差异相对较小，此外，还需要考虑与水驱层系的协调。在井网井距优化时，重点考虑与水驱井网的衔接关系，处理好利用水驱井网的问题，尽量减少与水驱井网的交叉和干扰，此外，还要考虑合适的井距，竭尽满足注入配方体系对井距的要求。

1. 层段组合优化设计

1）分类部署原则与思路

部署设计遵循以下原则：① 以四级断块为单元，分类个性化部署；② 借鉴先导试验经验，优化部署设计；③ 整体规划部署，分批择优实施；④ 确保较好的经济效益。

根据以上研究结果，采用100～120m井距五点法灵活井网布井，注入井排方向与沉积方向平行，油水井排相间排列，共分三大类五小类部署。在整体规划基础上进行了优选，优选原则如下：① 与先导试验区类似，纵向具备两段化学驱驱替层段的一类A区域规模实施；② 以S_3^3 Ⅲ为目的层，在油层厚度大、连通较好的一类B区域开展试验；③ 在油层厚度大、断块面积小的二类A区域开展试验；④ 在井距相对大、采出程度低的三类区域开展试验。

一类区域中，A类区块与先导试验区较为类似，油层厚度、储量均较大，分为两套化学驱层段，因此该类区块纵向细分为化学驱、水驱两套层系，化学驱层系部署1套井网分段接替；老井上返，形成水驱井网；B类区块油层厚度较大，但只有一套油层适合化学驱，因此分化学驱、水驱两套层系，化学驱和水驱层系各部署1套井网。

二类区域中，A类区块适合化学驱的储量较大，整体采用一套层系开发，优选油层厚度较大区域，充分利用老井，以化学驱为主，兼顾水驱；B类区块采用一套开发层系开发，注入井分两套井网设计，采油井合采，实现水聚同驱，分注合采。

三类区域采出程度较低，仍有较大的水驱空间，井距较大，因此在充分利用老井的同时，按照完善化学驱井网加密部署，先期注水，适时转驱，另外静71-25块采出程度仅为5%，作为边部产能井部署。

2）层段组合原则

区块储层纵向非均质性较强，为保证化学驱试验效果，化学驱层段需进行优选组合。层段组合具体原则如下：① 驱替段厚度控制在12～20m之间，各段厚度尽量均衡；② 驱替段跨度控制在50～60m以内，确保注入井注入效果；③ 层间渗透率级差控制在3以内，尽量减小层间矛盾实现均衡驱替；④ 驱替段间有相对稳定的隔层，保证药剂有效利用和开发调整的需要。

3）合理驱替厚度确定

根据数值模拟研究分析，随着驱替厚度的增加累计产油量逐渐增加，但单位厚度累计产油量则呈现先增加后降低的趋势，驱替厚度在12～20m之间时，单位厚度累计产油量相对较高（图5-2-11），因此认为试验区化学驱单段有效驱替厚度应控制在12～20m之间比较合适。

2. 井网井距优化设计

1）井网形式优化

通过调研不同类型油藏化学驱井网设计，基本都采用五点法井网形式，试验效果较好

（表5-2-2）。此外，依据沈84—安12块地质研究成果，建立化学驱目的层段的三维地质模型，设计相同井距条件下的四点法、五点法、七点法、反九点法注采井网方案4套，数值模拟对比研究表明，在相同井距情况下，五点法井网提高采收率幅度最大，要好于其他井网（图5-2-12），主要是由于五点法井网注采井数比为1:1，化学驱驱油流线面积大，滞留面积小。综合分析确定化学驱试验采用五点法井网。

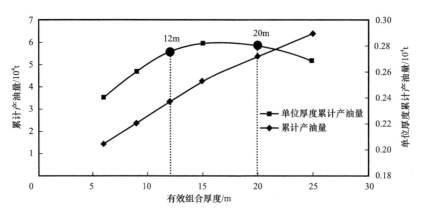

图 5-2-11　化学驱累计产油量、单位厚度累计产油与有效厚度关系曲线

表 5-2-2　国内油田化学驱井网形式统计表

油田	方法	分类	分区	注剂时间	面积 / km²	储量 / 10⁴t	井网形式	提高采收率 / %
大庆	聚合物	工业	北一区中块	1996-7	9.10	1863.00	五点法	15.20
		推广	断东中块	1996-1	11.60	1955.00	五点法	15.60
	三元	先导	中区西部	1994-9	0.09	11.73	五点法	21.40
	复合驱	工业	杏二区	1996-5	0.30	24.00	五点法	17.35
		试验	北断西	1997-3	0.75	110.00	五点法	20.00
胜利	三元	先导	孤东七区	1992-2	0.03	7.80	五点法	13.40
		工业	孤岛西区	1997-5	0.61	198.80	五点法	12.50
	聚合物	先导	孤岛中二中	1998-1	0.70	227.00	七点法	7.07
新疆	三元	先导	二中区	1996-7	0.03	2.77	五点法	24.00
辽河	二元	工业	锦16	2011-4	1.28	298.00	五点法	20.00
		先导	沈67	空白水驱	0.38	40.70	五点法	16.80

2）井排方向优化

通过建立单井组理论模型，研究与沉积物源顺向、垂向、侧向等不同方向的驱替效果。研究表明，垂直物源方向驱替效果最好，采收率为62.8%，其次是侧向驱，采收率为

60.5%，比垂向驱略低，顺物源方向驱替采收率最低，只有 56.6%（图 4-2-13）。结合沈 84—安 12 块油水运动规律，水驱油具有顺向驱水进速度快、相应油井见水早、含水上升快的特点，逆向驱与侧向驱具有水进速度较慢、见水晚、含水上升慢的水驱规律。因此，确定化学驱采用顺沉积方向布注入井，对油井形成侧逆向驱替的注采井网设计，以提高化学驱波及体积。

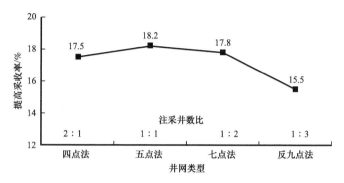

图 5-2-12　不同井网提高采收率对比曲线

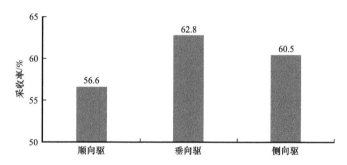

图 5-2-13　不同驱替方向聚合物驱采收率对比图

3）注采井距优化

调研大庆油田实施化学驱油藏的储层条件及注采井网设计，其 I 类、II 类油藏复合驱一般都采用 125～175m 井距五点法井网，聚合物驱控制程度在 80% 以上，取得较好效果。借鉴大庆 II 类油藏复合驱注采井网设计经验，沈 84—安 12 块化学驱试验井网井距不宜过大（表 5-2-3）。

表 5-2-3　国内油田化学驱井网井距情况统计表

区块	渗透率 /mD	渗透率变异系数	化学驱方式	井网	井距 /m	化学驱控制程度 /%	采收率提高值 /%
大庆 I 类	600～800	0.65～0.75	聚合物驱	五点法	212～250	>90	10～14
			复合驱	五点法	125～175	>90	18～22
大庆 II 类	200～400	0.7 左右	聚合物驱	五点法	125～175	>80	8～12
			复合驱	五点法	125～175	>80	17～20

另外，统计静 66-50 井区目的层段不同井距条件下连通状况，在 120m 井距下连通系数可达 77.2%，略低于先导试验区的 79.2%，但也能够满足化学驱要求。考虑到 100m 井距下采收率有所提高，但增幅不大，在扩大部署区设计井距为 100～120m（表 5-2-4）。

表 5-2-4　不同井距下油层连通系数统计表

区块	150m 井距 油层连通系数 /%	120m 井距 油层连通系数 /%	100m 井距 油层连通系数 /%
静 66-50 井区	71.3	77.5	81.0
先导试验区	72.2	79.2	82.7

综合上述研究，采用 100～120m 井距五点法井网，顺沉积方向布注入井，对油井形成侧向驱替。

（二）驱油方案优化设计

化学驱注入参数设计与优化是化学驱驱油方案的核心之一，它规定了化学驱的注入参数和注入方式，对整个化学驱试验和生产有着重大的影响，是决定方案成功与否的关键。随着化学驱对象向更加复杂的 Ⅱ 类油层转移，层间矛盾、平面矛盾更加突出，不同类型砂体化学驱见效时间、注入速度和效果差异十分明显，科学优化注入参数及注入方式就显得十分重要，多学科油藏研究方法能够综合考虑多种因素和运用多种技术，并且在多年的方案设计的实践中逐步形成注入参数及注入方式设计、优化的成熟方法，成为实现最小尺度的个性化设计、最大幅度提高采收率和最佳的经济效益的有力保障。

1. 注采方案设计原则

注采方案优化设计需要把握以下几点原则：

① 在化学驱井网建设阶段利用老井采用高注采比，确保短时间内试验区地层压力系数恢复至 0.85 以上；

② 注入速度设计要考虑给开发调整留有一定余地，且水驱空白阶段注入速度与化学驱阶段尽可能保持一致，便于对比；

③ 考虑地层压力、注入压力、破裂压力的匹配关系，注入压力不能超过油层破裂压力，且注入压力要为化学驱注入预留足够的压力上升空间；

④ 采用注采平衡方式进行单井配产配注。

2. 注采参数优化设计

为了保证区块具有较长的稳定期和化学驱技术经济效果，需要结合区块的实际情况，确定合理的注入速度与合理注采比。

1）最高注入速度为 0.18PV/a

为保证注入时不破坏地层，化学驱最高注入压力不能高于地层破裂压力。根据前人研究，井口注入压力达 18.3MPa 时目的层段地层会发生破裂，据此设计化学驱最高注入压力不能超过 18.3MPa。

根据吸水剖面计算出最小视吸水指数为 0.16m³/（d·MPa），孔隙度为 22%，根据不同注入速度、井距与井口最大注入压力关系公式：

$$p_{max} = \frac{L^2 \phi v}{180 N_{min}} \qquad (5-2-1)$$

式中　p_{max}——最大注入压力，MPa；

　　　L——井距，m；

　　　ϕ——孔隙度；

　　　v——注入速度，PV/a；

　　　N_{min}——最小视吸水指数，m³/（d·MPa）。

得到：

$$v = \frac{p_{max} \times 180 \times N_{min}}{L^2 \phi}$$

根据公式（5-2-1）可以得出不同注入速度、井距与井口最大注入压力关系图版（图5-2-14），根据图版可知120m井距条件下最高注入速度为0.18PV/a。

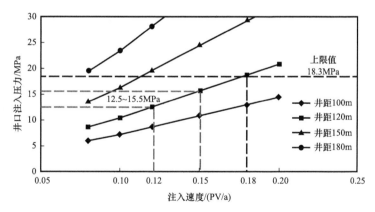

图 5-2-14　不同注入速度、井距与井口最大注入压力关系图版

2）大庆油田Ⅱ类油层化学驱注入速度为 0.10～0.20PV/a

从表5-2-5中可以看出，与沈84—安12块储层条件类似的大庆Ⅱ类油层化学驱注入速度为0.10～0.20PV/a，因此，借鉴大庆经验，沈84—安12块化学驱注入速度应控制在0.10～0.20 PV/a 之间较为合理。

表5-2-5　大庆Ⅱ类油层化学驱注入速度统计表

区块	井距/m	有效渗透率/mD	设计注入速度/（PV/a）
北一区断东	150	220～330	0.10～0.18
萨尔图南一区断东	125	246～633	0.20

3）对照正常注水和调驱阶段注入强度，注入速度 0.15PV/a 较合适

按照 0.15PV/a 的注入速度，试验区单井平均日注水在 60m³ 左右，平均注入强度约 2.5m³/（d·m）。试验区 S_3^4 亚段正常注水阶段平均注入强度约 2.7m³/（d·m），调驱阶段平均注入强度约 2.0m³/（d·m），化学驱平均注入强度介于二者之间，比较合理。

4）数模研究化学驱注入速度 0.15PV/a 较合理

根据数模研究不同注入速度与提高采收率关系，可以看出随着注入速度的增加，采收率提高值也增加，但当注入速度大于 0.15PV/a 后增加幅度非常小（图 5-2-15），因而注入速度定为 0.15PV/a 较合理。

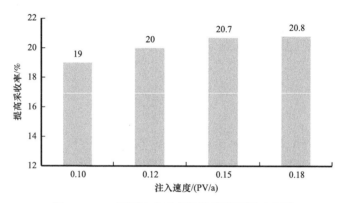

图 5-2-15 不同注入速度数值模拟预测对比图

综合以上研究，考虑储层条件及实际注入能力，推荐沈 84—安 12 块化学驱注入速度采用 0.15PV/a，在矿场实施过程中，可视注入情况适当调整。

数模研究表明，注采比 1∶1 时采收率最高（图 5-2-16），因此，试验区在化学驱阶段采用注采比 1∶1 生产比较合理。

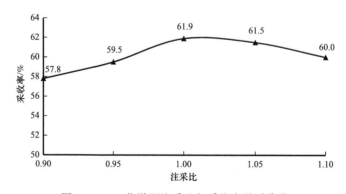

图 5-2-16 化学驱注采比与采收率关系曲线

三、易出砂储层化学驱优化设计

辽河中高渗储层普遍具有易出砂的特点，对化学驱开发带来不利影响，因此针对易出砂储层进一步优化化学驱油藏工程设计参数界限。

（一）储层厚度与饱和度部署界限

从静态参数分析，有效厚度及剩余油饱和度是影响单控剩余可采储量的关键因素，按照投入产出比最低 1.2 计算，有效厚度 10m 时剩余油饱和度要求在 45% 以上，有效厚度 20m 时剩余油饱和度要求在 40% 以上（图 5-2-17），有效厚度 40m 时剩余油饱和度要求可以降至 37%，最大限度提高覆盖化学驱效益部署储量。

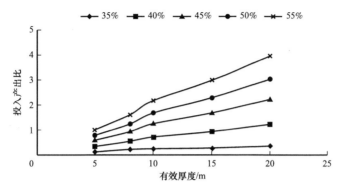

图 5-2-17　不同厚度及饱和度下化学驱投入产出比曲线（油价 60 美元 /bbl）

（二）储层控制程度部署界限

同时建立化学驱控制程度与提高采收率的关系曲线，无论非均质系数高还是低，当化学驱控制程度超过 75% 时，提高采收率幅度趋缓，当化学驱控制程度低于 75% 时，提高采收率升高幅度较大（图 5-2-18），为保证化学驱技术经济效果，确定化学驱控制程度界限为 75%。

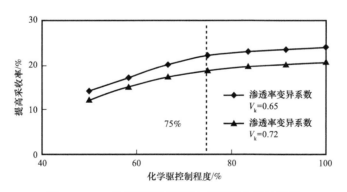

图 5-2-18　化学驱控制程度与提高采收率的关系

（三）注采能力部署界限

从动态参数分析，影响化学驱经济效益的最主要因素是注采能力，通过经济效益评价，不同注采速度下化学驱内部收益率差异很大，注采能力越强，化学驱经济效益越好，注采能力越弱，经济效益越差。以曙三区为例，随着注采速度的降低，项目内部收益率逐渐降低，当采液速度低于 0.06PV/a 时，整体内部收益率将低于 6%，当采液速度低于

0.05PV/a 时，聚表复合驱内部收益率低于 8%（图 5-2-19），为保证较高的经济效益，采液能力不能低于 0.05PV/a。

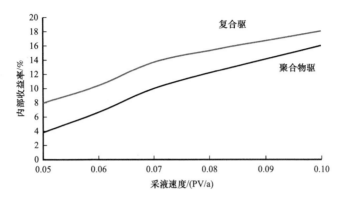

图 5-2-19　曙三区不同注采速度下内部收益率曲线

（四）井网设计技术界限

为了提高化学驱整体经济效益，需要大幅降低投资，常规部署中钻井投资占据总投资的一半以上，低油价下为了提高化学驱经济效益，建立不同油层厚度下老井利用率与投入产出比的关系模型（图 5-2-20），明确了有效厚度与老井利用率的界限，保证化学驱方案设计的经济可行性。

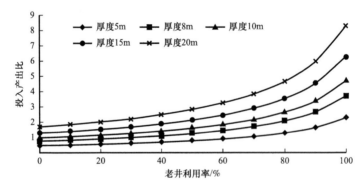

图 5-2-20　不同有效厚度和老井利用率与投入产出比关系曲线（油价 60 美元 /bbl）

（五）注入井位置优化

对于只能利用老井部署一套井网的油藏，在更新注水井位置时，距离井组中心 50m 范围内对采收率影响较小（图 5-2-21）。

四、化学驱合理转驱技术界限

在化学驱转驱前，油藏一般都要开展空白水驱，将地层压力、注采指标调整到相对合理的范围，目的是为化学驱创造良好的转驱条件，保证化学驱尽快见效。通过室内研究及矿场统计分析，建立转驱前地层压力场、注采压力场等调整技术界限，保障转驱效果。

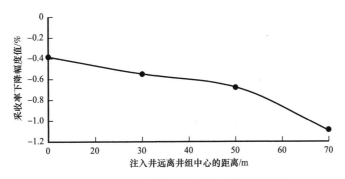

图 5-2-21　注入井位置与采收率降幅的关系

（一）地层压力保持在饱和压力以上

化学驱一般采用五点法面积井网，通过强注强采在较短时间内实现大幅度提高采收率的目的。其中地层压力保持水平是保证化学驱高强度采液能力的关键，调研大庆油田化学驱区块，其转驱前地层压力均在原始饱和地层压力以上，通过室内数模研究表明，转驱前地层压力高于饱和压力，采收率较高（图 5-2-22）。因此，转驱前尽可能要把地层压力提升到饱和压力以上。

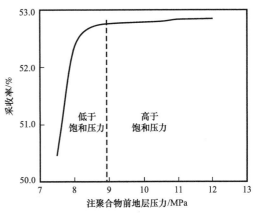

图 5-2-22　注聚合物前地层压力与采收率关系曲线

（二）井间注入压差小于 4MPa

压力场的调整是空白水驱调整的主要工作之一，为了保证化学驱转驱后形成均衡、高效驱替，平面上各井之间压力不能有太大差异，否则难以形成整体高压驱替，不利于大幅提升波及效率，影响化学驱开发效果。化学驱合理压力升幅为 2~4MPa，因此转驱前水驱井间压力差异必须控制在一定范围内，室内研究表明，当井间注入压差超过 4MPa 后，采收率下降幅度明显（图 5-2-23），井间注入压差要控制在 4MPa 以内，以保证化学驱开发效果。

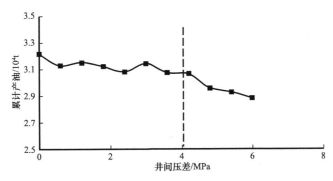

图 5-2-23　注入井间压差与提高采收率关系曲线

（三）剖面动用均衡程度

动用的差异是影响化学驱效果的主要因素，剖面越均衡动用程度越高，开发效果越好，通过室内数值模拟研究，建立剖面动用均衡程度与提高采收率的关系，结果分析表明，随着剖面动用差异的加大，采收率快速下降，当超过 4 时，采收率基本降至最低，剖面动用均衡系数一定要控制在 2 以内，避免采收率出现较大幅度下降（图 5-2-24）。

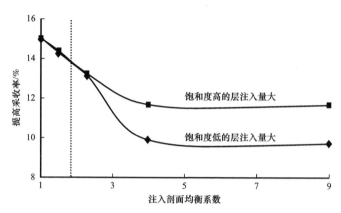

图 5-2-24　注入剖面均衡程度与提高采收率关系曲线

（四）生产压差

合理的生产压差是保证油井产液能力及见效程度的重要指标。统计化学驱已进入矿场试验的四个区块，主要有锦 16 块聚表复合驱工业化试验区、曙三区聚合物驱先导试验区、沈 67 块聚表复合驱先导试验区和沈 84—安 12 块弱碱三元复合驱先导试验区，建立油井见效高峰期含水率降幅与生产压差的关系，从分布规律来看，含水率降幅超过 20% 以上的井，生产压差主要处于 2～6MPa 范围内，考虑转化学驱后生产压差进一步加大，水驱生产压差应控制在 6MPa 以内（图 5-2-25）。

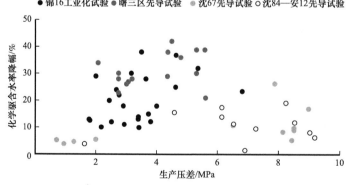

图 5-2-25　不同区块见效高峰期生产压差与含水率降幅散点图

通过以上研究，建立了化学驱合理转驱技术界限（表 5-2-6），为促进化学驱尽快见效、提升化学驱经济效益提供技术保障。

表 5-2-6　化学驱转驱技术界限表

关键参数	技术界限
地层压力保持水平	不小于饱和压力（或者压力系数 0.85 以上）
注入压力	低于破裂压力 5MPa 以上
井间注入压差	小于 4MPa
剖面动用程度及均衡程度	Ⅰ类大于 80%，Ⅱ类大于 70%，均衡系数小于 2
生产压差	小于 6MPa

第三节　化学驱跟踪调控技术

化学驱注采过程中，注入配方体系要经过药剂的配制、注入、采出一系列复杂的过程，各个环节研究的对象不同，控制的指标参数也不同，需要深入认识聚合物—表面活性剂复合驱作用机理、分析不同注入阶段流体变化的规律，不断调整完善注入方案，因此跟踪监测研究是聚合物—表面活性剂复合驱工业化试验研究的重中之重。随着十余年的跟踪监测研究，逐步完善了化学剂产品质检方法、注入体系性能评价方法、采出流体性能评价方法，综合分析试验效果及认识驱油机理，及时调整注入方案，保证试验取得较好的效果。

一、跟踪监测意义

（一）产品质量监测研究

严把质量关，保证使用性能。针对聚合物和表面活性剂的产品进行质量检测，形成辽河油田自己的企业标准。检测指标及方法参见 Q/SY LH 0391—2017《欢喜岭油田锦 16 块聚合物—表面活性剂复合驱用聚丙烯酰胺技术要求》、Q/SY LH 0392—2017《欢喜岭油田锦 16 块聚合物—表面活性剂复合驱用表面活性剂技术要求》规定的内容。

（二）注入液性能评价研究

对于高含水高采出的水驱油藏，需要提高注入液的波及体积和洗油能力，而锦 16 块试验区注入体系为聚合物—表面活性剂复合体系，包括聚合物和表面活性剂，其中表面活性剂可发挥降低界面张力增加毛细管数、提高洗油效率的作用，聚合物有增加体系黏度扩大波及体积的作用，因此，在现场试验中，要实时监测聚合物—表面活性剂复合驱油体系的性能，主要体现为界面张力和黏度。因此在跟踪监测注入体系性能时，主要监测指标为界面张力和黏度。

（三）采出流体特征变化研究

按照取样规则定期取样，分析采出液性能，掌握试验见效情况，为方案调整提供依据。采出液性能指标包括：采出液水质分析、原油性质分析、采出液聚合物含量分析、采出液黏度及油水界面张力分析，通过分析采出流体各项性能指标，及时调整配方体系相关指标参数以满足方案设计要求。另外，在注采流体物性分析中，着重从宏观性能与微观性能对应分析，并将水、油、化学剂等各项性能指标检测结果互相印证，同时通过室内物模实验，绘制不同注入阶段流体性能变化曲线，与现场流体性能特征相互印证，认识聚合物—表面活性剂复合驱驱油机理，及时调整注入方案及制订相应措施，保证试验效果，完善注采流体中油水物化性质分析技术研究，为其他区块实施化学驱提供技术支持。

二、跟踪监测设计

（一）跟踪监测原则

准确——监测数据准确，能真实地反应现场实际情况。

科学——监测方案设计要科学，检测方法具有科学先进性。

高效——合理安排监测内容，以最少工作量达到最佳的效果。

及时——监测结果及时反应现场实际动态，以备调整。

（二）跟踪监测流程及要求

建立完整的配方体系全流程监测：是指配制（包括化学剂的质检、配制）、注入、采出全过程，如图 5-3-1 所示，共设立 15 个监测点，监测 23 项指标。

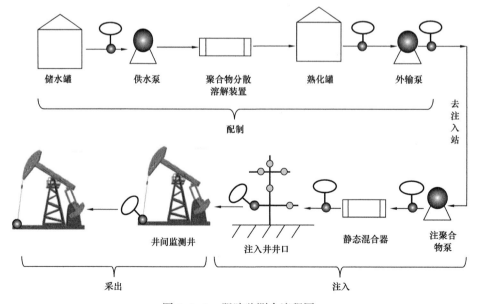

图 5-3-1 跟踪监测全流程图

质检过程：化学剂质量是否合格。

配制过程：监测化学剂浓度、性能是否达标。

注入过程：监测配方性能变化。

采出过程：监测采出液中化学剂浓度，判断是否窜流，以及油、气、水性质变化，生产动态资料监测。

1. 取样点选取

试验初期，为了解不同节点黏损程度，各个取样点都要取样，以进行黏度测定，应取全取准。确定了各节点黏损后，主要取配制站出站、井口处样品进行黏度、浓度分析；若含有表面活性剂，还要检测井口液的油水界面张力及表面活性剂浓度。

1）配置站取样点设计

配置站取样点流程如图 5-3-2 所示。

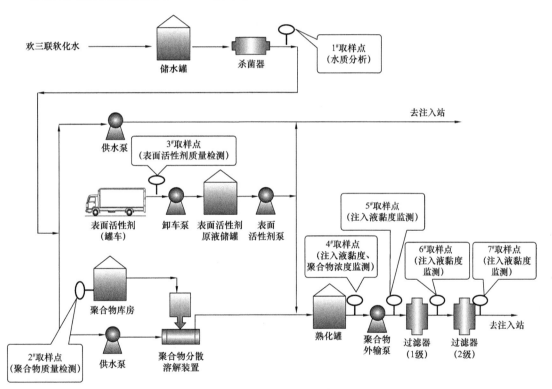

图 5-3-2　配制站取样点流程图

2）注入站取样点设计

注入站取样点流程如图 5-3-3 所示。

3）注入井、监测井、采油井监测点设计

注入井到采出井取样点流程如图 5-3-4 所示。

跟踪监测全流程取样点汇总见表 5-3-1。

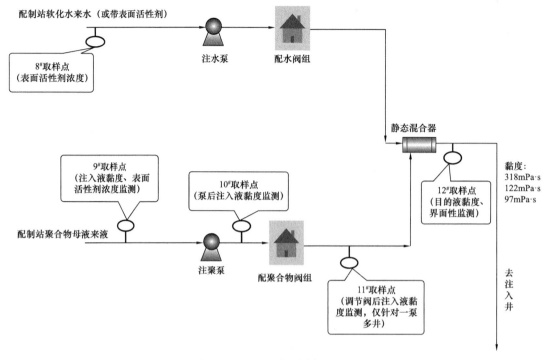

图 5-3-3　注入站取样点流程图

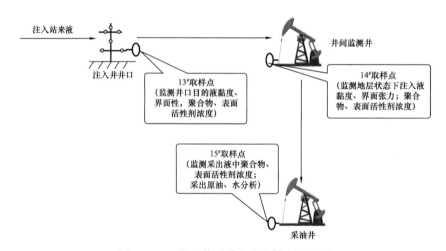

图 5-3-4　注入井到采出井取样点流程图

2. 各节点监测重点

1）配制过程

检测表面活性剂 10 项性能、聚合物 13 项性能、配制用水水质、母液性能。保证注入体系从源头达到实验技术要求。其中聚合物的剪切黏度保留率、热稳定性是每季度 1 次，其他性能参数为每批次必检。表面活性剂的热稳定性、静态吸附性是每季度 1 次，其他性能参数为每批次必检。

表 5-3-1　取样点设计汇总表

取样点编号	取样点部位		监测内容	目的
1#	配制站	杀菌器后	配液用水水质分析	监测水质是否发生变化
2#		聚合物库房	聚合物质检	监测化学剂质量
3#		表面活性剂卸车泵前	表面活性剂质检	
4#		熟化罐出口	母液黏度、浓度	监测配制母液是否达到设计要求
5#		聚合物外输泵后	母液黏度	监测各级剪切、过滤对母液黏度影响程度
6#		1 级过滤器后		
7#		2 级过滤器后		
8#	注入站	注水泵前	表面活性剂浓度	监测进入注入站后体系浓度、黏度等是否达到要求
9#		注聚合物泵前	注入液黏度、表面活性剂浓度	
10#		注聚合物泵后	泵后注入液黏度	监测注聚合物泵对溶液黏度影响程度
11#		配聚合物阀组后	调节阀后注入液黏度	监测调节阀对溶液黏度影响程度
12#		静态混合器后	目的液黏度、界面性	监测静态混合器后目的液性能变化
13#	井上	注入井井口	井口目的液黏度、界面性，聚合物、表面活性剂浓度	监测注入液到达井口后性能变化
14#		监测井井口	炮眼剪切后溶液黏度，以及井间体系黏度、浓度	监测炮眼对溶液黏度损失情况，以及溶液运移过程中黏度、浓度损失情况
15#		油井井口	采出液聚合物浓度、表面活性剂浓度，原油、水分析	监测采出液中化学剂浓度，油、水性质变化

2）注入过程

检测注入液黏度、界面张力、表面活性剂浓度、聚合物浓度、不同节点黏度。保证有效注入。

3）采出过程

检测采出液中表面活性剂浓度、聚合物浓度、黏度、界面张力、水中六项离子、总矿化度，原油密度、黏度、含蜡量、胶沥含量、全烃、族组成（饱和烃、芳烃、非烃、沥青质），以及生产注入曲线。

通过对以上参数定期取样分析，考察采出液密度和黏度、含蜡量和胶沥含量变化规律，反映地下流体是否发挥波及和洗油作用，是否启动了剩余油、残余油，从而调整注入方案保证试验效果。

3.检测标准及方法

聚合物、表面活性剂性能检测严格依据两项企业标准（Q/SY LH 0391—2017《欢喜岭油田锦 16 块聚合物—表面活性剂复合驱用聚丙烯酰胺技术要求》、Q/SY LH 0392—2017《欢喜岭油田锦 16 块聚合物—表面活性剂复合驱用表面活性剂技术要求》）规定的内容。

水质分析执行 SY/T 5523—2016《油田水分析方法》和 SY/T 5329—2012《碎屑岩油藏注水水质指标及分析方法》。

原油密度分析执行 GB/T 1884—2000《原油和液体石油产品密度实验室测定法 密度计法》；原油黏度分析执行 SY/T 0520—2008《原油黏度测定方法 旋转黏度计平衡法》；原油蜡胶含量分析执行 Q/SY LH 0025—2005《原油中蜡、胶质＋沥青质含量测定方法》；原油全烃气相色谱分析执行 SY/T 5779—2008《石油和沉积有机质烃类 气相色谱分析方法》；原油族组成分析执行 SY/T 5119—2016《岩石中可溶有机物及原油族组分分析方法》。

采出液中聚合物浓度分析方法执行 SY/T 6576—2016《用于提高石油采收率的聚合物评价方法》；表面活性剂浓度分析方法执行厂家推荐的方法；界面张力分析执行 SY/T 5370—2018《表面及界面张力测定方法》。

三、跟踪监测效果分析

（一）采出液油水性质变化明显

（1）出水中氯离子含量先上升后下降，表明聚合物—表面活性剂复合驱发挥提高驱油效率作用。原始地层水中氯离子含量较高，大于 500mg/L，而注入水中氯离子含量相对较低，在 200～300mg/L 之间。

（2）原油黏度、密度先下降后上升，具有提高波及效率与驱油效率作用。当原油黏度和密度较高、氯离子相对较低时，说明走水流通道，而日产油较高，说明表面活性剂发挥洗油作用，洗出了残余油。当原油黏度和密度较低、氯离子相对较高时，说明启用新层，而日产油较高，说明聚合物发挥波及作用，洗出了剩余油。

见效井的原油密度、黏度均随注入量的增加而发生较大的变化，前置段塞原油密度、黏度下降，表明波及未动用部位，而转注主段塞原油密度、黏度上升，表明驱出残余油。主段塞期间密度、黏度波动较大说明聚合物和表面活性剂交替发挥了驱洗作用。一般见效井的原油密度和黏度变化不大，波动不明显，说明未明显发挥聚合物—表面活性剂复合驱的驱洗作用。

（二）取心井资料验证聚合物—表面活性剂复合驱注入配方发挥驱洗作用

由于聚合物—表面活性剂复合驱在锦 16 块试验区取得了明显的增油降水效果，为了表征聚合物—表面活性剂复合驱注入配方体系发挥驱洗作用，采用新旧取心井资料来验证分析，井位图如图 5-3-5 所示，图中红色标记的为取心井：锦检 2 井、6-A145 井。原来取心井锦检 2 与新钻取心井 6-A145 的岩心对其剩余油饱和度、剩余油族组成分析来验证。

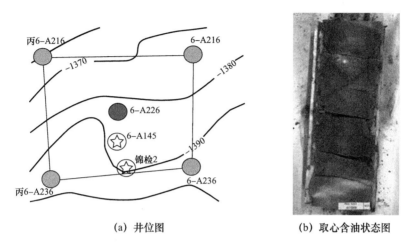

| (a) 井位图 | (b) 取心含油状态图 |

图 5-3-5　试验区中两口取心井井位图及取心含油状态

1. 剩余油饱和度变化

从试验区两口取心井（锦检 2 井、6-A145 井）饱和度变化与相邻采油井对比可知：整体剩余油饱和度下降 8%～10%；主力层剩余油饱和度下降 15%～20%，如图 5-3-6 所示。

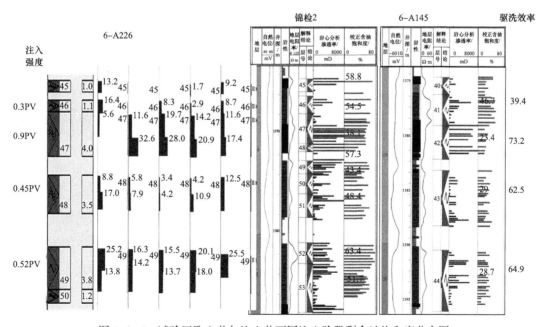

图 5-3-6　试验区取心井与注入井不同注入阶段剩余油饱和度分布图

2. 岩心中原油胶沥含量变化

取心井（6-A145 井）主力驱洗层段胶沥含量下降明显，表明聚合物—表面活性剂复合驱配方发挥了明显的洗油作用，如图 5-3-7 和表 5-3-2 所示。

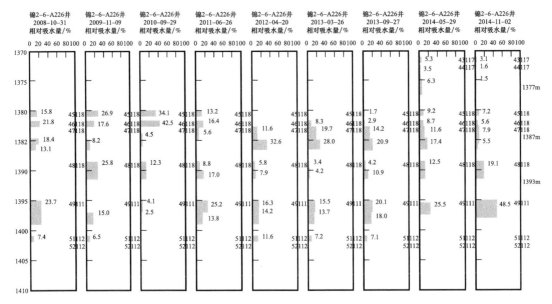

图 5-3-7　试验区 6-A226 井 2008 年注入以来相对吸水量分布情况

表 5-3-2　岩心中剩余油族组成分析

井深 /m	饱和烃 /%	芳烃 /%	非烃 /%	沥青质 /%
1376.91	44.21	32.92	14.90	7.97
1377.28	38.86	37.56	15.16	8.42
1386.82	42.95	43.98	12.12	0.95
1393.78	39.14	39.72	14.85	6.29

四、全流程调控方法及对策

（一）形成不同段塞跟踪调整技术

针对前置段塞、主副段塞注入过程中，注入压力上升过缓、剖面改善不明显、含水率降幅不明显等现象，开展增大聚合物分子量、增加体系浓度、增加主段塞注入量的渐强式注入方案跟踪调整方法（表 5-3-3）。

1. 高分高浓前置段塞调控技术

充分借鉴聚合物驱及三元复合驱前置段塞注入调整经验，强化注入状态评价，重点关注注入压力、视吸水指数、阻力系数及黏损率等关键技术指标。该阶段的目标是建立起有效的驱动压力系统，形成较为均衡的压力场，主要从提高聚合物分子量、浓度、体积等三个方面进行调整（表 5-3-4）。

针对前置段塞注入 0.04PV 时，井间注入压差仍较大、地层吸聚厚度比例小、剖面严重不均等问题，对聚合物分子量、浓度、注入体积进行调整。聚合物分子量从 2500 万提高到 3000 万，浓度从 2000mg/L 提高到 2500mg/L，前置段塞注入体积从 0.04PV 增加到 0.1PV。调整后注入压力由 7.0MPa 上升到 7.9MPa，吸聚厚度比例由 60.6% 提高到 79.4%，见效井比例由 9 口增至 16 口。

表 5-3-3　段塞调整表

阶段	分类	跟踪调整内容				调整后效果		
		聚合物分子量	注入浓度 / mg/L	黏度 / mPa·s	段塞尺寸 / PV	注入压力 / MPa	井间最大压差 / MPa	动用比例 / %
前置段塞	调整前	2500 万	2000	141.6	0.04	7.0	4.4	73.0
	调整后	3000 万	2500	318.6	0.10	7.9	2.5	78.0
主段塞	调整前	2500 万	1600	80.0	0.35	7.3	5.5	80.2
	调整后	2500 万	2000	120.0	0.90	7.8	4.2	85.4
调整做法		渐大	调整	渐增	渐大	增大	减小	增加

表 5-3-4　高分高浓注聚合物主要调控技术指标方法

指标	方法	技术界限
注入压力	油套压监测	压力升幅大于 2MPa
视吸水指数	吸水剖面及压力流量监测	视吸水指数下降大于 20%
阻力系数	霍尔曲线分析	阻力系数 1.3～2.0
黏损率	全程黏度监测	地面黏损率小于 30%

2. 主段塞个性化调整技术

主段塞注入初期，注入浓度较前置段塞明显下降，注入压力持续下降、吸聚厚度下降、见效井减少、含水率降幅趋缓。分析认为主要是由于注入聚合物浓度大幅度下降，导致无法建立起较强的残余阻力系数。根据各井组注入压力及吸聚状况的差异，先后开展个性化浓度调整，注入浓度从 1600mg/L 提高到 2000～3200mg/L。调整后注入压力有所回升（升 0.4MPa），含水率由 93.9% 降至 91.9%，吸聚状况明显改善。

3. 主段塞合理注入量优化

按照方案设计主段塞注入 0.35PV 可转副段塞，但研究发现，试验区及中心井组均处于低含水阶段，并且 80% 油井处于低含水期。通过室内物模、数模优化，实施加大主段塞注入体积调整。实施后延长了低含水稳产近 40 个月时间，含水率由 85.3% 最低下降到 81.7%，累计多采出原油 29.7×10⁴t，取得了显著的效果。

现场实践、物模数模研究表明，主段塞注入量 0.8～1.0PV 较为合适。从典型井组生产动态分析发现，主吸层主段塞注入 0.8～1.0PV，油井能够保持低含水率生产，超过后油井采聚浓度和含水率均大幅上升。比如锦 2-6-A246 井组，该井主吸层位一直为 II ^{8}，在主段塞注入 0.81PV 时，周边有两口油井 6-A217 井和丙 6-A217 井含水率上升、采聚浓度大幅上升，当主段塞注入 0.96PV 时，丙 6-A136 井含水率上升、采聚浓度大幅上升，至此，该井组所有油井均含水率上升，采聚浓度均超过 800mg/L。因此，从锦 2-6-A246 井组的生产动态可得出结论，主段塞注入量在 0.8～1.0PV 时能够充分发挥聚合物—表面活性剂复合驱体系的驱洗作用，同时可避免无效注入（图 5-3-8）。

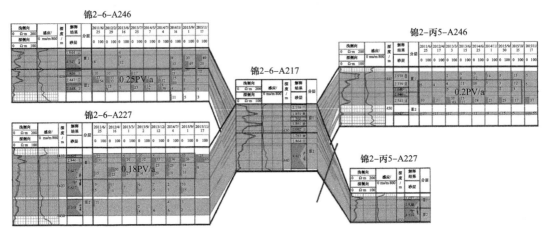

图 5-3-8　锦 2-6-A217 井组注入状况示意图

从室内物模研究方面分析发现，主段塞注入体积越大，驱油效率越高，注入 0.8PV 时驱油效率提升幅度最大，注入主段塞 0.8～1.0PV 时基本达到聚合物—表面活性剂复合体系的极限驱油效率。

从表 5-3-5 中可以看出，当主段塞注入 0.8～1.0PV 时，化学驱段塞的驱油效率为 76.54%～78.39%，基本达到了复合体系天然岩心驱替实验得出的平均结果，即极限驱油效率 78%，因此，室内实验结果表明，主段塞合理注入量在 0.8～1.0PV 之间。

表 5-3-5　不同主段塞注入量驱油效率对比表

方案设计	水驱	前置段塞 0.25%P3000		主段塞驱 0.25%S#+0.16%P2500		保护段塞 0.14%P2500		后续水驱	驱油效率增幅/%
	驱油效率/%	注入体积/PV	驱油效率/%	注入体积/PV	驱油效率/%	注入体积/PV	驱油效率/%	最终驱油效率/%	
1	51.84	0.1	52.57	0.35	66.64	0.1	68.14	73.64	21.80
2	51.88	0.1	52.38	0.55	69.29	0.1	70.28	76.75	24.87
3	51.63	0.1	51.63	0.80	75.12	0.1	76.54	79.65	28.02
4	51.38	0.1	51.38	1.00	76.86	0.1	78.39	81.57	30.19

从数值模拟及经济评价的方面分析，随着主段塞的增加，最终采收率是不断提高的，但是提高的幅度越来越小，考虑到当前油价较低，主段塞注入 0.8～1.0PV，既可以提高采收率，还有一定的盈利空间。

综合现场实践、物模数模及经济评价表明，主段塞注入 0.8～1.0PV 是合理的也是经济可行的。

4. 副段塞注入调整技术

副段塞注入阶段含水率明显回升，窜聚井增多，产量递减加快，重点是强化分层注聚控制递减，建立以注入 PV 数为核心的驱替效果评价方法，针对注入体积超过 1.2PV 的层限制注入，窜聚层封堵；针对低采聚合物层酸化解堵，改善驱替；针对注入体积不足 0.8PV 的层先期酸化、然后分注单注强化注入，改善层间差异。

建立油价—产量—药剂价格联动技术经济模型（图 5-3-9）。明确不同产量下极限药剂价格，通过表面活性剂降价谈判促使表面活性剂价格下降 18%，最终价格 1 万元 /t，模型推算 45 美元 /bbl 油价下经济极限产量为 124t，结合分层调注控制递减、低成本措施提高单井产量，为实现聚合物—表面活性剂复合驱试验区经济效益开发、进一步探索采收率极限创造有利条件。

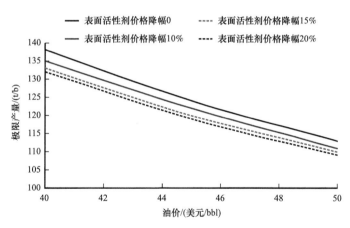

图 5-3-9　不同油价下表面活性剂价格降幅与极限产量关系曲线

5. 保护段塞注入调整技术

保护段塞阶段各井各层之间的动用差异越来越大，油井含水率平面上严重分布不均，高产井零散分布，高含水水井在边部及局部区域相对集中，建立停注聚合物和停注水界限，指导保护段塞转注水时机调整，保证整体效益（图 5-3-10）。

渐强式注入方案跟踪调整方法主要针对聚合物分子量、体系浓度、段塞注入量等方面进行调整，调整之后见表 5-3-6。

（二）发展完善全程调控模式

针对锦 16 块聚合物—表面活性剂复合驱工业化矿场试验经历的五个阶段，形成了

"见效前期保均衡提压力扩波及、含水下降期保连通降含水提动用、低含水期强注入保均衡保稳产、含水回升期分层调注控递减、高含水期疏堵结合防突破"调控理念，建立全程分段调控模式、对策及合理技术指标（表 5-3-7）。现场实施 135 井次调整措施，措施有效率 90% 以上，累计动用程度提升至 94.5%，油井见效比例达 95% 以上。

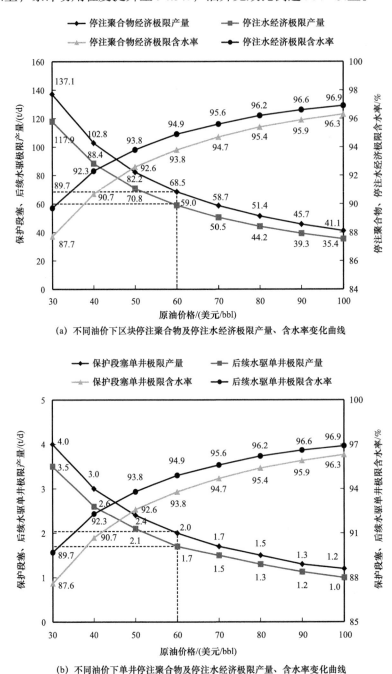

(a) 不同油价下区块停注聚合物及停注水经济极限产量、含水率变化曲线

(b) 不同油价下单井停注聚合物及停注水经济极限产量、含水率变化曲线

图 5-3-10　不同油价下停注聚合物、停注水区块及单井产量、含水率曲线

表 5-3-6 注入配方体系调整表

注入段塞	组成	性能		注入体积 /PV
		黏度 / (mPa·s)	界面张力 / (mN/m)	
前置段塞	0.25%P3000	318.6	—	0.1
主段塞	0.2%P+0.2%S	122.3	<10⁻²	0.9
副段塞	0.2%P+0.15%S	121.2	<10⁻²	0.4
保护段塞	0.14%P	97.0		0.1
合计				1.5

注:P 表示聚合物,S 表示表面活性剂。

表 5-3-7 分段调控对策及合理指标设计表

阶段	问题	调整对策	合理指标
准备阶段	注入压力不均 动用比例不高	整体调驱 提质增注—改进工艺降黏损 延长前置段塞 0.04~0.1PV	注入井间压差小于 3MPa 注入压力增幅大于 2MPa 黏损率小于 25%,流度比大于 3
含水下降阶段	油井见效比例低 含水趋稳不降	完善注采关系 增加采油井点 提浓增注分注	注采对应率大于 90% 聚合物驱动用程度大于 85% 注入强度 5~8m³/ (m·d)
低含水阶段	部分油井含水回升 分层驱替差异较大	以采调注分层接替 提液、压裂、酸化引效 延长主段塞注入 0.35~0.9PV	注入采出能力下降幅度小于 50% 含水率降幅 10%~15% 稳产时间 3 年以上
含水回升阶段	含水回升速度加快 层间动用加剧 部分井窜聚严重	油井堵水单采、水井分注解堵 分层调整注入量 延长副段塞注入 0.2~0.4PV	超过 1.2PV 层停注限注 低于 0.8PV 层强化注入 含水率回升速度控制在 1.2% 以内
高含水阶段	油井含水差异大 含水回升速度快	油井解堵低采聚层、封堵高采聚层 高含水、高采聚层限液 注入井单卡单注	含水率回升速度控制在 1.5% 以内 采聚浓度超过 800mg/L 堵水 注入体积大于 2.0PV 封层单注

第四节 应用实例

辽河油田从 20 世纪 90 年代开始进入化学驱现场试验,"八五"期间,开展了锦 16（东）聚合物驱、兴 28 块碱—聚合物二元驱先导试验研究,"十五"期间,开展了欢喜岭油田锦 16 块兴隆台油层聚合物—表面活性剂复合驱工业化试验研究,在中国石油五个聚合物—表面活性剂复合驱先导试验区块中率先取得突破,并被评为中国石油聚合物—表面活性剂复合驱试验的样板工程,下面以锦 16 块聚合物—表面活性剂复合驱工业化试验为例进行简要介绍。

一、油藏概况

锦 16 块二元驱工业化矿场试验区位于欢喜岭油田中部，为一北东东向长条状南倾分布的断鼻状构造，其目的层沙一段、沙二段兴隆台油层的 II^5—II^8 小层，含油面积 $1.3km^2$，石油地质储量 603×10^4t，其中 II^7—II^8 层含油面积 $1.28km^2$，地质储量 315×10^4t。油层有效厚度 13.6m，孔隙度 31.1%，渗透率 3442mD，地下原油黏度 14.3mPa·s，试验前试验区采出程度 47.2%，综合含水率 94.3%。

二、方案设计

方案设计开发层系划分为两套逐层上返开发，优先开采 II^7—II^8，上返接替 II^5—II^6。采用 150m 井距五点法面积井网，部署各类井 67 口，其中注入井 24 口，采油井 35 口，观察井 8 口，采用前置段塞 0.1PV、主段塞 0.9PV、副段塞 0.4PV 和保护段塞 0.1PV 四段式注入方案，总注入 PV 数为 1.5PV，方案设计日注水 $2100m^3$，平均单井日注水 $87.6m^3$，日产液量 $2303m^3$，平均单井日产液 $65.8m^3$，注入速度 0.15PV/a，预计提高采收率 21%。

三、矿场实施及效果

方案于 2011 年 4 月正式注入化学药剂，2011 年 4 月至 2011 年 12 月完成前置段塞注入 0.1PV，注聚合物 1301t，注液量 $48 \times 10^4m^3$；2011 年 12 月至 2018 年 4 月完成主段塞注入 0.9PV，阶段注入注聚合物 10052t，表面活性剂 $16267m^3$，注液量 $447 \times 10^4m^3$；2018 年 5 月至 2021 年 5 月完成副段塞注入 0.4PV，阶段注入注聚合物 3731t，表面活性剂 $5423m^3$，注液量 $196 \times 10^4m^3$；2021 年 6 月至今处于保护段塞注入阶段，阶段注入注聚合物 557t，注液量 $36 \times 10^4m^3$；截至 2021 年 12 月累计注入 1.47PV，二元驱工业化先导试验见到明显效果，96% 采油井不同程度见效，与原井网继续水驱同期相比，日产油由 22.3t 增至最高 353t，综合含水率由 97.5% 降至最低 81.7%，采油速度由 0.25% 增至最高 3.5%，截至 2012 年 12 月，日产油仍有 133t，综合含水率 90.2%，采油速度 1.1%，采出程度 72%，阶段增油 66.2×10^4t，阶段提高采出程度 21%，预测最终采收率有望达到 73%。

截至 2021 年 12 月，锦 16 块二元驱累计产油 78.13×10^4t，累计产气 $2852.10 \times 10^4m^3$，按实际销售油价和气价计算，实现销售收入 27.74 亿元，实现净利润 6.17 亿元，投入产出比 1：2.92，投资回报率 10.89%。

四、主要认识

（一）层系划分合理，五点法井网 150m 井距满足化学驱要求

试验区在现井网井距条件下，聚合物驱控制程度达到 91.9%。从动用状况来看，整体动用程度大幅提高，由转驱前的 62% 提高到 90%，从单井动用情况来看，吸水剖面层间

矛盾得到缓解，较水驱有较大改善。同时从数值模拟拟合发现，地下注入压力场较水驱有明显变化，注采井间压差增加。

从采出状况分析，平均采聚浓度 600mg/L，上升趋势较为缓慢，单井采聚浓度也未出现明显窜聚，油井整体见效井数比例达到 95%。

（二）注入能力达到方案设计要求

区块平均日注 2088m³，平均单井日注 87m³，与方案设计 2100 m³/d 日注量基本一致，注入压力较转驱前上升 2.8MPa，与国内二元驱对比注入状况良好，视阻力系数达到 1.5～1.7，根据大庆油田经验看，化学驱视阻力系数的合理范围在 1.3～2.0 之间，处于合理范围，注入井视吸水指数 0.76m³/（d·m·MPa），较转驱前水驱下降了 25%，至今保持稳定。

（三）二元配方体系发挥驱洗作用

锦检 2 井井间饱和度监测表明，剩余油饱和度下降明显，对应吸水剖面注入量较高的层饱和度下降较多，同时通过丙 5-A237 井原油密度、黏度和组分分析发现，原油密度、黏度和胶质沥青质含量均出现先下降后上升现象，表明二元体系发挥了驱洗作用。并且数值模拟拟合发现，井间剩余油发生了明显的变化，整体呈现下降趋势，局部剩余油饱和度有减少有增加，表明地下饱和度场在变化。

取心井 6-A145 井表明，主段塞注入后剩余油饱和度大幅下降，在主段塞注入 0.45PV 时，残余油饱和度下降 6%～10%，并且 22% 油层厚度驱油效率超过聚合物驱极限驱油效率，说明二元配方体系确实发挥了驱洗作用。同时分层统计注入 PV 数与驱油效率的关系表明，当注入体积超过 0.8PV 时，矿场驱油效率与室内驱油效率接近，表明主段塞合理注入量在 0.8PV 左右。

（四）平面、纵向流场实时调整有效改善开发效果

现场实践表明，主段塞注入量达到 0.8～1.0PV，确保目的层注得够吃得饱，驱洗效率就高，化学驱效果就能得到有效保证，主吸层持续有效的注入既是前期化学驱效果有力支撑，也是后期层间调整的主要方向，分注、单注以及投球选注和油井单采及分采是至今较为有效的层间调整的技术手段；在注入体积小于 0.8PV 时，在注注井间、采采井间增加采油井点调整流线能够有效改善驱替效果，扩大波及驱洗效率；试验区储层特征主要以反韵律和复合韵律为主，这为改善厚层内的驱洗效率创造了先天条件，但是正韵律厚层层内驱洗差异大，需要调剖解决；受局部小断层的影响，增加注采井点完善注采井网，实践证明可以有效增加驱替储量，改善化学驱效果。

（五）预测采收率提高值可以达到 22%

截至 2021 年 12 月，根据生产动态分析，并通过数值模拟预测，到段塞结束并继续水驱至综合含水率 98% 时，区块提高采收率值仍然可以达到 22%，中心井组提高采收率有望达到 25% 以上。

参 考 文 献

［1］杨承志.化学驱提高采收率原理［M］.北京：石油工业出版社，1994.

［2］杨承志，韩大匡.化学驱油理论与实践［M］.北京：石油工业出版社，1996.

［3］赵国玺，朱跻瑶.表面活性剂作用原理［M］.北京：石油工业出版社，2003.

［4］肖进新，赵振国.表面活性剂应用原理［M］.北京：化学工业出版社，2003.

［5］沈钟，赵振国，王果庭.胶体与表面化学［M］.北京：化学工业出版社，2004.

［6］胡博仲，刘恒.聚合物驱采用工程［M］.北京：石油工业出版社，1995.

［7］林梅钦，高树棠，刘璞.大庆原油中活性组分的分离与分析［J］.油田化学，1998，15（1）：67-69.

［8］管红霞，蒋生祥，赵亮，等.大庆原油中界面活性组分研究［J］.油田化学，2002，19（4）：358-361.

［9］刘文业.聚合物驱油井产出液中聚合物浓度的准确测定方法［J］.油气地质与采收率，2006，3（1）：58-62.

［10］陈咏梅，王涵慧，俞稼镛.化学驱中动态界面张力行为的研究进展［J］.石油学报，2001，22（4）：97-103.

第六章 变质岩潜山油藏天然气驱与储气库联动技术

辽河油田变质岩潜山的开发始于 20 世纪 80 年代，以牛心坨低潜山为代表，储量达到千万吨级规模，开发方式为常规注水开发。2007 年在兴隆台发现上亿吨储量巨厚潜山后，变质岩潜山开发达到高峰，依托立体开发井网 3 年建成了百万吨产能，采用立体注气有效补充地层能量，减缓产量递减。形成了变质岩潜山天然气驱协同建库机理研究、巨厚潜山气库联动开发设计等系列关键技术。

第一节 天然气驱协同建库机理研究

由于地层流体性质、注气条件的差异，气驱会形成多种驱油机理混合的复合式驱油机理。这种复合式驱油机理主要是注入气与地层流体的混相机理与油气重力分异机理的联合。注氮气、烃类气体、空气和 CO_2 所形成的非混相（近混相）重力稳定驱油机理是最广泛的。通过开展天然气相态特征研究、微观驱油机理研究和裂缝性长岩心驱油效果评价研究来阐述天然气驱协同建库机理。

一、天然气相态特征研究

（一）注气流体膨胀实验

通过注气膨胀实验，研究注气对地层流体相态的影响，包括注气后流体高压物性的变化和注气增溶对地层流体混相特征的影响。

1. 注气对原油高压物性的影响

注气后，地层油饱和压力升高，膨胀系数增加，图 6-1-1 和图 6-1-2 分别描述了这一上升趋势。从图 6-1-1 和图 6-1-2 中可以看出，注气后，原油泡点压力上升幅度逐渐增大，对比可知，从溶解增溶能力角度分析，注 CO_2 增溶性最好，其次为天然气，N_2 增溶性最弱。注 CO_2 和天然气增溶膨胀能力更强，而 N_2 较弱。

2. 注气增溶对地层流体混相特征的影响

注气向前接触混相过程是指在一定的注入压力下注入气不断与地层油接触，通过多次接触将油相所含的中间烃蒸发到气相中去，最终实现多次接触混相驱。

地层油注伴生气（CH_4 含量 82.45%）、外输气（CH_4 含量 93.03%）试验表明，注伴生气一次接触混相压力要大于 43.5MPa，注入伴生气总量要达到 82% 以上；注外输气一次接触混相压力要大于57MPa，注外输气总量要达到75%以上。对于地层压力为38.6MPa的油藏，可知注伴生气与注外输气均不能实现一次接触混相。

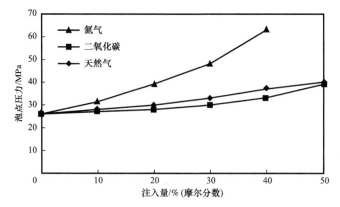

图6-1-1　不同注入介质对饱和地层油饱和压力影响曲线

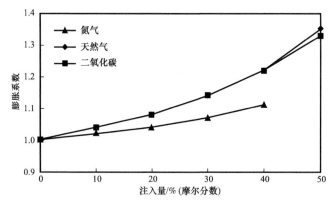

图6-1-2　不同注入介质对饱和地层油膨胀系数影响曲线

运用CMG相态计算软件模拟了伴生气、外输气与地层原油多次接触增溶与抽提过程组成变化的驱替过程。注伴生气时，当地层压力小于42.65MPa时注气驱替机理主要为多次接触动力非混相过程，在42.65MPa下才开始形成近混相—混相驱替（图6-1-3）。注外输气时，当地层压力小于46.3MPa时注气驱替机理主要为多次接触动力非混相过程，在46.3MPa下才开始形成近混相—混相驱替（图6-1-4）。对于地层压力为38.6MPa的油藏，注伴生气、外输气均不能实现多次接触混相驱。

（二）注气细管实验分析

细管实验是确定给定注入气的最小混相压力和给定注入压力最佳注入气混相组成的主要实验手段。将油层进行简化后得到的一维模型即为细管模型，其目的是形成原油和注入气在多孔介质中连续接触的过程，同时尽可能排除不利的流度比、黏性指进、重力分离、储层的非均质性等因素的影响。并且孔隙度、渗透率并不要求与实际油藏相同，最终原油的采收率也不是油藏混相驱开采的采收率，但由此获得的最小混相压力可代表所测定的油气体系。

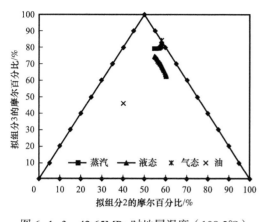
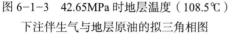

图 6-1-3　42.65MPa 时地层温度（108.5℃）
下注伴生气与地层原油的拟三角相图

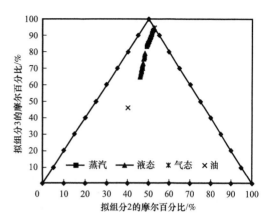

图 6-1-4　46.3MPa 时地层温度（108.5℃）
下注外输气与地层原油的拟三角相图

随着注入压力的提高，天然气驱替地层原油的驱油效率不断增加，注入气突破的注入孔隙体积倍数增加。根据 4 个驱替压力实验数据绘制驱油效率曲线，如图 6-1-5 所示，得到驱油效率大于 90% 时的注入压力约为 45.5MPa，即为最小混相压力。

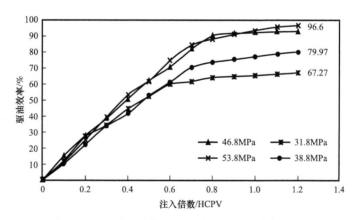

图 6-1-5　注天然气不同驱替压力驱油效率曲线

在低于或略高于最小混相压力的注气压力下进行细管实验测试，通过在细管出口端加装高温高压蓝宝石可视观测窗对混相状态进行摄像观测，可以得到非混相驱和混相驱过程注入气与地层油之间的相态直观图像（图 6-1-6）。当注入压力低于最小混相压力时为非混相驱，注入气与地层剩余油之间存在明显的相界面，如图 6-1-6（a）所示；当注入压力高于最小混相压力时可形成混相驱，注入气与地层剩余油之间的相界面消失，如图 6-1-6（b）所示。

二、微观驱油机理研究

制备真实岩心薄片模型，进行水驱油、气驱油微观渗流特征实验测试研究，目的是直观认识水驱、气驱微观渗流机理和微观剩余油赋存状态。

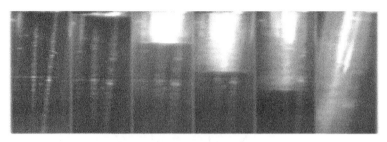

(a) 注入压力小于最小混相压力时的油气混相状态（存在油气界面）

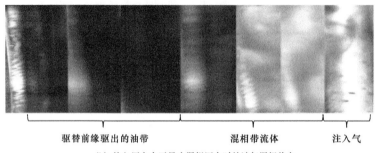

驱替前缘驱出的油带　　　　混相带流体　　　注入气

(b) 注入压力大于最小混相压力时的油气混相状态

图 6-1-6　注入气对地层油形成混相、非混相驱相态特征直观图像

为了方便观察，实验采用水溶性染料染成蓝色的地层水，加入油溶性红色染料配制而成的模拟油，分别对基质岩心、刻蚀裂缝岩心进行水驱油、气驱油实验（表 6-1-1）。

表 6-1-1　岩心数据及实验流程表

序号	岩样编号	孔隙度 /%	流程 1	流程 2
1	6-2-8-1 基质岩心	4.93	水驱	气驱
2	2-1-5-1 裂缝岩心	7.20	水驱	气驱

（一）基质岩心水驱 + 气驱

第一组实验采用的是纯基质岩心，未进行人工造缝。向饱和油的岩心注水驱替，驱替后的结果如图 6-1-7（b）所示。纯基质岩心水驱的采出程度为 39.97%，采出程度不高，主要采出的部分来自基质岩心的溶蚀孔隙及微裂缝等区域，图中黄色圆圈圈出来的部分可以看到明显的颜色变化，说明该区域的油采出程度较高。而整个岩心的渗透率为 0.09mD，无孔隙和裂缝的纯基质部分应该更低，因此，纯基质部分水驱采出程度也更低。

水驱结束后再进行气驱，驱替结果如图 6-1-8 所示。对比图 6-1-8（a）和图 6-1-8（b），黄色圆圈区域内的油在气驱后明显减少，气驱后采出程度增加了 14.54%，采出程度达到了 54.51%，注气可以明显提高采出程度[1]。

（二）刻蚀裂缝岩心水驱 + 气驱

第二组实验所使用的岩心进行了人工刻蚀裂缝。向饱和油的岩心注水驱替，驱替后的结果如图 6-1-9 所示。岩心水驱的采出程度为 51.49%，可以从图 6-1-9（a）和图 6-1-9（b）中看出颜色的明显变化，岩心的渗透率为 0.203mD，因而可以推断采出的油也主要来自裂缝和微裂缝部分。要提高采出程度，必须采取更加有效的开采措施。

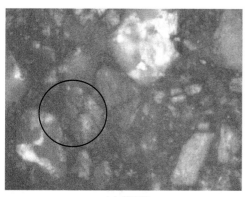 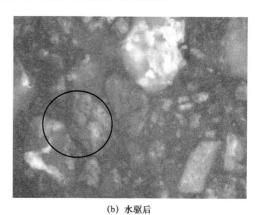

(a) 饱和油　　　　　　　　　　　　(b) 水驱后

图 6-1-7　纯基质岩心饱和油与水驱后对比图

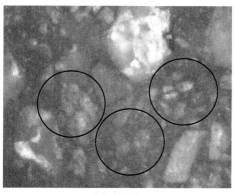 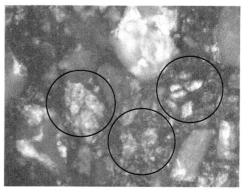

(a) 水驱后　　　　　　　　　　　　(b) 气驱后

图 6-1-8　纯基质岩心水驱后与气驱后对比图

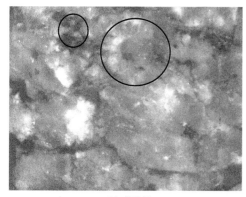 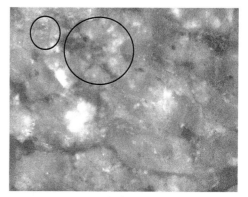

(a) 饱和油　　　　　　　　　　　　(b) 水驱后

图 6-1-9　刻蚀裂缝岩心饱和油与水驱后对比图

水驱结束后再进行气驱，驱替结果如图 6-1-10 所示。对比图 6-1-10（a）和图 6-1-10（b），就整体来看，红色区域大幅减少；从局部来看，黄色圆圈区域内的油在气驱后明显减少，气驱后采出程度增加 13.52%，总采出程度达到 65.01%，因此对于裂缝性油藏，注气同样可以明显提高采出程度。

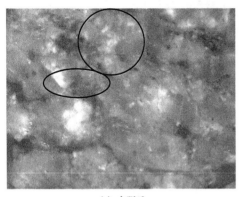

(a) 水驱后 　　　　　　　　　　　　　　(b) 气驱后

图 6-1-10　刻蚀裂缝岩心水驱后与气驱后对比图

三、裂缝性长岩心驱油效果评价

应用长岩心设备，模拟地层条件下水驱和气驱过程，评价不同开发方式的驱油效果，分析变压焖井气驱过程中不同阶段驱油效率。

（一）不同开发方式驱油效果

1. 纵向顶部气驱实验

持续气驱泵速为 1.25mL/h，实验压差总体较低，在注入气突破前呈上升趋势，突破后则呈下降趋势。在注伴生气 0.75～0.77 HCPV 时气突破，突破点驱油效率为 65.86%，突破后仍有不少油产出。气突破前气油比基本不变，较稳定，突破后气油比迅速上升。注气体积为 2.20HCPV 时，驱油效率为 73.88%，当注气体积为 2.5996HCPV 时，驱油效率为 75.84%。

2. 纵向底部水驱实验

底部水驱泵速为 1.25mL/h，注水实验压差总体呈持续上升的趋势，当注入 0.49～0.527HCPV 水时，注入水突破，突破后仍有油产出，突破时驱油效率为 53.37%。当注水为 1.28HCPV 时，已基本不再出油，驱替结束，最终驱油效率为 54.65%。

由实验结果（图 6-1-11 至图 6-1-13）可以看出，纵向顶部气驱实验压差明显低于纵向底部水驱，且纵向顶部气驱实验压差在整个驱替过程中总体呈持续下降的趋势，而纵向底部水驱则刚好相反，总体呈持续上升的趋势（图 6-1-11）；纵向底部水驱气油比在整个驱替过程中基本不变，只是最后驱替快结束时由于油很少，气油比增大，纵向顶部气驱气油比在气突破前基本不变，与纵向底部水驱基本一致，气突破后则快速上升，持续升高（图 6-1-12）；纵向顶部气驱由于一部分注入气溶解于油中，出油明显滞后于纵向底部水驱，但是由于注入气改善了地层流体的渗流特性，并且由于油气密度差产生的重力分异作用，二者共同作用，纵向顶部气驱驱油效果明显好于纵向底部水驱[2]（图 6-1-13）。

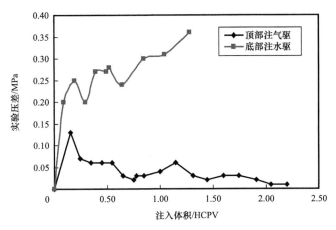

图 6-1-11　顶部气驱与底部水驱实验压差对比

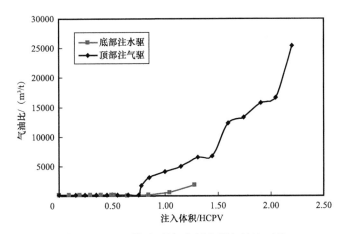

图 6-1-12　顶部气驱与底部水驱气油比对比

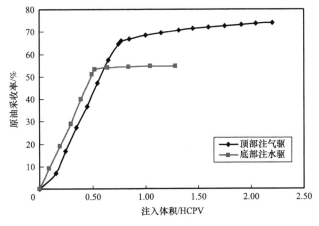

图 6-1-13　顶部气驱与底部水驱驱油效率对比

（二）变压焖井长岩心驱替实验研究

采用加拿大 Hycal 长岩心驱替装置，夹持约 1m 加长岩心，量化人工造缝前后基质与裂缝孔隙体积，配置地层原油流体并饱和至岩心，开展长岩心变压焖井注天然气驱实验，模拟地层条件下天然气驱过程（图 6-1-14）。实验分三个阶段：第一阶段为连续驱替阶段，设定压力为实际地层压力 25.6MPa，恒压注气产油，该阶段主要为裂缝供油，裂缝孔隙采出占总孔隙比例高达 94%，少部分为基质中微裂缝向大裂缝系统的渗流供油；第二阶段为多次短时恒压焖井阶段，恒压气驱后静置 1d 继续气驱，重复三次，该阶段为气体向基质渗析驱油；第三阶段为多次短时提压焖井，提高压力至原始地层压力 38MPa，静置 1d 后气驱，重复三次，此阶段为气体进一步向基质深部渗析驱油时基质渗流供应。实验总驱油效率为 88.45%，其中衰竭式开采驱油效率为 5.41%，气驱阶段为 63.74%，恒压焖井阶段为 79.03%，变压焖井阶段采出程度为 88.45%，较气驱阶段进一步提升 24.71%（图 6-1-15）。

变质岩潜山油藏建库后为强注强采过程，注气后恢复地层压力持续增注可进一步提高采收率。

(a) 实验装置

(b) 实验岩心

图 6-1-14　高温高压长岩心变压焖井气驱实验装置及实验岩心

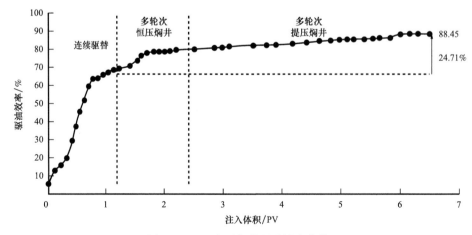

图 6-1-15　变压焖井驱油效率曲线

第二节　巨厚潜山气库联动开发优化设计

巨厚潜山油藏地质特征为气驱联动储气库建设提供了物质基础和有序接替的条件，然而在现阶段国内油藏型储气库建设案例匮乏的现状下，气驱联动储气库优化设计显得尤为重要。如何控制气驱关键参数，做好和建库联动的优化，有效避免气窜、保证气液界面稳定下移、发挥联动方案的最大优势，成为巨厚潜山气库联动开发优化设计中的重要课题。

一、协同建设方案优化

（一）创建气驱协同建库油藏工程设计模式

目前尚无油藏型储气库油藏工程设计标准，由此在已成熟的气驱开发油藏工程设计和枯竭式储气库油藏工程设计内容以外，重点针对注采参数进行完善，在常规的联动开发目标区优选、层系组合优化设计、井网井型优化设计外，新增 5 项参数的优化设计，分别是合理气液界面推进优化、分阶段注入速度优化、调峰时机优化、调峰增注时机优化及年度调峰气量优化，在开发指标预测方面，考虑气驱联动建库的特殊性，创新建立段间产能接替配产新模式，靠实气驱联动建库指标预测[3]。

（二）多方法协同优化注采技术界限，实现气驱与储气库有效联动

综合应用动态分析、数值模型、矿场实践等多方法量化注采技术界限，实现气驱联动建库有效联动。将气驱联动建库开发过程分为三个阶段，分别为气驱阶段、过渡阶段及储气库阶段。为保证气液界面平稳下移，优化注气时机、气驱阶段注入速度、调峰时机、调峰增注时机及合理气油界面推进速度，确保扩大气驱波及体积，同时充分发挥储气库调峰功能，真正实现气驱协同建库有效开发[4]。

1. 气驱阶段注入速度优化

对国内外注气开发试验区块进行调查（表 6-2-1），注采比以注采平衡为主[5]，通常为 1∶1～1.5∶1。油藏数值模拟研究结果表明，注采比越大，气体越容易突破发生气窜，考虑潜山油藏存在亏空，因此气驱阶段注采比设定为 1.3∶1，注入体积 0.017PV，以 0.05PV/a 的速度缓和恢复地层能量，防控气窜，保证注气效果，待油藏形成规模气顶以后，在顶部加大注入量，发挥调峰作用。

2. 过渡阶段调峰时机优化

利用油藏数值模拟方法模拟开发过程发现，当采出程度大于 15% 以后，已形成人工气顶，可启动调峰作用，当存气量超过库容量的 20% 以后，调峰气量可明显增大，发挥调峰作用（图 6-2-1）。

表 6-2-1　国内外注气开发试验区块注气参数

油田名称	油藏类型	注入介质	注气速度 /（PV/a）	注采比
墨西哥湾 Akal 油田	碳酸盐岩油藏	氮气	0.028	1.29∶1
Handil 油藏	倾斜砂岩油藏	烃气	0.008	注采平衡
Hawkins 油藏	砂岩油藏	烃气	0.012	注采平衡
Talco 油藏	砂岩油藏	烃气	0.011	注采平衡
Braes 油田	砂岩油藏	烃气	0.050	1.4∶1
兴隆台潜山气驱开发阶段		烃气	0.017	1.3

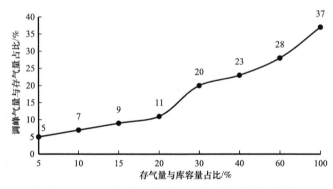

图 6-2-1　兴古潜山群调峰气量与存气量关系曲线

3. 储气库阶段气驱协同调峰优化

全过程中协调采油与调峰权重，先期以采油为主，控制调峰采气和压力波动，采出程度大于 30% 后以调峰为主，逐渐过渡至最大运行压力及工作气量（图 6-2-2）。

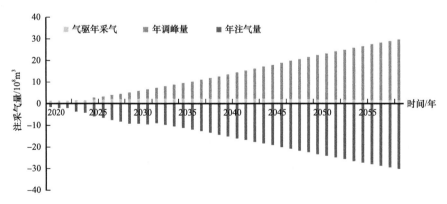

图 6-2-2　兴古潜山注采气量预测曲线

（三）创新建立段间接替配产配注新模式

开发实践及油藏数值模拟研究表明，随着油水界面下移，水淹井逐步恢复生产，以典型井 H321 井为例，该井于 2010 年 9 月投产，初期日产 56t，天然能量开发，产量递减快，至 2014 年 9 月受底水上侵影响，日产量急剧下降至 10t 以下，后间开生产。2014 年 9 月后 H322 井注气受效，油井恢复正常。截至 2019 年 11 月，日产油 10.8t。从油藏数值模拟研究及不同段油井产量变化曲线（图 6-2-3）中可以看出，随着注气量增加，气顶膨胀，气油界面不断下移，各段生产井接替恢复生产。同时各段生产井气油比逐段升高，高部位采油井逐步转为调峰井。基于上述认识建立了段间产能接替新模式（图 6-2-4），靠实完成各段油井生产指标预测，再依据物质平衡原理完成配注，亏空区块采比为 1.3∶1，调峰阶段增注至恢复原始地层压力，阶段末埋存气量为最大库容量[6]。

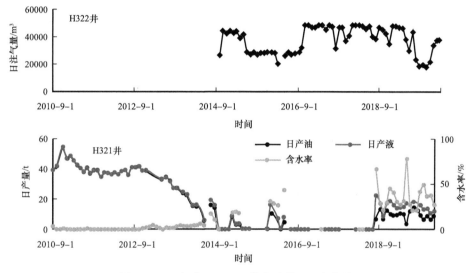

图 6-2-3　兴古 7-H322 井注采井组生产曲线

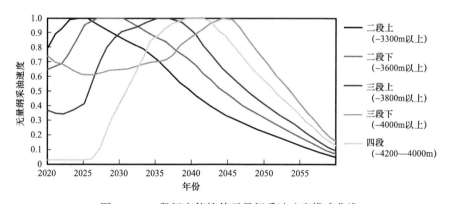

图 6-2-4　段间产能接替无量纲采油速度模式曲线

（四）多单位协同作战，多专业一体化攻关，确保"规模与品质并行"

该项目不仅对油藏工程方面进行优化设计，而且对钻采工艺、地面设施等均进行一体化设计，从源头上保规模保效益生产。油藏设计方面，通过控制气油界面平稳下移，实现采油井向采气井的转变，存气量向库容量的转变，注气量向调峰气量的转变[7]。钻采工艺方面，注气井采用气库标准完井工艺，采油井采用气举—有杆（电潜泵）联作举升。地面建设方面，实现气库最大能力优化设计，逐步扩容分批建设，随注气量的增加分 6 期逐步达容，从而实现经济效益的最大化，在 45 美元 /bbl 油价下，内部收益率 6.24%，营业收入 711.23 亿元。

二、调控技术对策研究

（一）完善气驱开发效果评价指标体系

创新建立气驱开发评价指标体系，针对现阶段气驱评价指标不明确、难以系统开展气驱效果评价的问题，从注入状况、采出状况、驱替状况及整体评价 4 个方面探索研究，确定 16 项评价气驱开发效果的关键参数，发展完善了气驱评价方法。

在相对较完善的评价指标体系基础上，系统开展了兴古 7 块注气开发试验效果评价，评价了不同注入方式气驱效果，认清气驱见效模式。截至 2018 年 4 月，兴古 7 块累计注气 $35070 \times 10^4 m^3$，折算地下体积 $200.47 \times 10^4 m^3$（留存 $170 \times 10^4 m^3$），占据 $-3000m$ 以上宏观裂缝体积，顶部注气重力稳定驱效果显著，有效补充了地层能量。兴古 7 块整体压力系数目前稳定在 0.76，如图 6-2-5 所示，Ⅰ 段受注气有效补充作用最为明显，Ⅰ 段压力系数上升至 0.86（24MPa），Ⅱ 段为目前的主力生产层，压力系数为 0.71（24.85MPa），Ⅲ 段压力系数稳定在 0.73（27.7MPa）。低部位注气有效抑制底水，阶段驱替增油作用明显。如图 6-2-6 所示，注气以来水侵速度为 $9 \times 10^4 m^3/a$，仅为之前的 1/10。单井以兴古 7-H225 井为例（图 6-2-7），开展注气试验以后，单井日产油由 87.1t 上升至 103.4t。

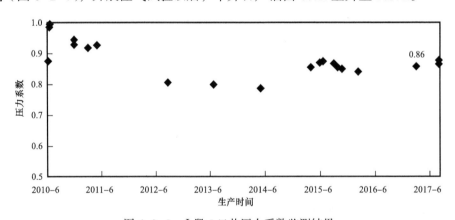

图 6-2-5　Ⅰ段 5 口井压力系数监测结果

通过分析油井受效规律，建立增油型、减缓递减型、恢复自喷型和气窜型四类气驱受效模式，见表 6-2-2，其中增油型见效井 5 口，见效特征表现为气油比略有升高，单井日产油增加如图 6-2-8（a）所示；减缓递减型见效井 9 口，见效特征表现为气油比稳定，减缓产量递减如图 6-2-8（b）所示；恢复自喷型见效井 2 口，见效特征表现为恢复自喷，与注气相关性强，如图 6-2-8（d）所示；气窜型见效井 1 口，见效特征表现为油井日产气量增加，气油比快速升高，日产油下降，如图 6-2-8（c）所示，对于该类型井，积极探索研究调控技术，及时调控及时预判，确保气驱效果。见效井主要以增压驱替作用为主，占到 72%。

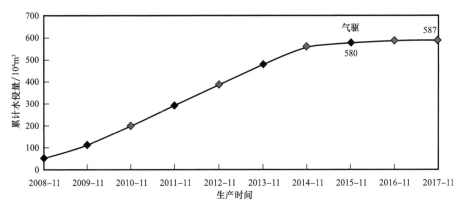

图 6-2-6　兴古 7 块不同时间点水侵量计算结果图

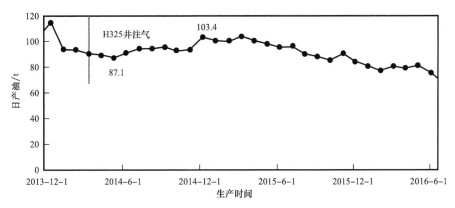

图 6-2-7　兴古 7-H225 井生产曲线

表 6-2-2　油井见效模式及驱替作用汇总表

分类	见效类型	井数 / 口	比例 /%	峰值增油幅度 /t	备注
一类	增油	5	29	13	驱替作用
二类	减缓递减	9	43	8~15	增压作用
三类	恢复自喷	2	12	10~20	气举作用
四类	气窜	1	6	-15	单向气窜

（二）建立气窜研究方法，明确不同气窜类型气油比变化规律

在分析生产动态特征时，引入了气油比曲线和气油比导数曲线的概念。气油比曲线是指地面情况下产气量与产油量的比值随时间在双对数坐标上的曲线；气油比导数曲线是指气油比对 $\ln t$ 的导数随时间在双对数坐标上的曲线。

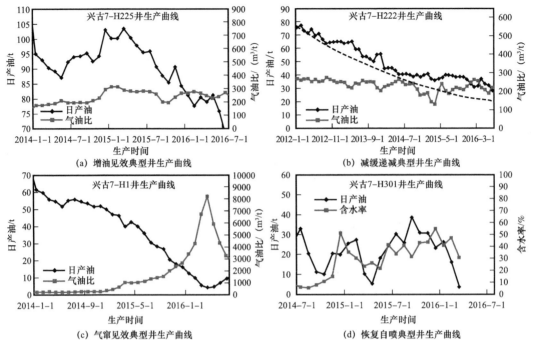

图 6-2-8　气驱见效井生产曲线

气油比（GOR）导数式：

$$\frac{dGOR}{d(\ln t)} = t\frac{dGOR}{dt} \tag{6-2-1}$$

通过建立好的 3 种不同机理模型进行数值模拟，从而得到对应的生产数据，在双对数坐标中绘制出气油比及其导数的生产曲线，并分析其特征。

1.底部注气气油比特征

对底部注气模型得到的气油比及导数曲线特征（图 6-2-9）进行分析，将底部注气的生产动态情况大致分为 5 个阶段。第一阶段：注入气尚未突破至生产井阶段，在此过程中生产气油比基本保持不变。第二阶段：注入气突破阶段，GOR 导数曲线从到达第一个波谷开始，至其到达波峰为止，注入气体突破至生产井，生产气油比有轻微的变化，导数曲线呈上升趋势。第三阶段：形成气窜阶段，气油比曲线明显上升，导数曲线基本保持平稳。第四阶段：形成气顶，油气界面向下运移阶段，受重力分异作用的影响，注入气继续向构造高部位突进，在构造顶部形成气顶，油气界面不断下移的过程，气油比上升速率减小，导数曲线呈下降趋势。第五阶段：油气界面到达生产井阶段，在此过程中，生产井在底部气窜与油气界面的双重影响下，气油比曲线上升速率不断增大，导数曲线明显上升。

注入氮气在注采压差和重力分异的双重作用下，快速向构造高部位突进，注气波及效率低，位于构造高部位的生产井发生气窜时间早，气油比上升速度快。

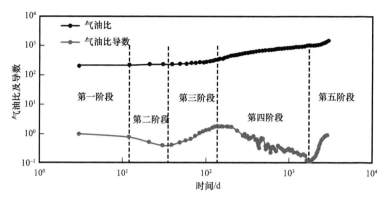

图 6-2-9　底部注气气油比及导数曲线

2. 顶部注气气油比特征

通过分析将顶部注气生产动态特征大致分为 3 个阶段（图 6-2-10）。第一阶段：注入气尚未突破至生产井阶段，在此过程中生产气油比基本保持不变。第二阶段：注入气突破阶段，GOR 导数曲线从到达第一个波谷开始，至导数曲线斜率明显增大为止，注入气体突破至生产井，形成气顶并不断下移的过程，气油比有一定的上升，上升速率较小，导数曲线有轻微的上升趋势。第三阶段，油气界面到达生产井位置，形成气窜阶段，导数曲线斜率明显增大时开始，气油比与导数曲线均呈现上升趋势且上升速率变快。在顶部注气情况下，注入气在重力分异作用下向顶部聚集，注气波及效率高，受注采压差的影响较大，气油比上升速度较慢。

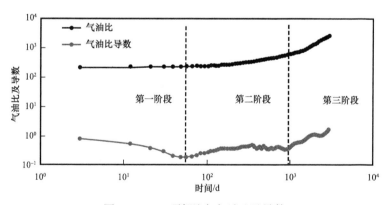

图 6-2-10　顶部注气气油比及导数

3. 横向注气气油比特征

横向注气生产动态特征大致分为 3 个阶段（图 6-2-11）。第一阶段：注入气尚未突破至生产井阶段，在此过程中生产气油比基本保持不变。第二阶段：注入气突破阶段，GOR 导数曲线从到达第一个波谷开始，至第二个波谷为止，注入气体突破至生产井，气油比整体趋于平稳。第三阶段：形成气窜阶段，GOR 导数曲线从到达第二个波谷开始，生产井形成气窜，导数曲线基本保持平稳，气油比曲线平稳上升。

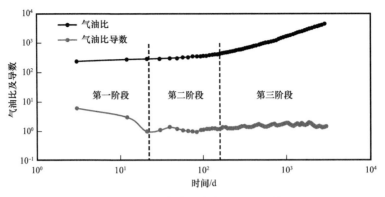

图 6-2-11　横向注气气油比及导数

（三）提出气窜预判技术界限

综合应用动态监测、生产测试、室内实验、数值模拟、数理统计等手段，对气驱敏感参数进行了研究，形成如表 6-2-3 所示的包括 6 项主要指标的兴隆台潜山定量化气窜预判技术界限，根据见效井相应指标发生变化做到及时预警，及时调控，有效控制、减缓气窜，扩大气驱波及体积，改善开发效果[8]。这里以表 6-2-3 中生产气油比为例进行详细的介绍，如图 6-2-12 所示，室内长岩心驱替数据表明，气油比大于 600m³/t 后，油井产量大幅下降，呈现气窜特征，对兴古 7-H2 井生产曲线分析同样得出结论，气油比大于 800m³/t，氮气含量超过 20% 以后，油井气窜特征明显（图 6-2-13），再结合油藏数值模拟方法，如图 6-2-14 所示，气油比大于 800m³/t 以后，采出程度逐渐变缓，从剩余油分布图也可以看出气体一旦突破，剩余油分布变化也不明显。综上所述，确定气窜预判生产气油比界限为 600~800m³/t。

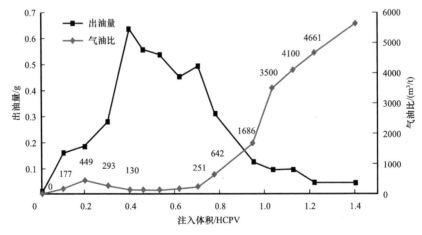

图 6-2-12　长岩心驱替实验判别气窜参数

由此制订了适应本区块的气驱调控量化标准（表 6-2-3）：气油比大于 800m³/t、氮气含量大于 20%、推进速度大于 13m³/d。接下来对气窜井也积极开展了调控对策研究。

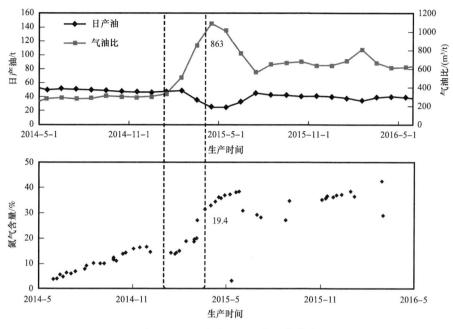

图 6-2-13 兴古 7-H2 井生产曲线

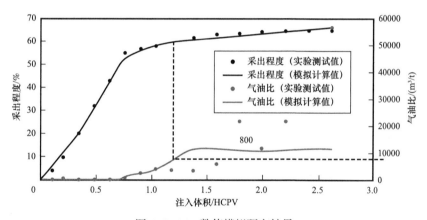

图 6-2-14 数值模拟研究结果

表 6-2-3 兴隆台潜山气窜预判技术界限

主要指标	预判界限
生产气油比 /（m³/t）	600～800
氮气含量 /%	15～20
井口压力上升幅度 /MPa	＞1.0
气油比上升速度 /［m³/（t·周）］	80～110
氮气含量上升率 /%	1.5
气驱前缘推进速度 /（m/d）	12

辽河油田稀油高凝油油藏提高采收率技术

（四）探索构建减缓气窜调控方法

充分应用气组分分析（图 6-2-15）、示踪剂监测（图 6-2-16）、单井压力监测及单井生产数据等资料进行综合分析评价，确定气驱影响因素。

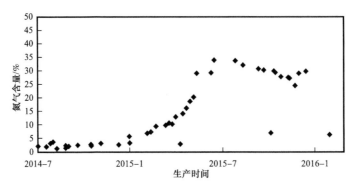

图 6-2-15 兴古 7-H206Z 井氮气含量变化曲线

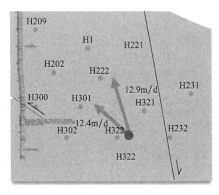

图 6-2-16 兴古 7 井气驱示踪剂监测结果

通过评价认为，合理注采距离、注气速度是减缓气窜的重要因素。

对比兴古 7 井、兴古 7-H325 井两个气驱井组，注采井距 260m 的气驱井组，如图 6-2-17 所示，油井产出气的氮气含量快速升高，高达 50%，气窜关井；注采井距 400m 的气驱井组，如图 6-2-18 所示，氮气含量略有升高，稳定在 20% 左右，未对油井采油造成干扰，见效类型以增油和减缓递减为主。

试验表明气驱前缘推进速度随注气速度增加而增大（图 6-2-19），在井组注采比 1.3 的情况下，油井见效特征为增压增油、气油比稳定，兴古 7-H306 井位于中下部，注气速度大，见效井气油比上升快。

通过气驱影响因素分析以及调控界限的研究，摸索出了合理注采空间配置、注采井距、注入速度、注采井工作制度四种调控技术对策。

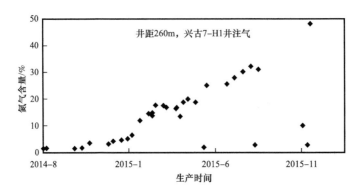

图 6-2-17 兴古 7-H1 井氮气含量变化

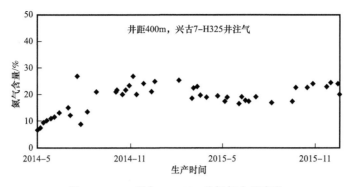

图 6-2-18 兴古 7-H225 井氮气含量变化

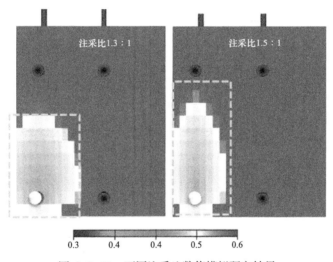

图 6-2-19 不同注采比数值模拟研究结果

1. 合理注采空间配置调控

根据气驱开发规律认识，低注高采虽然可以保证油井快速见效，但对于中高角度缝发育的裂缝性油藏，容易造成高部位油井气窜，因此，在立体注气井网综合设计上，加大了Ⅰ段的注气速度，采用以形成顶部注气为主的立体注气井网，在确保气体上浮膨胀快速驱油的同时，通过顶部注气有效补充地层能量，充分发挥重力稳定驱作用，确保长期效果。

2. 注入速度调控

兴古 7-H306 井原单井日注气 $5.8 \times 10^4 m^3$，高部位油井兴古 7-H206 井递减趋势未得到减缓，产气量大幅增加。设计调控对策为将注气速度调控至 $2.5 \times 10^4 m^3$。调控措施实施后，油井产气量得到有效控制，产量趋于稳定。

3. 注采井距调控

兴古 7 注气井组中，注气井与生产井兴古 7-H2 井的注采井距为 355m，见效特征表现为 1 个月见效增油，3 个月后气窜产量下降，日产油由 57t 下降至 25t，产出气中氮气含量增高至 44%。调控对策为改由更低部位水平井兴古 7-H322 井注气，拉大注采井距至

570m，调控措施实施后产气量增幅得到有效控制，油井产量恢复至 43t/d，产出气中氮气含量降至 27%（图 6-2-20）。

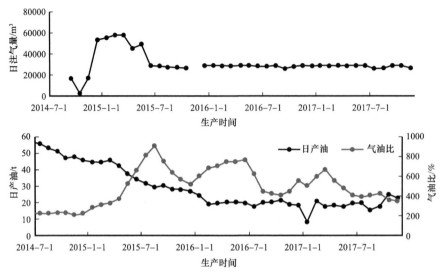

图 6-2-20　兴古 7-H206Z 生产曲线

4. 工作制度调控

如图 6-2-21 所示，兴古 7-H226 井通过改变工作制度，同样起到了控制气油比升高的作用。

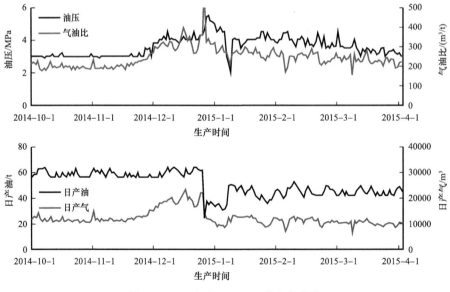

图 6-2-21　兴古 7-H226 井生产曲线

2016 年以来开展 8 个井组气驱动态调控，气油比得到有效控制，调控效果显著，阶段增油 3.5×10^4t。注气井组内见效井 16 口，见效比例 73%，见效井组产量占区块总产量的 93%（图 6-2-22）。

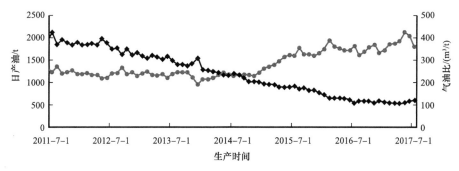

图 6-2-22　兴古 7 潜山气驱井组产量变化曲线

第三节　应用实例

兴隆台潜山为高幅度巨厚块状油藏，在兴古 7 块优先开展注气开发先导试验，项目投入现场实施以来，整体气驱试验效果显著，气驱开发机理清楚、油藏设计技术成熟、配套工艺技术逐步完善，开发实践及油藏数值模拟研究结果证实油藏顶部次生气顶初步形成，证实了注气提高采收率与储气库建设联动的可行性。按照"巨厚潜山天然气驱协同建库调峰"开发理念，实现了"巨厚潜山提高采收率、协同储气库运行效益最大化"的双赢目标。本节就兴古 7 块气驱与储气库联动方案进行简要介绍。

一、油藏概况

（一）地质特征

兴隆台潜山由兴古潜山、马古潜山、陈古潜山及兴古和马古中生界构成，是以兴古潜山为最高点的基岩断块山，其构造上位于兴隆台潜山带中部，构造面积 19.4km²。油层从潜山顶部到底部均有发育，以兴古潜山最发育，油藏埋深 2335～4670m，含油幅度 2335m。

兴古潜山以兴古 7 潜山为主要构成部分，兴古 7 潜山由变质岩及侵入岩两大类岩石组成，具有双重介质的特点，储集空间分为孔隙型和裂隙型两大类，中高角度裂缝发育，非均质性强。油藏类型为裂缝性块状底水油藏，上报含油面积 9.77km²，探明石油地质储量 3537×10^4t。

（二）开发历程

兴古 7 潜山采用一套层系、底部注水、纵叠平错的三维立体井网（水平井平面井距 300m，垂向井距 200m 以上，同段井平面错开 150m，平行交错部署）、分 4 段 7 层以水平井井型为主开发。

第一阶段为开发先导试验阶段（2007—2009 年），2007 年在兴古 7 巨厚潜山实施 6 口大斜度井，投产后均获高产工业油流。区块按照四段七层水平井，平面井距 300m，垂向井距 200m 共实施水平井 19 口。截至 2009 年底，兴古 7 潜山建产规模 48×10⁴t，采油速度 1.36%，采出程度 2.48%。

第二阶段为规模实施建成百万吨生产能力阶段（2010—2015 年），2010 年潜山带按照“整体部署、分批实施”的原则实施开发方案，太古宇以直井控制储层、水平井开发为主，但在成功建成百万吨产能后，受地层压力下降和底水侵入的双重影响，产量进入递减阶段。

第三阶段为气驱试验及有序建产实现持续稳产阶段（2016 年至今），建立了兴古 7 潜山注气开发先导试验区，采用顶部注气为主辅助中下部注气的开发方式，共转注氮气井 9 口，新部署注天然气新井 3 口，规模注气后，彻底扭转潜山产量持续递减局面，年递减率下降至 5%。

（三）开发现状

截至 2022 年 2 月底，兴古 7 潜山共投产油井 69 口，日产油 205.8t，日产气 $14.2\times10^4m^3$，累计产油 529.8×10^4t，累计产气 $15.5\times10^8m^3$，累计产水 $44.86\times10^4m^3$，注气试验井 13 口，累计注气 $66678.96\times10^4m^3$，其中累计注天然气 $13859.7\times10^4m^3$，累计注氮气 $52819.24\times10^8m^3$。采油速度 0.19%，采出程度 14.98%。

二、方案设计要点

（一）设计原则

（1）结合储层评价认识，优选气驱建库开发目标。

（2）综合机理与试验认识，优化层系及注气方式。

（3）尽量利用现有老井开发井网，降低开发投资。

（4）优化注采参数设计，保障气驱建库有效联动。

（5）城区地面、地下一体化部署，安全效益开发。

（二）开发方式优选

室内实验及矿场试验均证实采用顶部注天然气开发方式联动储气库建设可大幅提高采收率。

（1）顶部注天然气非混相重力稳定驱开发效果好，采出程度高。

① 室内实验研究证实注天然气为非混相驱，气驱效果优于氮气驱及水驱。

② 顶部注天然气驱开发效果优于中部及底部注气开发。

（2）顶部注天然气开发方式联动储气库建设，可进一步提高采收率。

开展长岩心变压焖井气驱实验，模拟地层条件下天然气驱过程。实验结果证实，变压焖井可较恒压焖井提高驱油效率 24.7%，由此确定储气库阶段大规模注气埋存可进一步提升气驱采收率。

（三）井网井距优化

兴古潜山目前开发井网完善，水平段长度 700～1000m，排距 300m，垂向距离 200m。

根据集中建站位置选择，补充储气库调峰井位完善注采井网。立足于顶部注气开发方式下，设计兴古潜山注气段垂深 3200～3400m，需根据注气站地面位置，优化注气井井位及井型。

（四）注气参数设计

1. 注气时机优化

开展室内细管实验，发现注入压力越高，注入气与原油相似相溶效果越好，气体突破越晚，驱油效率越高。利用数值模拟预测不同注气时机下气驱采出程度发现，注气时机越晚，40 年后采油速度越低，采出程度也越低。因此，应尽早注气，维持地层较高压力水平，确保更好的气驱效果。

2. 气驱开发为主阶段注入速度优化

调研 5 个国外碳酸盐岩裂缝性油藏及砂岩油藏注烃气项目，注气速度 0.01～0.05PV/a，注采比最高为 1.4：1，多数为注采平衡开发。兴古潜山地层亏空较大，底水上侵幅度较高，注采比应大于 1，补充亏空。但气驱采油为主的开发阶段，人工气顶规模小，采油井与注气井垂向上仅有一个井距，垂向距离 200m，因此应缓和补充地层能量，控制气窜，确保开发效果，应用数值模拟对比确定该阶段合理注采比为 1.3：1。

3. 调峰时机及调峰阶段注采气速度优化

油藏形成规模人工气顶后，可在气顶内加大注气规模，加速人工气顶形成，发挥调峰作用。协同采油与调峰权重，先期以采油为主、后期以调峰为主，因此随着采出程度增加，调峰注采气量应逐步增加，至气驱开发阶段末逐渐过渡至最大运行压力及工作气量。

4. 储气库运行压力设计

运行压力上限应考虑储气库的安全运行，国内外储气库运行压力多数选取油气藏的原始地层压力作为运行压力上限，以保证气库具有良好的密封性。兴古潜山油藏中深 3500m，即运行上限压力初步设定为油藏中部原始地层压力 35.0MPa。

运行下限压力应保证气井具有较高的采气能力，同时尽可能降低采气末期底水对气库运行的影响，并且避免在气驱采油过程中发生大规模气窜，要求油层中部压力不低于饱和压力，结合工作气量占比及经济效益，设定兴古潜山储气库运行下限压力为 22.0MPa。

5. 单井注采气能力评价

兴古潜山原注气井兴古 7-10-24 井通过压裂改造后吸气指数可提高至 237m³/（d·MPa·m）。潜山油藏Ⅰ类储层有效厚度约为 180m，通过地面增压设备，预计可形成大于 10MPa 压差，预计直井注气能力可达 40×10⁴m³/d；单井采气能力根据油井实际生产情况，通过裘比公式和气井产能公式，折算直井日产气能力为（35.4～50）×10⁴m³，考虑储气库注采井通过优化管柱、扩容改造等措施，预计直井采气能力可达 50×10⁴m³/d。

注气井兴古 7-H175 井水平段长 630.94m，注气压差 10MPa，日注气 15×10⁴m³。新部署注气井通过加长水平段长度、大强度的扩容改造和增大压差等手段，预计水平井注气

能力为 $80 \times 10^4 \mathrm{m}^3/\mathrm{d}$。而区块水平井无采气实例，采气能力通过经验法推测，水平井采气能力约为直井 2 倍，同时略大于注气能力，因此预计水平井的采气能力为 $100 \times 10^4 \mathrm{m}^3/\mathrm{d}$。

三、实施效果及取得认识

在兴古 7 潜山注气开发先导试验实施的过程中，对原油物性分析、压力监测、气组分分析、示踪剂监测、微重力驱前缘等资料进行系统录取与监测，结合生产动态对兴古 7 块注气开发效果进行系统评价，取得以下认识。

（一）新井注天然气存在启动周期，工艺改善可提高注气能力

兴古 7 块完钻注天然气井新井 3 口，投注井 2 口，分别为兴古 7-H173 井、兴古 7-H175 井，通过两口注天然气井的注气曲线可以看出（图 6-3-1 和图 6-3-2），注气初期注入压力随着日注入量的增加快速增加，两口井均存在近 6 个月的启动周期，突破注气周期后，日注气增加，注入压力上升幅度逐渐变缓，从两口井注入压力与注气量的变化关系曲线也可以看出，一旦突破启动周期后，日注入量增加，两口井注入压力基本平稳在 29MPa 左右。

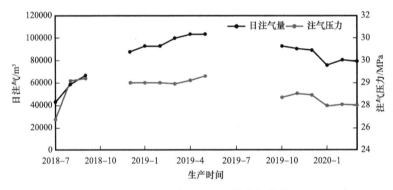

图 6-3-1　兴古 7-H173 井注气曲线

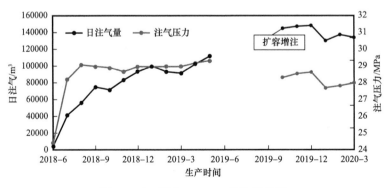

图 6-3-2　兴古 7-H175 井注气曲线

（二）注气开发有效补充地层能量，抑制底水侵入

从图 6-3-3 压力监测结果可以看出随着注气规模逐渐增大，压力逐步趋于平稳，各

段压力系数均稳定在 0.72 左右，Ⅱ段为的主力生产层，压力也基本保持平稳。从油藏数值模拟研究结果图 6-3-4 中也可以看出，注气开发后地层压力稳中有升。自 2016 年后全区见水导致关井的井数未增加，见水井平均每年 2 口，但生产特征发生明显变化，注气前油井生产特征表现为见水停喷，注气后油井带水生产时间延长，阶段增油效果好。

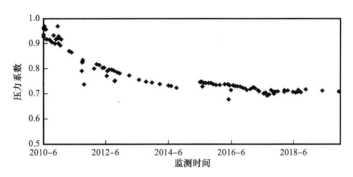

图 6-3-3　Ⅱ段压力系数变化曲线（-3500m）

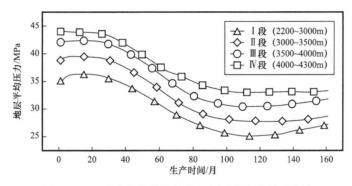

图 6-3-4　油藏数值模拟计算地层压力变化关系曲线

注气开发有效抑制底水侵入，底水上升速度逐年变缓，2011 年前底水上升速度为 150m/a，2011 年至 2013 年底水上升速度为 100m/a，2014 年注气开发后，底水上升速度仅为 40m/a，截至 2022 年 4 月，油水界面由 4670m 抬升至 3500～3700m。

（三）注气开发油井受效特征以稳产和减缓递减为主

截至 2022 年 4 月，水平井开井 23 口，示踪剂监测结果证实 17 口井见到示踪剂，井数占比 59%，产量占比 88.7%，顶部注气受效井稳产期 4～5 年，平均单井阶段累计增油达（2～3）×10⁴t，Ⅲ段注气井底部注气受效特征表现为阶段增油，平均单井阶段累计增油 1×10⁴t 左右，受效期相对比较短，仅有 1 年左右。

（四）加大顶部注气规模，区块稳产效果显著

自兴古潜山 2014 年 3 月开展注气开发试验后，逐步从立体注气开发向顶部注气过渡，充分发挥顶部注气重力稳定驱作用，顶部注气规模逐步从 30% 提高至 70%，区块以年产量 20×10⁴t 持续稳产（图 6-3-5）。

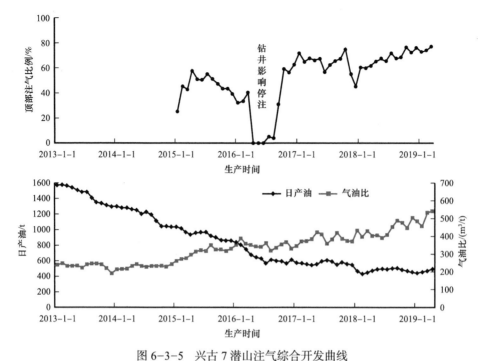

图 6-3-5　兴古 7 潜山注气综合开发曲线

（五）连续稳定气驱是保障区块稳产的关键

对兴古 7 潜山注气开发生产动态进行分析评价，从图 6-3-6 中可以看出连续稳定注气是保证区块稳产的关键，整个注气开发历程中受钻井等因素影响出现 3 次注气井停注、

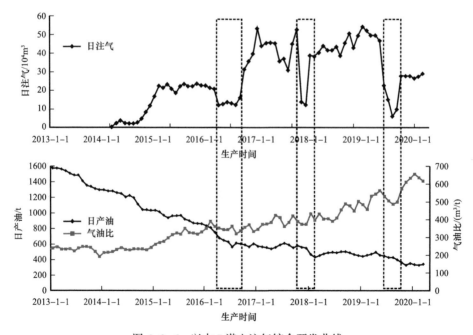

图 6-3-6　兴古 7 潜山注气综合开发曲线

注气量下降的情况，对应时间点区块日产油动态响应明显，2016 年停注 1 口注气井，注气量从 $22 \times 10^4 m^3$ 下降至 $12 \times 10^4 m^3$，区块日产油由 676.9t 下降至 599.9t，2017 年停注 7 口注气井，注气量从 $52 \times 10^4 m^3$ 下降至 $12 \times 10^4 m^3$，区块日产油由 578.3t 下降至 430.0t，2018 年停注 8 口注气井，注气量从 $54 \times 10^4 m^3$ 下降至 $5 \times 10^4 m^3$，区块日产油由 447.6t 下降至 363.2t，连续稳定气驱是保障区块稳产的关键。

参 考 文 献

［1］柏松章，唐飞．裂缝性潜山基岩油藏开发模式［M］．北京：石油工业出版社，1997.

［2］揭克常．东胜堡变质岩油藏［M］．北京：石油工业出版社，1997.

［3］王皆明．裂缝性潜山油藏储气库注采机理研究［D］．青岛：中国海洋大学，2013.

［4］班彦红，饶丹武，张淑娟，等．永 22 潜山油气藏改建地下储气库可行性评价［J］．天然气技术，2010，4（4）：43-45，79.

［5］王洪光，许爱云，王皆明，等．裂缝性油藏改建地下储气库注采能力评价［J］．天然气工业，2005（12）：2，3，115-117.

［6］王皆明，张昱文，丁国生，等．任 11 井潜山油藏改建地下储气库关键技术研究［J］．天然气地球科学，2004，15（4）：406-411.

［7］谢俊，张金亮．R11 井山头油藏改建地下储气库方案设计［J］．青岛海洋大学学报（自然科学版），2003（3）：413-419.

［8］杨天元．缝洞型油藏井间气窜影响因素实验研究［D］．北京：中国石油大学（北京），2019.

第七章 特低—超低渗透致密油藏有效开发技术

随着勘探开发的深入，辽河油田建产形式愈发严峻；"十二五"期间新区产能建设规模逐年萎缩，稳产难度逐年加大；特低—超低渗透油藏在产能建设占比上逐渐增加，"十三五"期间基于精细地质研究，依托水平井体积压裂提产，实现了特低—超低渗透油藏产能突破。本章通过地质体评价、效益"甜点"识别与优化部署简要介绍特低—超低渗透油藏如何确保高效建产，实现储量向产量的快速转换。

第一节 地质体评价

辽河坳陷位于渤海湾盆地东北角，涵盖"三凸三凹"六个构造单元，发育沙三段、沙四段两套主力烃源岩，18 套含油层系。

辽河坳陷常规资源待探资源量为 $13.58 \times 10^8 t$，其中特低渗透油藏 $5.80 \times 10^8 t$，占比 43%，主要赋存在西部凹陷、大民屯凹陷沙四段。

特低渗透岩性油藏主要集中在陡坡带砂砾岩体及洼陷区周边两大领域，具有岩性细、砂层薄的特点，但油源条件极好，是规模增储、效益建产的有利目标，大民屯凹陷西部陡坡带沙四段是辽河盆地特低渗透油藏的重点评价目标区之一。

一、地质概况

大民屯凹陷位于辽河坳陷北部，是辽河坳陷内的三大凹陷之一，其在平面上呈南宽北窄的三角形，是在太古宇和元古宇基底之上发育的中—新生代陆相凹陷。根据基底结构、构造、沉积及其发育演化特征，划分为西部陡坡带、中央深陷带和东侧陡坡带三个构造单元。

断裂系统主要分布于沙四段至基底地层中，以北东向和北西向为主，除平安堡西断层等少数断层断距较大外，其余断层断距不大。断层性质为同向、反向正断层。

大民屯凹陷地层自下而上有太古宇、元古宇，新生界古近系房身泡组、沙河街组沙四段、沙三段、沙一段、东营组及新近系馆陶组，缺失沙二段（表 7-1-1）。

太古宇变质岩系在盆地内广泛分布，视厚度大于 1035m。岩性多为混合花岗岩、变粒岩、斜长角闪岩、片岩、片麻岩等。岩性复杂，变质程度高。

元古宇属地台型海相陆屑和碳酸盐岩建造，视厚度 0~480m。岩性以灰质白云岩、石英砂岩、白云岩、板岩为主。

表 7-1-1　大民屯油田沈 257 区块、沈 358 区块、沈 268 区块地层简表

地层名称					层位代号	厚度/m	岩性组合及地层接触关系简述
宇（界）	系	统	组	段			
新生界	新近系	中新统	馆陶组		Ng	145~365	浅灰色为主的块状砂砾岩，松散砂砾层夹灰黄、黄绿色砂质泥岩和亚黏土层；与下伏地层呈不整合接触
	古近系	渐新统	东营组		E_3d	210~590	灰白色、杂色砂砾岩与绿灰色泥岩互层。东营组是泛滥平原相沉积。以灰白色砂砾岩、含砾砂岩为主，与灰绿色、暗紫色砂质泥岩不等厚互层；与下伏地层呈整合接触
		始新统	沙河街组	沙一段	E_3s_1	360~650	灰色、浅灰色砂泥岩互层；与下伏地层呈不整合接触
				沙三段	E_2s_3	790~2500	主要岩性组合为砂泥岩互层，下部砂岩与暗色泥岩互层，上部砂砾岩与紫红色、绿灰色泥岩互层；与下伏地层呈整合接触
				沙四段	$E_2s_4^1$	110~700	厚层块状深灰色泥岩夹薄层砂岩组合
					$E_2s_4^2$	130~600	靠近控凹断层附近的为厚层浅灰色砾岩、砂砾岩、细砂岩夹深灰色泥岩互层，往湖盆中心主要为油页岩及泥质云岩夹层
		古新统	房身泡组		E_1f	115~150	岩性主要为灰黑色玄武岩及深灰色泥岩，其中玄武岩由北向南厚度增加；与上覆地层呈不整合接触
元古宇					Pt	0~480	中厚层的红褐色、灰褐色灰质白云岩，灰褐色石英砂岩及褐色板岩；与上覆地层和下伏地层均呈角度不整合接触
太古宇					Ar	>1035	浅红、灰绿色混合花岗岩及浅红色花岗片麻岩，与上覆地层呈角度不整合接触

　　新生代以来，辽河盆地接受了巨厚的沉积。特别是古近系是辽河盆地的沉积主体，也是辽河盆地主力含油气层位，自下而上划分为房身泡组、沙河街组、东营组，其上沉积了新近系的馆陶组。新生界具有沉积速度快、旋回韵律多、岩性及厚度变化大的特点，现分述如下。

　　房身泡组（E_1f）：视厚度为 115~150m。玄武岩在盆地内颇为发育，广泛分布，厚度受基底断裂控制，厚度变化大。岩性以灰黑色玄武岩及深灰色泥岩为主，其中玄武岩由北向南厚度增加；与上覆地层呈不整合接触。

　　沙河街组（$E_{2-3}s$）：自下而上可分为四段、三段、一段。

沙四段（E_2s_4）：视厚度为 240～1300m。下部断层附近发育厚层浅灰色砾岩、砂砾岩、细砂岩夹深灰色泥岩互层，湖盆中心主要为油页岩及泥质云岩夹层；上部发育厚层块状深灰色泥岩夹薄层砂岩组合。

沙三段（E_2s_3）：视厚度为 790～2500m。主要岩性为砂泥岩互层。

沙一段（E_3s_1）：视厚度为 360～650m。为深灰色泥岩与砂岩、砂砾岩不等厚互层，盆地内广泛分布，不同地区岩性变化较大。

东营组（E_3d）：视厚度为 210～590m。灰白色砂砾岩、含砾砂岩为主，与灰绿色、暗紫色砂质泥岩不等厚互层，为一套灰白色砂砾岩，含砾砂岩与绿灰、褐灰、暗紫色泥岩互层。

新近系馆陶组（Ng）：视厚度为 145～365m。主要为浅灰色块状砂砾岩，其次为松散砂砾层夹灰黄、黄绿色砂质泥岩和亚黏土层（表 7-1-1）。

二、沉积与储层特征

（一）沉积相特征

大民屯凹陷西部陡坡带沙四段为断陷湖盆裂陷期阶段沉积，沉降幅度大、沉积速率快。此时期在西部边界断裂活动的控制下，盆地边界与沉降区高差大，且外侧凸起区的物源供给充足，形成了垂直湖岸方向的近岸碎屑的搬运、沉积的扇三角洲沉积体系。其表现为多期砂体相互叠置，纵向砂体变化较快，断槽内部沉积砂体厚度大；平面上由于受物源及古地形影响，多个物源进入湖盆，沿北西—南东向形成多个扇体。

沙四段表现为以牵引流沉积为主的沉积模式。岩心观察显示，发育槽状交错层理、平行层理，局部可见冲刷面和滞留沉积，粒度概率累积曲线多为具有跳跃和悬浮总体间过渡的两段式，表现为以牵引流沉积为主的沉积模式（图 7-1-1）。

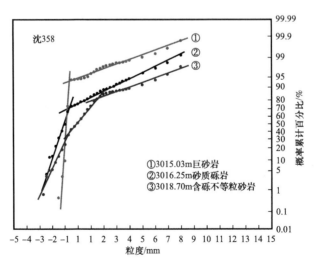

图 7-1-1　沈 358 井粒度概率曲线

沙四段形成一套完整的储层岩性递变模式。系统分析岩心发现不同构造带岩性递变规律：岩性至北西向东南由粗变细，由角砾岩、砂砾岩逐渐过渡为中粗砂岩、细砂岩、粉砂岩，最终渐变为泥岩、油页岩；沉积亚相由扇三角洲平原相延伸至滨浅湖相，覆盖整个扇三角洲沉积体系，形成一套完整的储层岩性递变模式。

沙四段沉积微相依据测井电性、岩性特征，对沙四二亚段 I 油层组共划分扇三角洲前缘水下分流河道、席状砂、水下分流河道间，扇三角洲平原分支河道，滨浅湖等多种微相。

水下分流河道微相：岩性主要为灰色、杂色厚层块状砂砾岩夹薄层粉砂质泥岩，电阻率曲线呈高阻齿状特征，自然电位曲线呈箱状特征。前缘席状砂微相：岩性主要为薄层粉砂岩、泥质粉砂岩与灰色泥岩互层，电阻率曲线呈低阻锯齿状特征，自然电位曲线回返幅度较小。水下分流河道间微相：岩性主要为灰色泥岩夹薄层细砂岩、粉砂岩，电阻率曲线呈指状或齿状特征，自然电位曲线呈低幅齿状特征。扇三角洲平原分支河道微相：岩性主要为棕色、杂色厚层块状角砾岩，电阻率曲线呈高阻锯齿状特征，自然电位曲线呈高幅度箱状特征。滨浅湖相：岩性主要为灰色泥岩、暗色油页岩、夹少量碳酸盐岩，电阻率曲线呈低阻平直特征，自然电位曲线较平直。

（二）储层分布特征

低位体系域沉积时期，湖盆处于初始裂陷期，凹陷开始形成，水体开始注入汇集，水体逐渐加深并接受沉积。沉积物主要为杂色、暗色的泥岩、粗碎屑砂砾岩。早期水体相对稳定，在凹陷中心带普遍发育一套油页岩。油页岩沉积以后，湖盆裂陷速度加快，西北侧山地向凹陷中心输送、供给大量的碎屑，在湖盆西部地区，分别以沈 281 井、沈 263 井和沈 225 井为中心形成以砾岩、砂砾岩为主，夹暗色及杂色泥岩的扇三角洲沉积相，这些砂体向湖盆中心方向快速尖灭，分布范围受古构造控制，油层主要发育在扇三角洲前缘亚相[1]。

沙四段水进体系域继承了低位体系域扇体展布特征，在平安堡到安福屯井区扇体均有分布，但由于水域相对低位体系域进一步扩张，导致扇三角洲砂体分布范围相对小，厚度薄。由于构造以及水流作用，在水进体系域发育的滑塌浊积扇具有较好的储集性能。根据本区地质特征详细对比，水进体系扇三角洲自上而下分为两个砂层组，I 砂组在沈 281 井区最为发育，砂组分布面积 6.0km²，顶点埋深 1700m，砂体厚度 0～80m；II 砂组分布面积 16.0km²，顶点埋深 2200m，砂体厚度 0～60m，两组均发育油层，滑塌扇面积较小，仅 2.0km²，但揭露井显示段较厚，而且产量较高。

（三）岩性特征

储层岩性主要为砂砾岩、中粗砂岩、细砂岩，岩石矿物成分以石英、长石为主，碎屑颗粒分选差—中等，磨圆为次棱角—次圆状。储层岩石结构由三部分组成：碎屑颗粒、填隙物、孔隙，其中填隙物包括杂基和胶结物。碎屑颗粒是岩石的主体部分，占碎屑岩组成的 50% 以上，碎屑颗粒组成以石英、长石为主，岩屑次之。岩石的矿物组成主要为：黏土、石英、钾长石、斜长石、方解石，还含有少量的云母、菱铁矿、黄铁矿、菱锰矿等。其中黏土含量较高，平均高达 58.6%，其次为石英，平均含量为 25.8%，再次为钾长石和斜长石，平均含量分别为 3.4% 和 4.0%。

储集砂岩的成分成熟度较低。岩性以颗粒多样、结构混杂、分选和磨圆均差、岩屑含量高、风化程度深为特点。

（四）物性特征

1. 储集空间类型

研究区发育砾岩类和砂岩类两种储层。砾岩类的储集空间类型主要有粒间孔、溶蚀孔及微裂缝、溶蚀缝；砂岩类储集空间类型主要以粒间孔、溶蚀孔为主，见少量粒间溶孔。

2. 孔隙结构特征

根据压汞分析资料，储层孔隙结构以低孔、特低渗、细—微细喉不均匀型为主。

砂砾岩孔喉半径主要集中于 0.025～0.4μm，平均孔隙度 8.9%，平均渗透率 1.44mD，实测毛细管压力曲线排驱压力中等，一般为 1～5MPa，最大压力下汞饱和度一般大于40%，退汞效率大于 20%（图 7-1-2）。

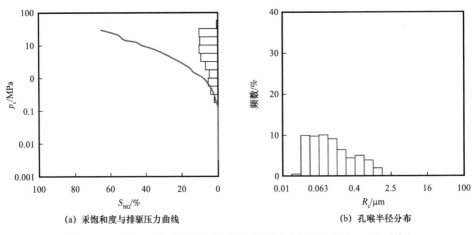

(a) 汞饱和度与排驱压力曲线　　　　　(b) 孔喉半径分布

图 7-1-2　沈 358 井毛细管压力曲线特征（井深 3014.68m，砂砾岩）

砂岩孔喉半径主要集中于 0.16～1μm。平均孔隙度 12.6%，平均渗透率 2.01mD，实测毛细管压力曲线排驱压力较小，一般小于 1MPa，最大压力下汞饱和度一般大于 50%，退汞效率大于 30%（图 7-1-3）。

3. 储层物性特征

根据岩心物性分析统计结果，储层物性从砾岩、粉砂岩、砂砾岩、砂岩逐渐变好。砂砾岩、砂岩为有效储集岩，有效储层平均孔隙度 11.6%，平均渗透率 1.87mD。其中砂砾岩平均孔隙度 8.9%，平均渗透率 1.44mD；砂岩平均孔隙度 12.6%，平均渗透率 2.01mD。

根据测井解释统计，有效厚度段平均孔隙度 9.8%。储层为低孔—特低渗储层（图 7-1-4 和图 7-1-5）。

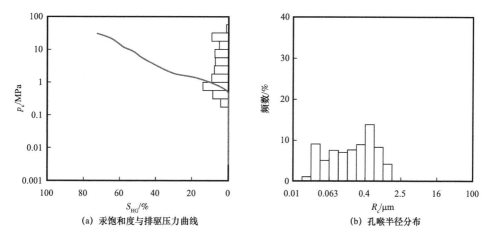

（a）汞饱和度与排驱压力曲线　　　　　（b）孔喉半径分布

图 7-1-3　沈 268 井毛细管压力曲线特征（井深 3161.55m，中粗砂岩）

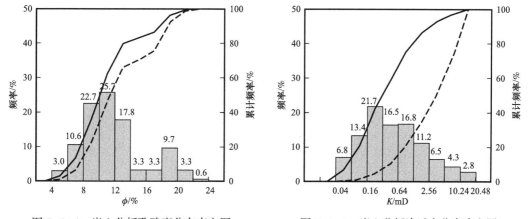

图 7-1-4　岩心分析孔隙度分布直方图　　　　图 7-1-5　岩心分析渗透率分布直方图

三、油藏特征

油气的组成、性质和来源是油气成藏机理研究的重要内容，也是油气系统分析的基础[2]。

大民屯凹陷原油区别于其他陆相原油的一个显著特点是特别高的含蜡量和较高的凝固点。研究区原油性质在纵向和平面上变化不大，原油品质为高凝油。20℃时原油密度为 0.8485～0.8615g/cm³，平均为 0.8556g/cm³，100℃时原油黏度为 6.28～14.01mPa·s，平均为 9.82mPa·s，平均含蜡量为 36%，胶质+沥青质含量为 15.5%，凝固点为 49.3℃（表 7-1-2 和表 7-1-3）。

油层分布受岩性、物性控制，试油试采证实，无边底水、夹层水，油藏类型为岩性油藏。

表 7-1-2　原油分析数据

区块	井号	油层组	取样井段/m	密度/g/cm³	黏度/mPa·s	含硫/%	含蜡/%	胶质+沥青质/%	含水率/%	凝固点/℃	初馏点/℃
沈268	沈268	$E_2s_4^2$	3211.1~3256.8	0.8600	6.49	0	41.06	18.09	痕迹	50.0	110.0
	沈354	$E_2s_4^2$	3305.9~3346.2	0.8460	8.44	0	30.17	13.97		45.0	
	平均			0.8530	7.47	0	35.62	16.03	痕迹	47.5	
沈358	沈351	$E_2s_4^2$	2937.9~2972.0	0.8615		0			痕迹	54.0	
	沈351	$E_2s_4^2$	2937.9~2972.0	0.8553		0		17.82			
	平均			0.8584		0		17.82			
	沈358	$E_2s_4^2$	3065.0~3115.0	0.8590	14.01	0	32.08	15.32		47.0	
	平均			0.8587	14.01	0		16.57		47.0	
沈257	沈119	$E_2s_4^2$	2864.2~2913.4	0.8569	9.67	0	47.19	11.87	痕迹	54.0	134.0
	沈257	$E_2s_4^2$	2814.4~2836.9	0.8485	6.28	0	40.76	13.21	痕迹	47.0	118.0
	沈257-18-28	$E_2s_4^2$	2694.8~2726.1	0.8510	8.01	0	43.10	10.58	游离水	52.0	136.0
	沈262	$E_2s_4^2$	2969.6~2997.0	0.8644	8.02	0	36.03	15.13	1.6	61.0	215.0
	平均			0.8552	8.00	0	41.77	12.70	1.6	53.5	150.8

表 7-1-3　油藏参数表

油藏名称	油藏类型	驱动类型	高点埋藏深度/m	含油高度/m	中部海拔/m	原始地层压力/MPa	压力系数	地层温度/℃	地温梯度/℃/100m
大民屯沙四段砂砾岩岩体	岩性	弹性	2570	755	-2947	31.69	1.04	108.5	3.09

平面上，沈257区块、沈358区块、沈268区块均有油层分布，各扇体中间部位砂体厚，油层厚，向南北两侧减薄至尖灭；纵向上，油层厚度变化较大，油层埋深在2570～3325m范围内。

根据实测的地层压力和地层温度资料，油层埋深2570～3325m，计算相应地层温度94.11～117.44℃，油层中部地层温度105.78℃，计算相应地层压力26.83～34.68MPa，油层中部地层压力30.76MPa，为正常温度压力系统油藏（图7-1-6、图7-1-7和表7-1-4）。

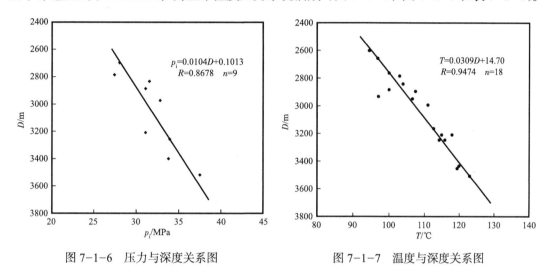

图 7-1-6　压力与深度关系图　　　　　图 7-1-7　温度与深度关系图

表 7-1-4　沈 257 区块、沈 358 区块、沈 268 区块地层温度与地层压力统计表

区块	油藏埋深 /m	地层温度 /℃	中部地层温度 /℃	地层压力 /MPa	中部地层压力 /MPa
沈 257	2570～3080	94.11～109.87	101.99	26.83～32.13	29.48
沈 358	2810～3160	101.53～112.34	106.94	29.33～32.97	31.15
沈 268	3030～3325	108.33～117.44	112.88	31.61～34.68	33.15
沈 257—沈 268	2570～3325	94.11～117.44	105.78	26.83～34.68	30.76

第二节　效益"甜点"识别与优化部署

一、效益"甜点"识别

（一）地质"甜点"识别与预测

针对特低—超低渗透储层，采用测井评价技术、高分辨率储层预测技术是甄别储层"甜点"的重要手段，通过建立储层七性关系、分析岩石物理特征、量化波阻抗参数并结合试油和试采资料来确定有效储层的纵向、横向展布特征，确定有效储层展布特征，找准"甜点"。

1. 地质"甜点"测井评价技术

1）建立含油性标准

按行业标准，储层的含油级别划分6级，依次为饱含油、富含油、油浸、油斑、油迹、荧光。据本区岩心资料统计，含油级别主要为富含油、油浸、油斑、油迹、荧光。其中油浸以上含油级别较高，测井一般解释为油层，而油斑、油迹含油级别一般解释为差油层或干层，荧光基本解释为干层。沈640井在2867.5～2910.6m井段试油，射开6层40.6m，压后日产油17.4t，试油结论为油层。本井在试油段内进行了钻井取心，取心井段为2907.20～2913.06m，进尺5.86m，岩心长5.33m，取得油浸显示3.48m，油斑显示0.59m，油迹1.16m，说明油浸级别的含油砂岩具有工业产油能力，同时根据辽河凹陷砂岩油藏油斑及以下显示基本上不具有工业油气流产能，因此将本区油层含油性下限标准定为油浸。

2）建立岩性标准

从岩性与含油性关系图上可以看出（图7-2-1）：其中砂砾岩、砂岩的含油性较好，含油级别以油迹、油斑、油浸为主，砾岩和粉砂岩含油级别以油迹、荧光为主。以油浸为含油性下限，砂砾岩、砂岩、油浸以上含油级别能达到50%以上，因此砂砾岩、砂岩为有效储集岩，砾岩和粉砂岩为非有效储集岩。

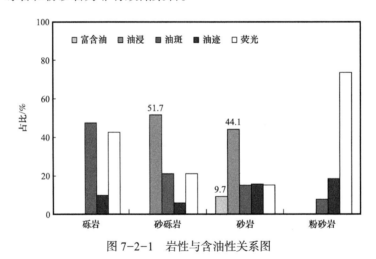

图7-2-1　岩性与含油性关系图

3）建立物性标准

储层物性是岩石微观孔隙结构的宏观反映，主要指储层的孔隙度和渗透率，在油水界面以上，一般储层物性好，含油级别就高。通过对该区岩心物性资料分析，分砂岩和砂砾岩制作了物性与含油性关系图。

以油浸为含油性下限：砂岩油层物性下限为，$\phi \geq 9\%$，$K \geq 0.7mD$；砂砾岩油层物性下限为，$\phi \geq 7\%$，$K \geq 0.5mD$。

4）建立电性标准

有效储层的含油性、岩性及物性标准都是在取心、试油或试采等少部分资料井的基础上制订的，其代表性受诸多因素的影响。为了更加全面、合理、准确地建立油层有效厚度标准，最终将大量而普遍的测井资料与含油性、岩性及物性建立定性或半定量关系，制订出相应的电性标准划分油层有效厚度。

岩石电阻率除了受含油性、地层水矿化度的影响外，还要受储层岩性的影响。对砂岩储层来说，岩性粗，电阻率高，岩性细，电阻率低。因此根据电阻率的变化，可定性或半定量地划分储层岩性。由大量的取心资料与对应测井响应值统计，三孔隙度测井曲线对岩性比较敏感。粗岩性在电性上呈低时差、高密度、低中子的特点，细岩性时差、中子均为高值、密度较低。

含油性好、泥质含量低的储层，储层物性较好，电性上表现为高电阻率和较高的声波时差。储集岩的含油性与电性之间具有较好的对应性。一般来说，含油级别越高，含油饱和度也越高，对应的电阻率也越高[3]。

储层的电性是岩性、物性、含油性的综合反映，在制作有效厚度图版时利用现有的试油试采资料，同时结合取心资料，分岩性制作了本区沙四段电阻率与时差交会图（图 7-2-2）、电阻率与密度关系图、电阻率与补偿中子关系图。

砂砾岩油层：$R_t \geq 24\Omega \cdot m$，$\phi \geq 11\%$（$\Delta t \geq 69\mu s/ft$），$\rho_b \leq 7\sim18g/cm^3$

砂岩油层：$R_t \geq 24\Omega \cdot m$，$\phi \geq 11\%$（$\Delta t \geq 69\mu s/ft$），$\rho_b \leq 7\sim18g/cm^3$。

根据以上"四性关系"研究，综合确定本区块油层有效厚度下限标准（图 7-2-3 和表 7-2-1）。

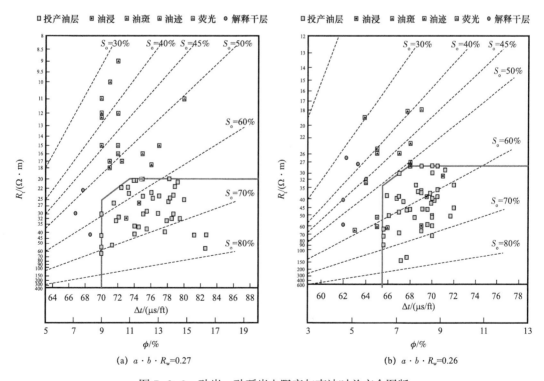

图 7-2-2　砂岩、砂砾岩电阻率与声波时差交会图版

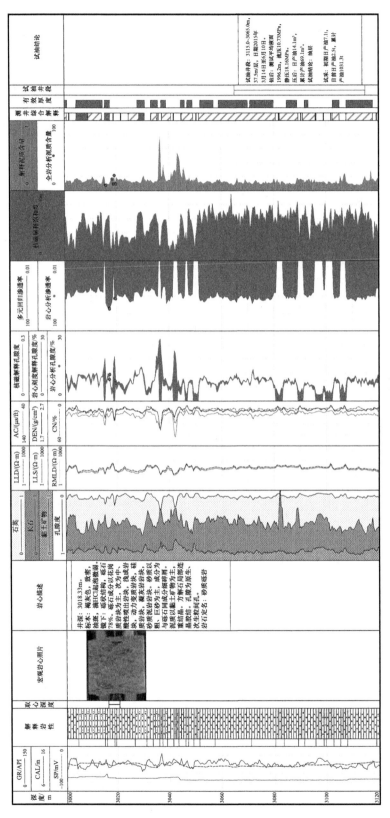

图 7-2-3　沈 358 井综合处理成果图

2.地质"甜点"高分辨率波阻抗反演预测技术

储层岩性、物性的变化往往表现为地震波形特征的差异，随着砂层厚度、砂泥比和砂泥互层数等因素的不同，砂体的波形反射特征也不同。由波形分类得到的地震相与单井评价结果进行对比，分析不同岩性组合的波形特征，总结波形模式与地层组合样式之间的对应关系，从而赋予地震波形以明确的地质含义[4]。基于砂体叠置模式多信息耦合响应特征，发挥地震横向分辨率高的优势，把井眼的"硬数据"与地震"软数据"有机结合，通过精细标定和正演分析，实现井震有效结合，解析地震反射特征，寻找产能与地震响应之间的匹配关系，实现了砂体的定性—半定量表征（图 7-2-4）。

表 7-2-1 沈 257 区块、沈 358 区块、沈 268 区块有效厚度下限标准

区块	层位	油层类别	岩性	物性		含油性	电性			
				孔隙度 /%	渗透率 /mD	含油级别	电阻率 /Ω·m	声波时差 /μs/ft	密度 /g/cm³	中子 /%
沈 257 沈 358 沈 268	E₂s₄²	油层	砂岩	9	0.7	油浸	16	70	≤2.55	≤22
			砂砾岩	7	0.5	油浸	28	67	≤2.60	≤18

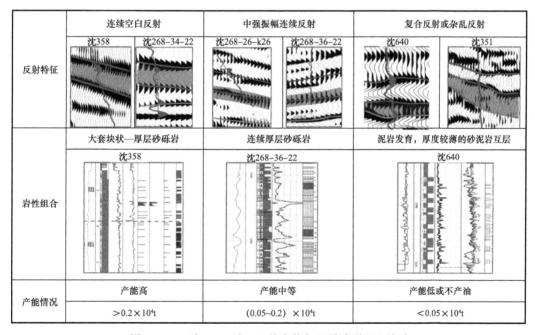

图 7-2-4 沈 358—沈 268 块产能与地震波形匹配关系

利用地震波形横向变化代替变差函数表征储层空间结构的差异性，明确了沈 358—沈 268 块平面两个扇体、纵向多期叠置的沉积体系。在这个前提下，开展多种地震属性优选，分析岩石物理特征与地震属性的相关性，建立不同属性特征与储层、含油性、产能匹配关系。通过地震波形驱动的相控反演，以测井解释结论为依据，井震协同反演，参考波形相

似性和空间距离对储层展布进行预测，以刻画"甜点"储层，优化井位部署方案设计。以地震波形特征为驱动。

多井约束稀疏脉冲反演充分利用了测井纵向分辨率高、地震横向分辨率高这两大优点，有机地将测井纵向的低频、高频信息与地震信息相结合，为储层预测研究提供可靠的信息。提取波阻抗反演数据体目的层段的均方根波阻抗来反映各个砂层组砂岩发育程度的平均效应，作为砂体厚度圈定的依据之一[5]。最后以单井砂体厚度统计为基础，以均方根波阻抗分布图和网格厚度图为参考，最终圈定砂体厚度图（图7-2-5）。

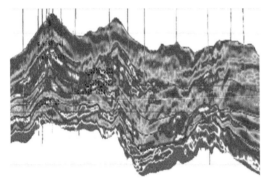

图7-2-5　沈358-沈268区块砂岩组反演平面图

（二）工程"甜点"识别与预测

1. 工程"甜点"识别

根据致密油"七性参数"评价思路，应对脆性与地应力进行评价，以确定研究区的工程"甜点"，较为常用的方法是利用阵列声波测井资料进行求解。此外本项目研究创新提出了可压性指数，评价储层潜在的压开成功率。

1）脆性参数计算

根据材料杨氏弹性模量越大、泊松比越小、脆性越好的一般概念，Rickman提出了归一化的杨氏弹性模量与泊松比表征岩石脆性的方法：

$$B_E = \frac{E - E_{\min}}{E_{\max} - E_{\min}} \times 100\% \qquad (7-2-1)$$

$$B_\sigma = \frac{\sigma - \sigma_{\max}}{\sigma_{\min} - \sigma_{\max}} \times 100\% \qquad (7-2-2)$$

$$B = \frac{(B_E + B_\sigma)}{2} \qquad (7-2-3)$$

式中　　E——杨氏弹性模量；

σ——泊松比；

B_E——杨氏弹性模量计算的脆性指数；

B_σ——泊松比计算的脆性指数；

B——综合的脆性指数。

其中 E、σ 可根据阵列声波测井测量值求得（图 7-2-6）。

沈358-34-18井解释结果

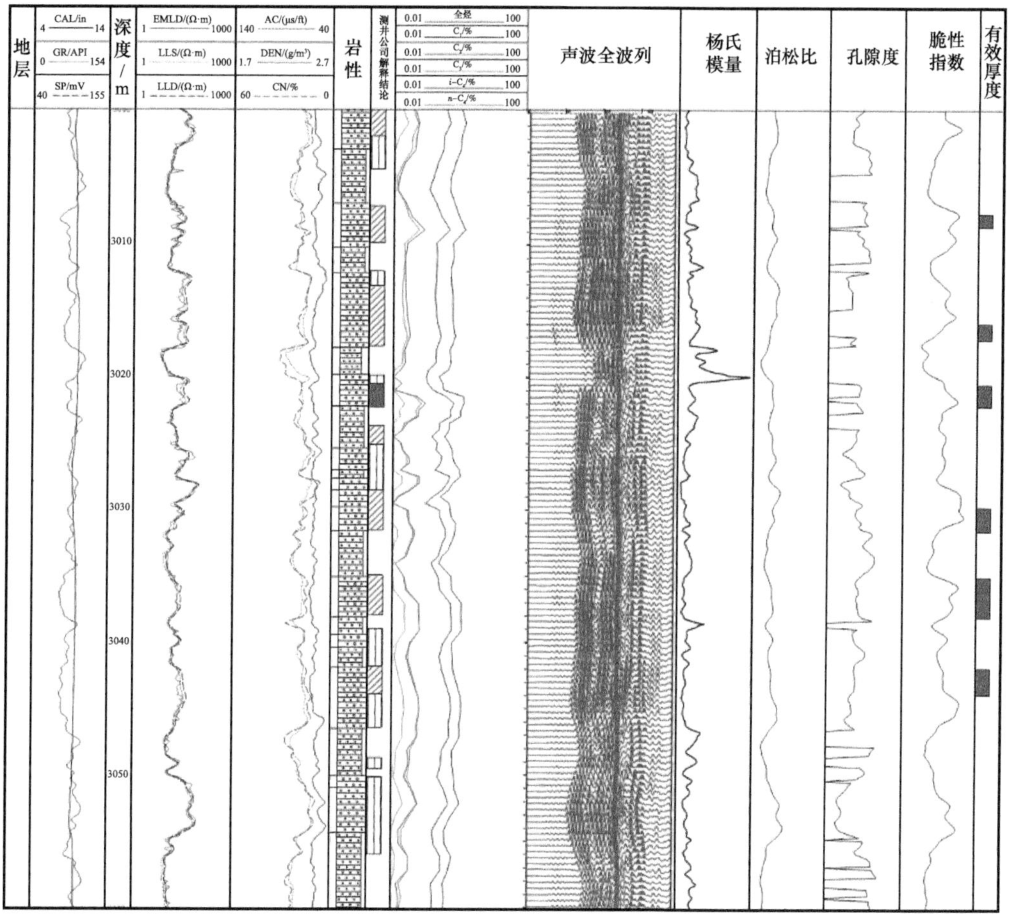

图 7-2-6　阵列声波测井资料计算脆性指数

2）地应力参数计算

Poro-Elastic 模型是计算水平主应力常用的方法，该模型中最大水平主应力、最小水平主应力与静态杨氏弹性模量、泊松比、Biot 系数、地层上覆压力及孔隙压力相关，地应力计算公式如下：

$$\sigma_h = \frac{v}{1-v}\sigma_{\frac{1}{2}} - \frac{v}{1-v}\alpha p_p + \alpha p_p + \frac{E}{1-v^2}\varepsilon_h + \frac{vE}{1-v^2}\varepsilon_H \qquad (7-2-4)$$

$$\sigma_H = \frac{v}{1-v}\sigma_{\frac{1}{2}} - \frac{v}{1-v}\alpha p_p + \alpha p_p + \frac{E}{1-v^2}\varepsilon_H + \frac{vE}{1-v^2}\varepsilon_h \qquad (7-2-5)$$

式中　σ_h——最小水平主应力；

σ_H——最大水平主应力

σ_v——垂向地层压力;

v——泊松比;

α——Biot 系数;

p_p——孔隙压力;

ε_h——最小水平主应力应变;

ε_H——最大水平主应力应变。

3）可压性指数计算

可压性指数是为了评价储层潜在的压开成功率而提出的，压开成功率包含两个部分：储层能否压裂开、压裂后裂缝发育的情况。评价储层压裂后裂缝发育情况的关键参数是单位压强下的加砂强度（Sip），该参数代表在相同压强条件下，加砂强度越高，压后形成的裂缝越发育[6]。采用归一化处理破裂压力及单位压强下的加砂强度，分别求得归一化破裂压力 Bkd_n，以及归一化 Sip_n，设定可压性指数为：

$$Bkd_n = (Bkd - Bkd_{max}) / (Bkd_{min} - Bkd_{max}) \qquad (7-2-6)$$

$$Sip_n = (Sip - Sip_{min}) / (Sip_{max} - Sip_{min}) \qquad (7-2-7)$$

$$可压性指数 = (Bkd_n + Sip_n) / 2 \qquad (7-2-8)$$

资料显示研究区 24 口井实际压裂作业测得的单位压强下的加砂强度与孔隙度具有较好的相关性，可以利用孔隙度计算单位压强下的加砂强度（图 7-2-7）。

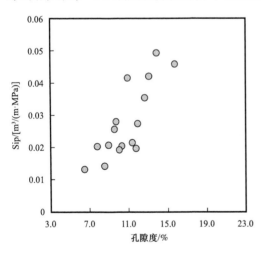

图 7-2-7　孔隙度与单位压强加砂强度的关系

由于大民屯西斜坡阵列声波测井资料较少，多为 3700、5700 常规测井系列，且水平井多未进行测井，为了评价储层的工程"甜点"，研究提出了基于压裂数据与常规测井资料的解释评价方法。由于该区块储层岩性主要为砂岩与砂砾岩储层，矿物成分较一致，颗粒接触方式为点—线或线—点接触，固结程度相近，可以推断影响破裂压力的主要因素为胶结物中泥质含量的变化。因此计算破裂压力的方式为：在相同岩性下，基于声波时差、泥质含量求取破裂压力。

（1）泥质含量计算公式：

$$A = AC \cdot CN_w - T_{ma} \cdot (CN_w - CNL) T_f \cdot CNL \qquad (7-2-9)$$

$$B = T_{sh} \cdot CN_w - T_{ma} \cdot (CN_w - CN_s) - T_f \cdot CN_s \qquad (7-2-10)$$

$$\Delta SH = A/B \qquad (7-2-11)$$

$$SH = (2^{3.7/\Delta SH} - 1) / (2^{3.7} - 1) \qquad (7-2-12)$$

式中 CN_w——纯水中子值；

$\quad\quad T_f$——流体时差值；

$\quad\quad T_{ma}$——骨架时差值；

$\quad\quad T_{sh}$——纯泥时差值；

$\quad\quad CN_s$——纯泥中子值；

$\quad\quad AC$——声波时差值；

$\quad\quad CNL$——补偿中子测井值；

$\quad\quad \Delta SH$——泥质含量变化量；

$\quad\quad SH$——泥质含量。

（2）泥质含量、声波时差与破裂压力的关系。

利用沈 273 区块、沈 257 区块 24 口井实际压裂作业测得的破裂压力与声波时差及泥质含量建立关系（图 7-2-8 和图 7-2-9）：

$$Bkd=-79.171+8750/\Delta t+51.612V_{sh} \quad\quad\quad (7-2-13)$$

式中 V_{sh}——泥质含量；

$\quad\quad \Delta t$——时差。

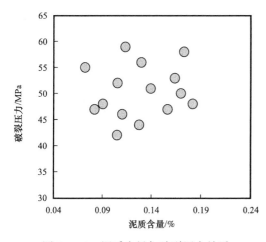

图 7-2-8 泥质含量与破裂压力关系

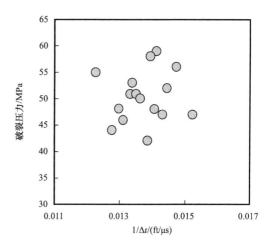

图 7-2-9 声波时差与破裂压力关系

资料显示计算的破裂压力与实测的破裂压力之间存在一定的相关性，能够用于实际破裂压力的计算（图 7-2-10）。

依据可压性指数计算结果，将储层可压性分为三类：Ⅰ类储层可压性指数大于 0.6，Ⅱ类储层可压性指数 0.4～0.6，Ⅲ类储层可压性指数 0.2～0.4（表 7-2-2）。

表 7-2-2 储层可压性指数统计表

类别	储层可压性		
	Ⅰ类	Ⅱ类	Ⅲ类
可压性指数	>0.6	0.4～0.6	0.2～0.4

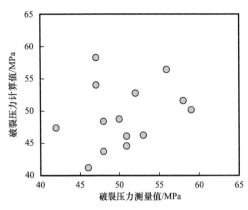

图7-2-10 实测破裂压力与计算破裂压力关系

对于水平井未进行测井的单井，先进行导眼井评价，优选可压性指数较高的井段；在此基础上利用录井资料，基于泥质含量、气测、地化资料优化压裂井段（图7-2-11）。

基于地质工程一体化"甜点"评价技术，"甜点"一次压开成功率提高到93.7%。

2. 工程"甜点"预测

利用地球物理方法分析岩石脆性特征，反演杨氏模量和泊松比对，于致密油藏的开发具有重要意义。

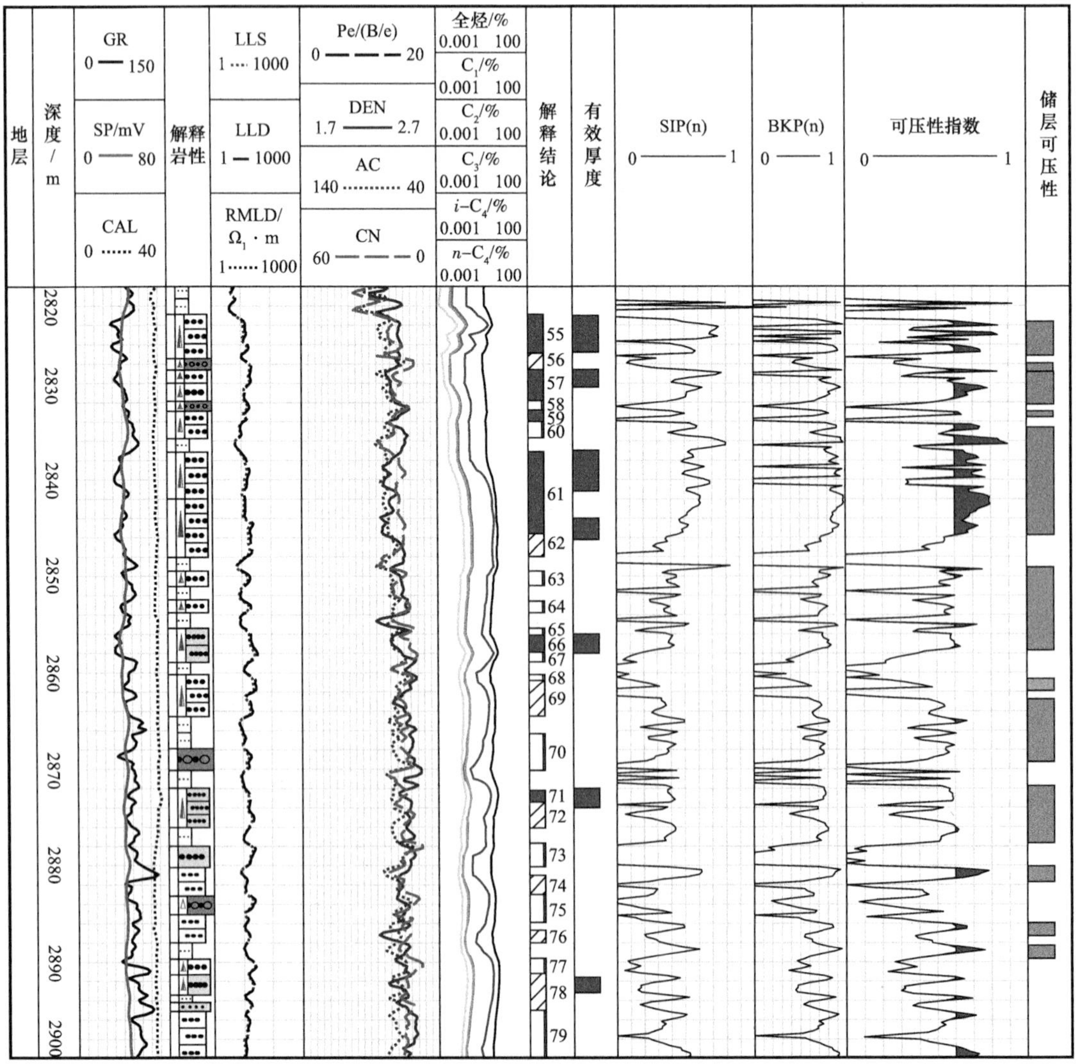

图7-2-11 沈273-H1导眼井储层可压性评价成果图

为定量描述储层的脆性程度，计算岩石力学参数，可进一步计算得到直接表征储层脆性程度的脆性指数。由于杨氏模量和泊松比的单位不同，首先分别计算出归一化后的杨氏模量脆性指数和泊松比脆性指数，然后取二者平均即为岩石的脆性指数，即：

$$E_{\mathrm{BI}} = \frac{E - E_{\min}}{E_{\max} - E_{\min}} \qquad (7-2-14)$$

$$v_{\mathrm{BI}} = \frac{v - v_{\max}}{v_{\min} - v_{\max}} \qquad (7-2-15)$$

$$S_{\mathrm{BI}} = \frac{E_{\mathrm{BI}} + v_{\mathrm{BI}}}{2} \qquad (7-2-16)$$

式中　E_{BI}——杨氏模量脆性指数；

　　　$E_{\max}$、$E_{\min}$——杨氏模量最大值和最小值；

　　　v_{BI}——泊松比脆性指数；

　　　$v_{\min}$、$v_{\max}$——泊松比最小值和最大值；

　　　S_{BI}——岩石脆性指数。

计算过程中 $E_{\max}$、$E_{\min}$、$v_{\max}$、$v_{\min}$ 由工区内测井数据以及岩心资料经过计算统计得到。S_{BI} 越大表示岩石脆性程度越高，水力压裂时更容易形成裂缝网络，反之不容易形成裂缝网络。

脆性指数在一定程度上是岩石中物质组成孔隙结构流体等在一定环境条件下的综合响应，利用杨氏模量和泊松比的组合关系来表征岩石脆性的理论依据是岩石样本的应力—应变关系，两种参数的函数组合既能够反映岩石在受压下的破坏，又能够反映岩石破裂后维持裂缝发展的能力，因此脆性指数能在一定程度上反映弹性参数与脆性在物理内涵上的联系。

为求取井间岩石脆性指数，采用地球物理叠前反演计算方法。地球物理反演的主要目的是通过观测数据来估计介质的模型参数，而反演问题的不适定性使得反演方法的运用受到限制。贝叶斯方法是一种利用与观测数据无关的先验信息对反演问题进行约束的方法，可以提高反演的稳定性从而增强估计参数的可靠性[7]。

基于贝叶斯理论的叠前弹性参数反演方法不仅给出了解的最大期望，同时也提供了后验方差，为不确定性分析提供了可能。从井旁道反演结果看，杨氏模量和泊松比反演结果与测井值值基本吻合（图 7-2-12）。

反演结果与地层岩性特征吻合较好，且符合该地区高有机质高硅质含量的页岩储层特征。利用反演得到的杨氏模量与泊松比，计算脆性指数。从剖面上可以看出，红色和黄色部分脆性指数较大，压裂时比较容易形成裂缝网络；蓝色部分脆性指数小，压裂时不太容易形成裂缝网络。上部地层以泥岩为主，夹薄层砂岩，脆性矿物含量低，黏土含量高，岩石脆性差；下部主要以砂岩为主，夹泥岩，脆性矿物含量高，黏土含量低，岩石脆性强；与基于叠前地震反演计算的脆性预测结果和单井实测结果吻合较好。

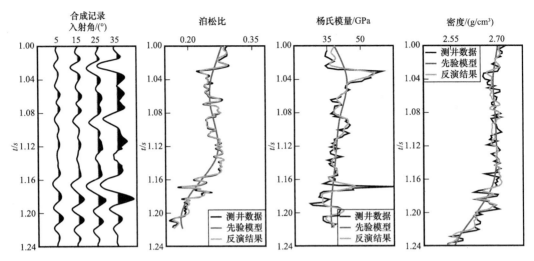

图 7-2-12　井旁道反演结果

二、开发井型井网优化设计

随着勘探开发的不断深入，油田稳产形势越发严峻，新增探明石油地质储量中特低渗透—致密油藏占比逐渐增大，特低渗透—致密油储层物性差、孔喉微细、非均质性强，常规直井压裂开发难以实现有效建产。近年来依托水平井体积压裂技术在大民屯凹陷西部斜坡带沙四段特低渗透—致密油油藏集中开展评价攻关，基于储层发育特点建立块状—厚层状—互层状—薄层状等不同类型"甜点"分布模式，开展水平井一体化部署设计，初步建立四种不同开发模式，支撑不同类型特低渗透储层有效建产。大民屯西斜坡沙四段有望建成辽河油田首个水平井集中建产示范区，对油田特低渗透—致密油乃至页岩油藏部署开发具有重要的战略意义和示范引领作用。

（一）块状砂砾岩特低渗透油藏开发井型井网优化设计

块状砂砾岩油藏纵向跨度大，油层发育集中，隔夹层不发育。典型区块为沈358块，孔隙度中值9.9%，渗透率中值1.2mD，纵向上划分为Ⅰ、Ⅱ、Ⅲ三个砂岩组。油层发育较为集中，单井钻遇厚度20～70m，各油组油层跨度70～100m，油组内隔夹层不发育。水平井井网优化设计多考虑井网、井距、排距、水平井段长度、水平井在油藏中的位置及水平井方位等因素[8]。

1. 水平井方位

体积压裂水平井压裂缝沿着最大主应力方向伸展，当水平井方向垂直于最大主应力方向时，水平井可进行多段压裂产生多条裂缝，达到制造复杂缝网的目的，此时生产井产量较高。数值模拟结果表明，水平井水平段与最大主应力垂直的布井方式在采油速度及采出程度上都优于水平井段与最大主应力平行的布井方式。同时，也应将构造走向作为考虑因素，当水平井方位与构造形态平行时，施工风险最小。沈358块压裂缝展布方向为北偏东

$46° \sim 48°$，水平井方位综合考虑压裂缝方向及构造方位，选择尽量顺应构造方向，与最大主应力大于45°方向，增加缝网复杂程度。

2. 水平井段长度

随着水平井段长度的增加，单井产能增大；但当水平井段长度超过一定长度时，产能增势减小。应用数值模拟建立不同水平井段长度模型，累计产油量随水平井段长度增加而不断增多，至一定长度后产量增幅逐步减缓（图7-2-13），产出投入比呈下降趋势。同时，也应考虑储层发育情况，在油层较为发育区域布井。沈358块数值模拟研究结果表明水平井段最佳长度为800～900m，实施过程中根据油层发育情况调整水平井段长度，保证水平井生产效果。

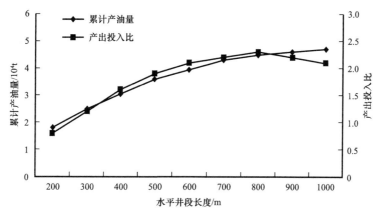

图 7-2-13　不同水平井段长度数值模拟计算结果

3. 水平井在油藏中的位置

水平井在油藏中的位置是指水平井设计时水平段处于要钻穿的储层的部位，如距离储层顶（底）面的高度、距离油水界面或油藏边界的长度等。如果是老开发区，还要考虑水平井穿越剩余油分布区的位置。油藏类型不同、开发程度不同、水平井设计的位置也不同。应用数值模拟方法分别模拟不同纵向位置下水平井累计产油量，当水平井位于油层中部时，累计产油量最大（图7-2-14和图7-2-15）。同时，也应考虑油层发育情况，寻找油层发育厚值区，综合确定水平井在油藏中的位置。沈358块油层厚度20～70m，压裂缝监测平均缝长218m，平均缝高121m，单层水平井可充分控制储层，因此选择在油藏中部部署水平井。

4. 水平井井距、排距的优化

水平井排距是指同一排水平井井间的距离，水平井排距对区块生产效果有较大影响。排距太大导致水平井单井控制储量过大，储层控制程度低，区块采出程度低；排距太小导致井间沟通能力强，单井累计产量偏低，难以实现经济有效开发。应用数值模拟方法模拟不同排距下采出程度，在同等储层面积下井距越小，采出程度越高。沈358块设计合理水平井排距为200～250m（图7-2-16），受储层发育范围及水平井段长度的限制，部署一排水平井效果最优。

辽河油田稀油高凝油油藏提高采收率技术

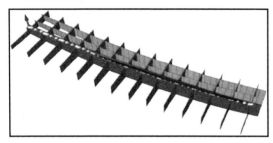

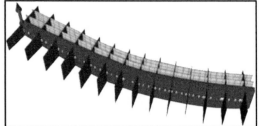

(a) 顶部　　　　　　　　　　　　　　　　　(b) 中部

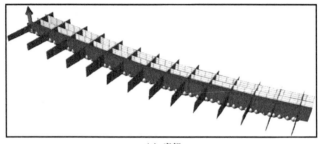

(c) 底部

图 7-2-14　数值模拟不同水平井纵向位置示意图

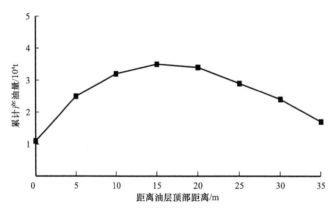

图 7-2-15　数值模拟不同水平井纵向位置计算结果

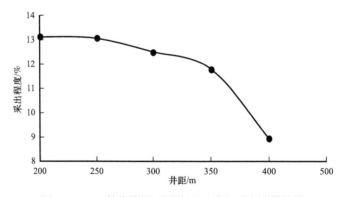

图 7-2-16　数值模拟不同井距下采出程度计算结果

5. 典型区块部署结果

按照平面分区、纵向分层的开发理念，在有效厚度大于20m区域整体部署，分批实施。采用直平组合井网，以水平井采油为主，辅以直井控制储层；采用200～250m井距，部署水平井16口，直井17口。整体为多层叠置水平井立体开发井网，提高纵向动用程度。

（二）厚层状砂砾岩特低渗透油藏开发井型井网优化设计

厚层状砂砾岩油层发育集中，内部发育少量隔夹层，多为泥质粉砂岩，不影响压裂缝展布范围。典型区块为沈257块，孔隙度中值12.6%，渗透率2.0mD，纵向上划分为Ⅰ、Ⅱ两个砂岩组，油层主要集中发育在Ⅰ组，厚度20～50m。各组油层跨度120～160m，各组内部发育少量隔夹层。区块主体区域先期采用直井开发建产，但在油藏边部油层厚度较薄区域直井生产效果差，动用程度低，依靠水平井体积压裂可实现有效动用。

在水平井井网优化设计方面，同样考虑水平井方位、水平井段长度、水平井在油藏中的位置及水平井排距。综合考虑油藏发育特征、压裂缝展布范围等设计采用220～280m井距，垂向80～120m，水平井段长度600～1000m，水平井部署在油层中部，与地层最大主应力方向保持较大夹角，分两段四层部署水平井17口（图7-2-17）。

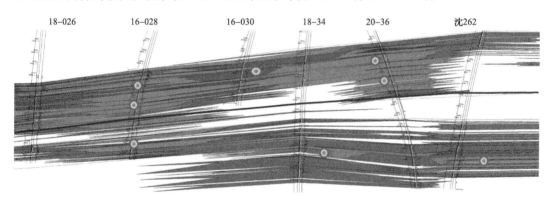

图7-2-17　沈257块油藏剖面图

（三）互层状砂砾岩—细砂岩特低渗透油藏开发井型井网优化设计

互层状砂砾岩—细砂岩油藏纵向油层发育分散，隔夹层发育（表7-2-3），多发育为粉砂质泥岩及纯泥岩，影响压裂缝展布范围，典型区块为沈273块，孔隙度中值10.5%，渗透率中值0.9mD，共发育Ⅰ、Ⅱ、Ⅲ、Ⅳ四个砂岩组，其中Ⅰ砂岩组油层发育较为稳定，有效厚度在10m以上，Ⅱ砂岩组油层整体较薄，有效厚度在5m以上，Ⅲ、Ⅳ砂岩组油层发育局限，有效厚度5m左右。常规压裂直井初期日产油2～7t，至今均捞油或关井，平均单井累计产油3680t，直井试采效果差。水平井采用"精细分段、多段多簇射孔、体积压裂"理念，有效改善低渗透储层，增大储层改造体积。

Ⅰ砂岩组相比于其他砂岩组油层发育集中且稳定，有效厚度大，隔夹层发育相对较少，因此优选Ⅰ砂岩组有利储层富集区作为部署目标区（图7-2-18）；储层致密，隔夹层发育，遵循长水平井段小井距布井开发理念整体改造储层，设计排距200m，水平井段长度550~1500m，部署水平井28口。

表7-2-3 沈273-H1井邻井夹层发育情况表

井号	岩性	压裂段				全井段累计厚度/m
		单层厚度/m	层数	累计厚度/m	频数	
沈273-H1导	粉砂质泥岩	0.5~2.0	5	5.5	11层/100m	80
沈34	泥质粉砂岩	1.5~2.0	2	3.5	7层/100m	70

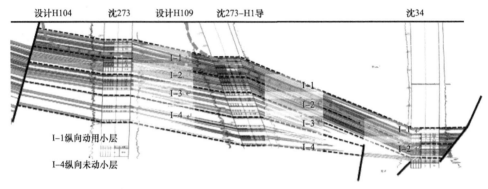

图7-2-18 沈273块剖面图

（四）薄层状细砂岩特低渗透油藏开发井型井网优化设计

受沉积范围及沉积方式的影响，薄层状细砂岩油藏油层厚度较薄，砂体分选好，相比于砂砾岩储层物性更好，内部几乎不发育隔夹层。典型区块为沈232块，孔隙度中值14.3%，渗透率中值1.1mD，共发育Ⅰ、Ⅲ两个砂岩组，每组砂体纵向跨度35m左右，平均单层厚度3~5m。

综合考虑储层发育特征、构造及最大主应力方向、压裂缝展布特征等关键因素，纵向分两个砂岩组，按照近260m井距进行整体部署，水平段长度600~1000m，利用老井2口，部署水平井14口，其中Ⅰ组9口，Ⅲ组3口。

（五）大民屯西斜坡沙四段体积压裂水平井实施效果

截止至2022年2月，大民屯西斜坡沙四段总共实施水平井37口，平均单井初期日产油16.4t，已建产能13.8×10⁴t，累计产油26.56×10⁴t（表7-2-4）。其中沈358-268块为最早依靠体积压裂水平井规模建产的区块，整体部署16口水平井，实施12口，平均单井首年年产油4416t，平均单井累计产油1.0×10⁴t，为辽河油田水平井投产效果最好的区块；沈257块于2018年依靠水平井开发周边油层发育变薄的区块，整体部署17口水平井，实施14口，平均单井首年年产油4377t，日产油7.5t，平均单井累计产油6836t，产量尚未见到明显递减；沈232块于2019年依靠体积压裂水平井投入开发，总共部署水平井14口，实施 8 口，平均单井首年年产油 4200t，日产油 6.9t，平均单计井累计产油 5693t，产量处于上升阶段；沈 273 块于 2020 年投入开发，整体部署 31 口水平井，受储层物性及隔夹层发育的影响，平均单井首年年产油 3652t，略低于其他三个区块，日产油 7.6t，平均单井累计产油 4757t，处于产量上升阶段。从整体上看，大民屯沙四段依靠体积压裂水平井实现了规模有效动用。

表 7-2-4 大民屯凹陷沙四段体积压裂水平井生产情况表（截至 2022 年 4 月）

区块	投产时间	储层特征	部署井数 / 口	实施井数 / 口	初期日产油 / t	首年年产油 / t	日产油 / t	累计产油 / t	合计累计产油 / t
沈 358–268	2016	块状	16	12	16.9	4416	3.9	10066	120791
沈 257	2018	厚层状	17	14	15.7	4377	7.5	6836	95701
沈 232	2019	薄层状	14	8	13.0	4200	6.9	5693	34840
沈 273	2020	互层状	31	3	19.8	3652	7.6	4757	14272
平均			78	37	16.4	4161	6.5	6338	265604

三、合理开发方式探索

特低渗透—致密油藏储层物性较差、非均质性强、地层能量普遍不足，开发难度极大。油井压裂投产后具备一定产能，但依靠天然能量开发产量递减较快，开发效果较差，因此合理有效开发方式的选择尤为重要。一般多采用注水保持地层压力的开发方式，但开发实践表明，特低渗透—致密油藏受储层物性差、敏感性强以及压裂改造形成人工裂缝导致非均质性较强等因素影响，注水存在注不进、水窜等现象，注水开发效果较差或难以实现有效注水开发。因此，需明确压裂改造后储层渗流特征，探索适应不同油藏特征的合理有效开发方式[9]。

（一）压裂改造后渗流特征研究

1. 相渗曲线特征

相关研究表明，特低渗透—致密油藏中流体的渗流规律不同于常规油藏，原油受岩石孔隙中的边界层影响，中高渗透油藏的喉道半径比较大，原油的边界层影响很小，但对于特低渗透油藏，孔隙系统基本上由小孔道组成，流体渗流过程不符合达西定律。为了研究压裂后形成的人工裂缝对低渗透储层岩石的油水两相渗流规律及开发效果的影响，利用天然岩心产生人工裂缝后，进行岩心油水两相驱替实验，在此基础上对油水两相渗流规律进行分析。

人工裂缝的存在使油水相对渗透率曲线的形态发生了明显的改变。在水驱油过程中，人工裂缝的渗透率起到了主导作用，使油水相对渗透率曲线形态变化很大，水相相对渗透率发生明显变化，同时相对渗透率的等渗点发生左移。通过实验可知：

（1）人工裂缝对岩心相对渗透率曲线形态有明显影响，人工裂缝使得油相相对渗透率下降加快，但对束缚水饱和度、残余油饱和度的影响与无裂缝条件相比差别不大；

（2）人工裂缝形态下，随渗透率增大，相渗曲线变化规律与无裂缝变化规律大致相同，人工裂缝使油相相对渗透率下降更快；

（3）存在人工裂缝的岩心其油水相对渗透率曲线上束缚水饱和度变化不大，残余油饱和度增大，且水相渗透率曲线上升更快，两相渗流区变窄；

（4）基质渗透率越低，束缚水条件下油相相对渗透率越低，油相相渗曲线随含水饱和度的降低速度越快，残余油条件下水相相对渗透率越高，水相相渗曲线随含水饱和度的增加速度越快；

（5）基质渗透率越低，油水两相共流范围越加狭窄，即可动流体饱和度越低，大部分流体处于不可动范围内。

2. 相渗端点特征

由于人工裂缝的存在增加了岩心的渗透能力，裂缝贯穿整块岩心，并且裂缝渗透率远大于基质渗透率，使得水窜现象严重。具体表现为初期产量高，含水率上升快，相同含水率下，最终驱油效率较低。因此，油藏中存在裂缝，一旦水淹，开采难度增大，不利于油藏的持续开发。实验结果如图 6-2-25 和图 6-2-26 所示，可得出如下结论。

① 束缚水饱和度随基质渗透率的增加而降低；当基质渗透率低于约 10mD 时，从超低渗透率逐渐增加过程中的束缚水饱和度降低缓慢；而当基质渗透率超过 10mD 后，束缚水饱和度大幅度降低；当基质渗透率超过 30mD 后，束缚水饱和度又逐渐变得平缓。残余油饱和度随基质渗透率的增加而降低；当基质渗透率超过 20mD 后，随渗透率的增加，残余油饱和度曲线变得较为平缓。

② 随基质渗透率的增加，残余油条件下水相相对渗透率值先大幅度增加，而后缓慢增加；当基质渗透率低于 1mD 时，残余油条件下水相相对渗透率呈现陡然增加趋势；而当基质渗透率超过 25mD 后，残余油条件下水相相对渗透率基本稳定。束缚水条件下的油相相对渗透率也随基质渗透率呈现两段式线性增加趋势，当基质渗透率超过 25mD 后，增幅变缓。

（二）室内注水实验评价

系统开展低渗—特低渗透储层室内注水实验评价，以新区开发需求为导向，建立阶梯递进评价理念，在常规低渗透储层实验基础上，增加特低渗透、致密储层压敏、非达西渗流、动态渗吸和水锁等特性注水实验研究，为储层精细评价及开发方式优化设计提供依据。

通过评价（表 7-2-5），辽河低渗透储层以细孔喉为主，岩性较粗，敏感性不强，渗流特征表现为达西流，可实现注水；而特低渗透、超低渗透储层孔喉结构以特细孔喉为主，岩性较细，敏感性中等偏强，为非达西渗流，注水难度大；致密储层以纳米孔喉为主，岩性主要为碳酸盐岩及油页岩等，敏感性很强，渗流特征表现为渗吸排油困难，难以注水。

表 7-2-5 低渗—特低渗透油藏典型区块微观特征评价结果

区块	包 38	双 229	雷 88
油藏类型	特低渗透	超低渗透	致密
孔喉	细孔喉	特细孔喉	纳米孔喉
主要岩性	含砾细砂岩	细砂岩	碳酸盐岩 + 油页岩
敏感性	弱速敏：≤0.5mL/min 强水敏 临界矿化度为 5000mg/L	无速敏 中等偏强水敏 中等偏弱酸敏 中等偏强碱敏 弱应力敏感性 临界矿化度 7000mg/L	注入速度：≤0.1mL/min 中等偏弱水敏 强压力敏感性 中等偏强水锁 临界矿化度 5000mg/L
渗流特征	达西流	非达西流	渗吸排油困难

综合评价储层物性、微观孔隙结构、储层敏感性、油水渗流特征、黏土矿物含量等与注水相关的参数，建立 5 类 14 项低渗透储层分类评价标准，将低渗透油藏分为五类，其中Ⅲ、Ⅳ、Ⅴ类注水开发难度大（表 7-2-6）。

表 7-2-6 低渗—特低渗透油藏注水难易程度分类表

参数		Ⅰ类 （低渗透）	Ⅱ类 （低渗透）	Ⅲ类 （特低渗透为主）	Ⅳ类 （特低渗透）	Ⅴ类 （超低渗透）
注水效果		较好	较差	很差	极差	不予注水
储层物性	渗透率 /mD	30～50	20～30	10～20	5～10	<5
	孔隙度 /%	>20	18～20	17～18	16～17	14～16
微观孔隙结构	排驱压力 /MPa	<0.04	0.04～0.06	0.06～0.08	0.08～0.13	0.13～0.4
	中值压力 /MPa	<3.5	3.5～4.3	4.3～5.7	5.7～6.5	6.5～8.2
	平均孔喉半径 /μm	>2.9	2.0～2.9	1.6～2.0	0.9～1.6	0.7～0.9
	最大孔喉半径 /μm	>16.4	12.7～16.4	9.7～12.7	4.9～9.7	4.7～4.9
	均质系数	<0.16	0.16～0.17	0.17～0.19	0.19～0.20	0.20～0.21
	孔喉比	<11	11～16	16～20	20～35	35～45
	退汞效率 /%	>58	53～58	50～53	47～50	37～47
	特征结构系数	>0.90	0.70～0.90	0.60～0.70	0.40～0.60	0.17～0.40
储层敏感性	水敏指数	<0.3	0.3～0.5	0.5～0.7	0.7～0.9	>0.9
油水渗流特征	驱油效率 /%	>50	40～50	35～40	30～35	<30
	启动压力 /MPa	<5	5～10	10～15	15～20	>20
黏土矿物	蒙皂石绝对含量 /%	0.5	2.0	4.0	6.0	8.0

（三）矿场注水试验评价

大民屯西斜坡沙四段四个区块均为典型的特低渗透—致密油储层，其中沈 358 块及沈 257 块均开展过注水试验，试验效果表明注水开发难度大。

沈 358 块孔隙度 10.5%，渗透率 1.2mD，黏土含量 10.2%，其中伊蒙混层含量 66%，黏土膨胀率 16%，阳膨法储层岩石水敏性评价试验显示区块为强水敏，临界矿化度为 5000mg/L。2019 年 2 月该块开展 1 个井组注水试验，将沈 268-34-22 井（直井）转注，该井于 2011 年 6 月投产，累计产油 1.4×10⁴t，累计产液 1.58×10⁴m³，为全区生产效果最好的直井，2019 年 1 月转注，油压快速上升至 20MPa，65d 后压力高泵坏停注，之后持续间注间开，累计注水 5368m³，周围油井未见注水效果（图 7-2-19）。

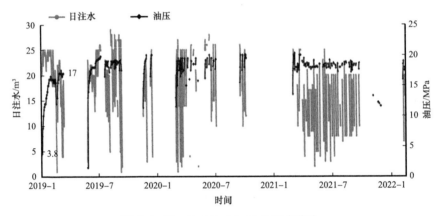

图 7-2-19　沈 268-34-22 井注水曲线

沈 257 块孔隙度 12.6%，渗透率 2.0mD，黏土含量 14.3%，水敏程度为中等，绿蒙混层含量为 57.1%，临界矿化度 2000～3000mg/L。该区块单注 $Es_4{}^F$ 注水井 7 口，平均单井初期日注水 32m³，存在油压上升快、连续注水难等问题（图 7-2-20），平均 9 个月油压升至 20MPa，平均连续注入时间 17 个月，截至 2022 年 4 月 6 口井因压力高而停注，1 口井采用增注泵注入，日注水 20m³。由此可见，特低渗透油藏受储层物性的影响，注水开发难度大，急需寻找合理开发方式补充能量。

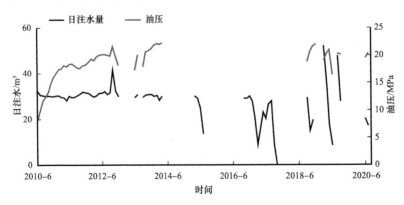

图 7-2-20　沈 257-14-024 井注水曲线

（四）CO_2 吞吐补能技术探索

储层改造采用水平井体积压裂技术，将井控储量向缝控储量、线性流向复杂缝网渗流转变，完成复杂缝网改造，初期取得较好的生产效果，都面临着产量递减快、采收率低的问题，急需探索合理开发方式提高采收率。充分借鉴国内外致密油藏有效补能先导试验成功经验，顺应"碳达峰、碳中和"契机，计划开展 CO_2 吞吐试验，完善辽河油田该类油藏有效开发技术序列[10]。

以沈 358 块为例，该块是辽河油田最早实施水平井体积压裂的区块之一，初期投产效果较好，平均单井初期日产油 16.9t，平均单井首年年产油 4416t，为直井的 5.4 倍，阶段累计产油 12.1×10^4t。该块水平井生产通常经历 4 个阶段：排液上升阶段，时间为 1～3 个月，以返排压裂液为主；快速递减阶段，时间为 20～30 个月，递减率为 40%～60%，为产量的主要贡献阶段，占总产量的 70%；缓慢递减阶段，时间为 20～30 个月，递减率为 15%～25%；平稳生产阶段，递减率为 8%～10%。截至 2022 年 4 月，沈 358 块水平井集中处在缓慢递减阶段，补充能量开发有望恢复至快速递减阶段，提高单井产量。对标其他油田结合辽河油田储层改造油藏开发需求，明确技术攻关方向，强化岩石力学与裂缝扩展、致密油渗吸机理等基础研究，指导优化部署，探索重复改造，结合多介质驱油、反向压驱等提高采收率方式，形成"压裂—补能—渗析—驱替"四位一体提产稳产技术，力争采收率达到 8%～10%。

沈 358 块沈 268-H307 井 2016 年投产，累计产油已达 1.7×10^4t，水平段长 443m，钻遇油层 323.7m，油层钻遇率 75%；邻井沈 268-H308 井于 2019 年投产，累计产油 0.7×10^4t，水平段长 218m，钻遇油层 218m，油层钻遇率 100%，两口水平井存在井间动态响应，已形成复杂缝网，可充分动用井间、段间未动用储量，截至 2022 年 4 月，沈 268-H307 井日产油 2.8t，沈 268-H308 井日产油 1.9t，急需补充能量开发，优选该井组优先开展 CO_2 吞吐试验。

设计 60～200t/d 共计 8 个方案开展数值模拟研究，计算结果表明吞吐模式下不同注入速度对阶段累计产油影响并不明显，考虑注气井口及注入设备最大承压，推荐注入速度 100t/d，根据储层吸气能力实时调整。

焖井的主要作用为使注入的 CO_2 相态趋于稳定，不断溶解、溶胀和萃取，充分发挥渗析置换作用。若焖井时间过短，CO_2 没能与地层原油充分反应，造成 CO_2 浪费；但焖井时间过长，会消耗 CO_2 的膨胀能，且 CO_2 还会从原油中分离出来，降低利用率。调研国内各大油田非常规油藏合理焖井时间的确定经验，大庆垣平 1-7 井开展 CO_2 吞吐提产先导试验，焖井 40d，井口压力稳定 7d 后开井生产；大港油田页岩油体积压裂水平井新井投产，井口压力连续 3d 压降小于 0.1MPa/d，开井放喷效果最佳；借鉴以上成功经验，建议注气后焖井 30～60d，依据实际压力测试数据实时调整转采。

第三节 应用实例

采用水平井体积压裂的方式对辽河油田低渗透致密油藏进行开发,从各区块已投产水平井生产情况来看,取得了较好的开发效果。本节选取沈358-沈268块作为代表区块,简要介绍其水平井体积压裂设计及效果。

一、油藏概况

(一)地质特征

大民屯油田地理上位于辽宁省新民市境内,构造上处于大民屯凹陷西部陡坡带中部平安堡—安福屯构造带。沈358-沈268块受平安堡西断层、安福屯西断层夹持,呈北东走向的构造,具有两边高(2850m、2925m)、中间低(3050m)的特征。沉积特征为扇三角洲沉积,平面划分三个扇体,纵向多期叠置。储层岩性复杂,主要以砂砾岩及砂岩为主,物性较差,为低—特低孔、特低—超低渗透储层。油藏类型为岩性油藏,原油性质为高凝油,目的层为沙四下亚段($E_2s_4^{\,\top}$),含油面积6.79km², 地质储量818.1×10⁴t,油层埋深2830~3476m(沈358块油层埋深2850~3300m;沈268块油层埋深2830~3476m)。

(二)开发历程

2015年4月开展了油藏评价研究工作,在沈358区块部署开发井6口,实施评价井2口(沈358-34-18井、沈358-20-26井),摸清了油层分布及产能状况,预估地质储量1485×10⁴t。2015年11月上报大民屯油田沙四段新增探明含油面积11.16km², 探明石油地质储量1230.62×10⁴t,其中沈358块新增含油面积4.67km², 石油地质储量607.49×10⁴t,沈268块新增含油面积3.24km², 石油地质储量531.78×10⁴t,部署水平井22口,直井10口。

2017年8月通过对油层、产能重新认识,复算地质储量818.1×10⁴t。依托水平井体积压裂技术、立足油藏整体改造,重新编制部署方案,共调整部署水平井9口,其中在沈358块部署水平井6口,沈268块部署水平井3口,包含原部署已实施及待实施井7口,预计区块共实施水平井16口。

(三)开发现状

截至2022年2月底,全区共完钻井28口(水平井12口),投产油井27口(水平井12口),全区日产液56.6m³, 日产油47.8t(水平井45.6t),含水率15.5%,累计产油17.5×10⁴t(水平井12×10⁴t),采油速度0.27%,采出程度2.14%。注水井1口(间注),累计注水5368m³。

二、方案设计要点

沈358-沈268块存在油井自然产能较低、现有开发方式采收率低的问题,为能达到最大限度提高储量动用程度，实现特低—超低渗透储量的有效动用，确定采用水平井体积压裂开发，以优化设计压裂分段、射孔簇、压裂规模，从而提高缝控储量，确保单井产量。同时通过综合考虑压裂规模，对水平井井段长度、井距排距等参数优化设计。

分段设计原则：段间最好能够有稳定隔层段，避免干扰；减小段内储层非均质性、岩性、物性、脆性、水平应力等差异，易于产生复杂裂缝；对优质油层进行细分切割分段，发挥各段油层增产潜力。

射孔簇设计原则：射孔簇保证设计在优质油层段上、脆性指数相近的点，保证射孔簇能同时起裂；段内隔夹层发育增加射孔簇、减小簇间距，储层连续、均质则适当拉大簇间距；选择固井质量较好的地方射孔。

合理压裂规模：纵向上隔夹层发育，缝高延伸受阻，增大施工排量；距邻井近，适当控制压裂规模，减少液量及加砂量；段内改造长度大、油层品质好，适当增大压裂规模。

同时参考沈 358- 沈 268 块沙四段实际储层参数建立机理模型，开展了水平井长度、水平井纵向位置、井距、排距、井排方向等优化设计研究。结合经济评价结果，综合考虑现场压裂规模，最终确定最佳水平井长度为 800m 左右，部署在油层中部，排距 220～250m，走向与最大主应力方向垂直，各参数可根据储层发育等实际情况适当调整。

三、实施效果及取得认识

从区块已投产水平井生产情况来看，水平井实施效果明显优于已投产直井，沈 H358 块投产的沈 358-H205 井初期产量为周围直井的 16 倍，相同时间累计产量为直井的 20 倍，沈 268 块投产的沈 268-H307 井、沈 268-H313 井水平井初期产量是周围直井的 4 倍，相同时间累计产量为直井的 6 倍。截至 2022 年 4 月，已投产直井平均单井累计产油在 $1800 \times 10^4 t$ 左右，远远达不到直井极限累计产油。通过综合研究设计方案和实施效果，可取得以下五点认识。

（一）水平井总体投产实施效果较好，生产稳定

截至 2022 年 2 月底，全区共完钻井水平井 12 口，投产 12 口，各口水平井生产均相对稳定，初期平均日产油达到 17t，基本稳定在 3t 左右平稳生产。其中沈 358-H108 井日产油平稳在 11t（图 7-3-1）。

（二）水平井裂缝检测结果证实水平井段方向、排距设计基本合理

针对已投产 12 口水平井，对其中沈 358-H205 井、沈 268-H307 井两口水平井进行了压裂缝监测，监测结果为水平井体积压裂效果评价、后期水平井体积压裂设计及井位部署提供了非常重要的参考意义，沈 268-H307 井从裂缝监测图上显示压裂缝延伸方向为北偏东 46°～48°，基本上大部分缝网扩展与水平段方位均呈现一定夹角，确保了储层改造

体积最大化，平均裂缝半长110m，证实了原方案设计水平段方向、水平井排距的合理性，最大限度做到储层全动用，实现整体改造油藏的目的。

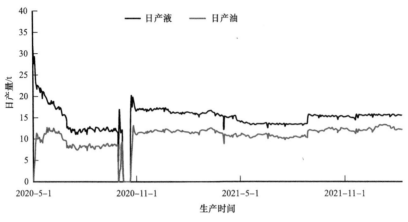

图7-3-1 沈358-H108井生产曲线

（三）水平井体积压裂受储层条件影响，压裂效果仍具有很大的可提升空间

沈358-H205井裂缝监测结果显示，实际压裂缝参数与原设计参数相差较大（表7-3-1），裂缝主要位于水平井北侧，单向开启，段间监测点密度不同，明显后面几段要比第一段监测点密集。不同段间纵向裂缝延伸不一，纵向上裂缝缝高主要朝油层上部开启，分析原因主要受到储层非均质性、周围直井压裂改造、直井生产泄压等因素影响，导致压裂效果与设计规模存在差异，这就要求后期实施水平井开展体积压裂设计时要充分考虑各方面因素，压裂施工参数仍需进一步优化。

表7-3-1 沈358-H205井裂缝监测结果

压裂段	设计裂缝参数		监测裂缝参数		裂缝走向
	裂缝半长 / m	缝高半长 / m	裂缝半长 / m	缝高半长 / m	
1	132	46	190	100	NE45°
2	140	40	200	130	NE55°
3	156	42	190	120	NE35°
4	148	40	230	150	NE35°
5	138	46	185	110	NE35°

（四）220～250m井距下能够实现缝网沟通

监测资料及动态分析表明，220～250m井距下有4口后期投产水平井压裂后邻井具有动态响应，响应井数比例达到64%，不仅平面上有响应，纵向上段间也同样有响应

（表7-3-2），说明体积压裂水平井在实际的井网井距条件下，可以实现缝网不同程度沟通。

表7-3-2 压裂邻井动态响应井统计表

压裂井	层位	响应井	层位	平面井距/m	纵向高差/m	响应类型
沈268-H311	Ⅲ组	沈268-H313	Ⅲ组	220	3	平面
沈268-H308	Ⅲ组	沈268-H307	Ⅲ组	140	15	平面
		沈268-H311		240	22	平面
沈358-H207	Ⅱ组	沈358-H205	Ⅱ组	240	33	平面
沈358-H108	Ⅰ组	沈358-H205	Ⅱ组	338	121	段间
		沈358-H207		98	88	段间

（五）存在首年日产油可达到方案设计水平，但递减较快，天然能量开发方式采收率低的问题

区块采用水平井体积压裂方式，通过对油井生产动态的分析可以看出，油井压裂投产初期产量较高，但产量递减较快，表现出油藏天然能量较微弱的特点。投产12口水平井中8口首年平均日产油高于方案设计的15t/d，平均达到16.8t/d，平均单井累计产油$1×10^4$t。统计生产时间1年以上的正产投产水平井，平均第一年递减率高达59.7%，第二年的递减率也为48.8%，产量递减快（表7-3-3）。

表7-3-3 已投产水平井递减率统计结果数据表（截至2022年4月）

井号	生产时间/月	首年递减率/%	第二年递减率/%	日产油/t
沈268-H307	36	74.3	72.9	2.9
沈268-H313	31	78.1	54.8	1.1
沈358-H205	31	15.6	48.6	2.6
沈268-H311	21	69.4	35.6	6.9
沈358-H111	20	61.3	32.3	2.7
平均		59.7	48.8	3.2

借鉴石油勘探开发科学研究院成果，对于低渗透油藏，采用衰竭式开发，溶解气油比和地层压力系数是影响天然能量采收率的关键因素（图7-3-2），本块为常规油藏，压力系数1.0左右，原始溶解气油比40~50m³/m³，由图版预测本块按目前开发方式采收率仅为6%。

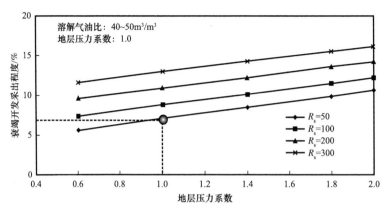

图 7-3-2 天然能量采收率预测图版

参考文献

[1]邱振,李建忠,吴晓智,等.国内外致密油勘探现状、主要地质特征及差异[J].岩性油气藏,
    2015,27(4):119-126.

[2]张君峰,毕海滨,许浩,等.国外致密油勘探开发新进展及借鉴意义[J].石油学报,2015,36(2):
    127-137.

[3]魏海峰,凡哲元,袁向春.致密油藏开发技术研究进展[J].油气地质与采收率,2013,20(2):
    32-66.

[4]韩德金,王永卓,战剑飞,等.大庆油田致密油藏井网优化技术及应用效果[J].大庆石油地质与开
    发,2014,33(5):30-35.

[5]王晓泉,张守良,吴奇,等.水平井分段压裂多段裂缝产能影响因素分析[J].石油钻采工艺,
    2009,31(1):73-76.

[6]宋增强.叠后地震反演技术预测河道砂体[J].大庆石油地质与开发,2018,37(4):151-156.

[7]田梅.应用地震波形指示反演方法预测有利储层分布特征[J].当代化工研究,2019(2):51-52.

[8]向洪,王志平,刘智,等.三塘湖盆地致密油加密井体积压裂技术研究与实践[J].中国石油勘探,
    2019,24(2):260-266.

[9]胡文瑞.地质工程一体化是实现复杂油气藏效益勘探开发的必由之路[J].中国石油勘探,2017,22
    (1):1-5.

[10]章敬,罗兆,徐明强,等.新疆油田致密油地质工程一体化实践与思考[J].中国石油勘探,2017,
    22(1):12-20.